丛书主编 潘云鹤

跨学科工程研究丛书

What Engineers Know and How They Know It

——Analytical Studies from Aeronautical History

工程师知道什么
以及他们是如何知道的

——基于航空史的分析研究

Walter G. Vincenti 〔美〕沃尔特·G. 文森蒂——著

周燕 闫坤如 彭纪南——译

ZHEJIANG UNIVERSITY PRESS

浙江大学出版社

总　序

新时代呼唤大量涌现卓越工程师

潘云鹤

　　《跨学科工程研究丛书》即将出版了。这套丛书的基本主题是从跨学科角度研究与"工程"和"工程师"有关的一系列问题，更具体地说，这套丛书的主题分别涉及了工程哲学、工程社会学、工程知识、工程创新、工程方法、工程伦理等许多学科或领域，希望这套丛书能够受到我国的工程界、科技界、管理界、工科院校师生和其他人士的欢迎。

　　从古至今，人类以手工方式或以机器方式制造了大量的"人工物"，如英格兰的巨石阵，古埃及的金字塔，古希腊的雅典卫城，古罗马的斗兽场，中国古代的都江堰、万里长城、大运河，欧洲中世纪的城堡等，直到现代社会的汽车、拖拉机、电冰箱、高速公路、高速铁路、计算机、互联网等。无数事例都在显示：从历史方面看，造物和工程的发展过程构成了人类文明进步和发展的物质主线；从人的本质特征方面看，造物和工程创新能力成为刻画人的本质力量的基本特征。

　　正如马克思所指出："工业的历史和工业已经产生的对象性的存在，是一本打开了的关于人的本质力量的书。"已经进行过和正在进行着的数量众多、规模不

一、类型和方式多种多样的工程活动,不但提供了人类生存所必需的衣食住行等物质生活条件,而且在工程的规划、设计、实施、运行和产品使用的过程中,人类的创造力得以发挥,人的本质力量得以显现。工程活动不但创造了人类的物质文明,而且深刻地影响了自然的面貌,深刻影响了人类的精神世界和生活方式。

工程对人类的发展很重要,而对 21 世纪初的中国而言,可谓特别重要。因为今天的中国正处于工业化的高潮,其工程活动的类型之丰富、规模之宏大、发展方式之独特,均居世界前列,其取得的成就令世界惊讶。

与此同时,中国工程所面临的复杂挑战也令世界关注。此种挑战的复杂性不仅来自于工程本身,要兼顾科技、经济、文化、环境、社会等各方面的综合需求与可能;也不仅来自于中国发展的特殊阶段,要同时面对工业化、信息化、城镇化、市场化、全球化的综合挑战;还来自于当今时代所面临的共同问题,如气候变化、资源短缺、环境压力等难题。这些难题的重叠交叉,要求中国涌现出大批卓越的富有创造性的工程师。

历史经验的总结和现实生活的启示都告诉人们:工程师这种社会角色,在生产力发展和社会发展的进程中发挥了重要的作用。在新兴产业开拓的过程中,工程师更义不容辞地要成为技术先驱和新产业的开路先锋。

在近现代历史进程中,工程师不但从数量上看其人数有了指数性的增长,而且更重要的是,工程师的专业能力、社会职能和社会责任,人们对工程师的社会期望,工程师自身的社会自觉都发生了空前巨大而深刻的变化。

在现代社会中,作为一种社会分工的结果,卓越的工程师毫无疑问地必须是杰出的专家,但绝不能成为"分工的奴隶"。要成为卓越的工程师,不但必须有精益求精的专业知识、广泛的社会知识和综合的创造能力,而且必须有高瞻远瞩的工程理念、卓越非凡的工程创新精神、深切的职业自觉意识、强烈的社会责任感和历史使命感。

新形势和新任务对我国工程师提出了新要求。面对社会发展和时代的呼唤,我国的工程师需要有新思维、新意识、新风格、新面貌。

现在中国高等院校每年培养的工科毕业生已超过 200 万。他们学的都是专业性工程科技知识,如土木工程、机械工程、电子工程、化学工程……但多数人对工程整体特性的学习和研究却相当缺乏。这种"只见树木,不见树林"的状态,不利于他们走向卓越。21世纪新兴起的工程哲学和跨学科工程研究(Engineering Studies)就提供了从宏观上认识工程活动和工程师职业的一系列新观点、新思路、新视野。

应该强调指出的是,工程哲学和跨学科工程研究可以发挥双重的作用。一方面,工程哲学和跨学科工程研究可以促使其他行业的人们更深刻地重新认识工程、重新认识工程师;另一方面,工程哲学和跨学科工程研究又可以促使工程师更深刻地反思和认识工程活动的职能和意义,更深刻地反思和认识工程师的职业特征、社会责任和历史使命。

进入21世纪之后,工程哲学和跨学科工程研究作为迅速崛起的新学科和新研究领域,在中国和欧美发达国家同时兴起。近几年来,跨学科工程研究领域呈现出了突飞猛进展势头,研究范围逐渐拓展,学术会议和学术交流逐渐频繁,研究成果日益丰硕。

为了促进工程理论研究的深入发展,为了适应在我国涌现大批卓越工程师的需要,特别是为了适应工程实践和发展的现实需要,我们组织出版了这套《跨学科工程研究丛书》。整套丛书包括中国学者的两本学术著作——《工程社会学导论:工程共同体研究》和《工程创新:突破壁垒和躲避陷阱》,以及四本翻译著作——《工程师知道什么以及他们是如何知道的》、《工程中的哲学》、《工程方法论》和《像工程师那样思考》。我们相信,这套丛书的出版将会有助于我国加快培养和造就创新型工程科技人才,有助于社会各界更深入地认识工程和认识工程师的职业特征与职业责任,也有助于强化我国在工程哲学和跨学科工程领域研究的水平与优势,从而促进我国工程理论与实践又好又快地发展。

2010年9月15日

本书受到教育部人文社会科学研究青年项目：

哲学视域中的设计（项目编号：10YJC720069）资助

与教育部哲学社会科学重大课题攻关项目：

当代技术哲学的发展趋势研究（项目编号：11JZD007）资助

前　言

　　如书名所示,本书关注工程之思。我希望史学家、哲学家、社会学家、经济学家、工程师同行以及任何一个想更好理解工程知识的性质与来源的普通读者,都会发现本书确实有用。虽然书中的历史研究取自我从事的航空学领域,但这些历史研究也算是航空发展史上的一点贡献,因而它们对那些对 20 世纪技术这一重要分支发展感兴趣的人们也极富价值。对后者而言,他们可以忽略书中的认识论分析,主要集中于从第二章到第六章的历史叙述。

　　本书工作显然并非凭空而来。其中特别受到埃德温·莱顿(Edwin Layton)、爱德华·康斯坦特(Edward Constant)、唐纳德·坎贝尔(Donald Campbell)以及约翰·施陶登迈尔(John Staudenmaier)思想的影响。我从他们那里获益匪浅。我希望没有错误表述或不当使用了他们的观点。

　　还有许多人给了我直接的帮助与鼓励。我在注释,特别是每章的第一个注释中,都表达了诚挚的谢意。我相信我已经囊括了每一个需要感谢的人。其中要特别提到以下三个人。用林·拉德纳(Ring Lardner)在他的剧本《伟大的埃尔默》(*Elmer the Great*)中的话来说,在本书写作中埃德温·莱顿是"我的严师益友"。爱德华·康斯坦特在第二、三、七、八章中,雷切尔·劳丹(Rachel Laudan)在第一、七、八章中,也起了类似的作用。我对他们提出的批评和建议不胜感激。如果书中有什么不当之处,那应当是我的责任。

　　其他人以各种方式予以了支持。奥托·迈尔(Otto Mayr)邀请我在美国机械工程师学会(American Society of Mechanical Engineers)的史学年会上发言,激发了我对航空史的研究(第五章)。曾任"约翰·霍普金斯研究"丛书主编的托马斯·休斯(Thomas Hughes)建议我把这篇发言稿和后续论文汇编成书。《技术与文化》(Technology and Culture)杂志主编罗伯特·波斯特(Robert Post)一直关注我的研究,不断予以鼓励。斯坦福大学"价值、技术、科学与社会研究项目"(Program in Value , Technology , Science and Society , VTSS)的现任主席詹姆斯·亚当斯(James Adams)以及研究项目的其他成员,包括致谢中提到的人都给予了中肯的建议。斯坦福大学的其他同僚,特别是工程学院院长威廉·凯斯(William Kays)、已故院长约瑟夫·佩蒂特(Joseph Pettit)、系主任尼古拉斯·霍夫(Nicholas Hoff)、阿瑟·布莱森(Arthur Bryson)、罗伯特·坎农(Robert Cannon),他们始终予以我支持。文字处理工作得到了 VTSS 研究项目以及由福特基金会资助的斯坦福大学名誉退休人员委员会(Committee on the Status of Emeriti)的资助。本书工作得以顺利完成,还要感谢马尔梅·埃迪、达莲娜·拉姆恩、维吉尼亚·曼,他们在相当长的时间里一直迁就我的旧式的低技术写作习惯。约翰·霍普金斯大学出版社编辑亨利·汤姆、芭芭拉·兰姆、玛丽·希尔、金铂利·约翰逊出色地完成了他们的工作。编制索引的大部分想法和工作归功于托马斯·麦克法登。感谢上述所有人的工作。

最后,我要感谢陪伴了我 43 年的妻子乔伊斯·文森蒂,谢谢她的关爱和支持。

目　录

第一章
导　论:作为知识的工程

　　尽管工程研究人员付出巨大的努力与代价去获取工程知识,但是工程知识的研究很少得到来自其他领域的学者关注。在研究工程时,其他领域的大多数学者倾向于把它看做是应用科学。①现代工程师们被认为是从科学家那里获得他们的知识,并通过某些偶尔引人注目的但往往智力上无趣乏味的过程,运用这些知识来制造具体物件。根据这一观点,科学认识论的研究应当自动包含工程知识的内容。但工程师从自身经验认识到这一观点是错误的,近几十年来技术史学家们提出的叙述性与分析性的证据同样也支持这种看法。由于工程师并不倾向于内省反思,而哲学家和史学家(也有部分例外)的技术专长有限,因此作为认识论分支的工程知识的特征直到现在才开始得到详细的考察。本书正是致力于这一方向的一个成果。

　　我涉足工程知识的研究部分起因于20世纪70年代与斯坦福大学经济学系的同僚内森·罗森伯格(Nathan Rosenberg)的一次午餐谈话,其间他问了我一个问题：“究竟你们这些工程师在做什么？”当然，工程师做什么取决于他们知道什么，而我作为研发工程师与教师的生涯都用于生产和组织那些不为绝大部分科学家所关注的知识。当我尝试去回答罗森伯格的问题时——起初我并未意识到自己在做什么——我也开始思考工程活动中的认知因素。出于对历史的长期关注，我自然选择了从历史角度来展开对这一问题的研究。让人惊喜的是，我发现自己与技术史学家们步调一致。

[4] 　　根据这些史学家的观点，技术并非从科学衍生而来，而是可以作为一个独立的知识体系，与科学知识相互作用，但又能与之加以区别。“作为知识的技术”（Technology as Knowledge）这一思想出自埃德温·莱顿一篇影响深远的论文，它认为技术“自有其思维形式”。这一思维形式尽管在细节上可能不尽相同，但它像科学思维一样具有创造性和建构性，它不是如应用科学模型所设想的那样只是简单地重复和推论。基于这一更新的观点，尽管技术可能应用了科学的知识，但它并不等同或完全等同于应用科学。

　　这种技术——进而是工程——绝不等同于科学的观点，有时与工程师们的表述相吻合，如英国皇家航空学会（Royal Aeronautical Society）的一位工程师在1922年就曾指出：“尽管存在着一些与之相反的假象和谎言，但飞机并不是靠科学设计出来的，相反它是依靠技艺（art）而设计。我从不认为工程不需要科学，相反它以科学为基础，但在科学研究与工程产品之间存在着巨大的鸿沟，它必须借助工程师的技艺才能连接起来。”正是工程师的创造性和建构性知识才使那一技艺得以实现。由此看来，技术知识远比它被视为应用科学更丰富和更具吸引力。②

　　作为知识的技术这一新观点来自近几十年来史学家的工作。约翰·施陶登迈尔对近几十年的史学研究作了全面的考察，乔治·怀斯（George Wise）对此作了概略的综述。两人都得到了一个结论，用怀斯的话来说：“把科学和技术视为人类建构的两个独立的知识领域，要比把科学看做是显示的（revealed）知识，而把技术看做是开始靠试错法而现在是通过运用科学来构建的各种人工物，更符合历史的记载。”③本书将提供证据对这一结论给予支持。对我而言，科学与技术的区分由以下事实得以彰显:像在其他同类的研究机构一样,我所在大学的工程学院认为有必要将工程类书籍从物理学系和化学系的图书中独立出来,形成自身的图书资料库。这一划分不仅仅是出于便利的缘故。虽然工程师也需要许多物理学家和化学家都阅读的书籍、期刊与文献,但他们仍然需要一些独立于科学的工程类文献资料。尽管来自历史研究和体制方面的证据支持了工程知识的独立性,但那些得以区分出技术知识的基本特征尚未得到详细说明。

　　技术作为独立知识形式的观点跟科学与技术关系的争论密切相关,这一争论一直是技术史学家长期关注的话题。施陶登迈尔认为关于技术的新观点始于这一争论并进而占据核心地位,相反科学与技术的关系则退居次要地位。但怀斯认为科学与技术的关系仍然是核心的研究论题,将技术视为特殊种类知识的观点只是界定了这一关系中的技术方面。不管怎样,把技术知识看做独立的知识体系仍为进一步说明科学与技术的关系留下可能。这样一来,技术知识就成了科学与技术关系所谓"交互作用模型"(interactive model)中一方的组成部分。巴里·巴恩斯(Barry Barnes)对这一模型给出了简要的描述,在该模型中,技术与科学被看做是独立的文化形式,它们以某种复杂的、仍待阐明的方式相互作用。在此,技术知识的性质可以约束两者的关系,但并不足以对其作出界定。④

　　如果把技术知识的内容看做是完全来源于科学的话,情况就会变得很不一样。这使科学与技术的关系立即得以界定,从层级关系上看,技术附属于科学,它仅仅需要对科学发现的蕴涵加以推衍并付诸实践的应用。这一关系简而言之就是这样一句令人怀疑的表述:技术是应用科学。这一层级模型对于探讨两者关系的本质不留余地,而且这一僵化的模型也难以符合复杂的历史情形。⑤

　　强调把技术作为知识的观点,其衍生的影响不只限于科学与技术关系的讨论。如休·艾特肯(Hugh Aitken)在他的著作《连续波》(*The Continuous Wave*)中,就以这一观点作为其历史研究方法的基础。在早期无线电技术及其相关制度发展史的叙述中,艾特肯认为,"技术史应当被看做是人类思想史或观念史的一个分支"。立足于这一思路,他通过考察"在新组合产生的那一时刻或那一时期,信息流汇聚

[5]

的情况"，解释了无线电技术中关键发明的起源。即使艾特肯和其他史学家的研究作出了大量澄清，但正如莱顿所指出的，我们要面对的成见并未从人们（包括学术共同体成员）心中消除。对知识的强调使得技术史不仅与思想史及哲学，而且与社会史及社会学形成了共生关系。这一强调特别对理解技术变革尤为重要，而技术变革对于所有这些学科来说无论如何都是一项关系重大的根本大事。正如劳丹所说，"实践者的知识转换在技术发展中发挥了关键的作用"。当人们如经济学家或政策制定者，期望理解技术发展而试图探究技术"黑箱的内部"（用罗森伯格的形象说法）时，应当相应地调整关注的重点。如果这些衍生的影响是有效的，我坚信如此，那么展示工程知识的特征将成为目前亟待着手的工作。⑥

[6]

为完成这一任务，我将以设计的目的为核心展开研究。与科学家相比，对于工程师来说，知识并不是目的本身或是其职业的核心目标。用某位英国工程师的话说，知识只是为完成功利性目的的一种手段，实际上，目的也不止一个。的确，工程可以用这些目的来加以界定，如另一位英国工程师 G. F. C. 罗杰斯（G. F. C. Rogers）的观点：

> 工程指的是把任何人工制品的设计、建造（以及我加上一条，运营）组织起来的实践活动，这一活动改变我们周围的客观世界以满足某些公认的需要。⑦

这里，我把"组织"视同"生成"、"集聚"或"安排"之意。第一个目的"设计"，与建造人工物的设计图相关，如飞机及其部件的绘图（或计算机演示）。"建造"（我更愿意称之为"生产"），指的是这些设计图被转化为实际人工物的过程，如实际的飞机建造。"运营"指的是利用人工物来满足公认需要的过程，如某一航空公司飞机的维修保养与航班运作。定义工程时，有时也提到其他目的，如"发展"和"应用"或"销售"等，但它们通常可以归入上述三个目的之中，这三个目的就已经足够了。

设计，通常被看做是三个目的的核心。莱顿在主张视技术作为知识的过程中，也持这样的观点(而很少谈及其他目的)。然而,在后来的一篇文章中,他又补充说,近年来一些工程师试图"重新把设计确立为工程的核心主题"未尝不是"带有意识形态意味的"。其他学者也认为对设计的这样强调是为争取工程师地位的一种方式,即"工程师抓住设计不放,为的是使其活动与科学家的活动相类似,表明他们同样致力于创造性活动"。无论真相如何,我仍将本书的讨论范围基本限定在设计的范畴中。过多的企图也许会使原来冗长的研究变得无法有效处理。事实上,大量工程师确实致力于设计活动,而且正是在设计活动中,从直接的需要上说,产生了对许多工程知识的要求。尽管可能是来自工程外部的需要,如经济、军事、社会或个人的需要也设定了工程需要解决的问题,但对许多普通的工程师来说,他们所要关注的是具体的设计层面。当然,本书对设计的重视并不意味着工程的其他研究领域就不值得关注。作为一个完整的工程认识论,生产和运营也需要得到同样的关注。然而,目前我将工作主要限于工程设计知识。⑧

[7]

"设计"当然不仅指一组设计方案和图表(如说到"一架新飞机的设计"时所指的那样),也包含产生这些设计方案和图表的过程。在后一意义上,设计常常包括提出关于人工制品平面布局和空间架构的初步设计方案,通过数学分析或实验测试检查候选的设计方案是否能实现所要求的任务,并在它不能按要求工作(通常在一开始都会出现这样的情况)时加以修改。这样的程序通常需要多次反复直到最后的设计图能够送去生产为止。现实中的操作比上述简要的勾勒复杂得多,可能需要进行无数次艰难的权衡,在不完全和不确定知识的基础上做出决定。如果已有的知识并不够用,就需要进行专门的研究。这一过程错综复杂、引人入胜,而且需要对此做出比现在已进行的、更多的历史分析。⑨

在本书中,设计是重要的,主要是因为它决定了设计当中所需的知识。知识本身成了首要的关注点,来自设计的要求在决定所需知识的整个过程中必须时刻谨记于心,至于这个过程是怎样发生的细节倒是次要的。作为一名研发工程师,我在整个职业生涯中未曾设计过飞机(尽管我参与过大型航空研究设施的计划和设计)。然而,我工作的氛围以及我参与产生的知识都取决于那些访问我们实验室的飞机设计师们的需求。同事们和我总是强烈地意识到我们所从事的实用目的。本书中的情境与此多少有些相似。尽管书中只有一个历史研究直接涉及设计过程，可是设计需要在其中始终发挥着决定性的作用。

为了更易于进行讨论，我将进一步把重点放在所谓的"常规设计"（normal design）上。在《涡轮喷气飞机革命的起源》（The Origins of the Turbojet Revolution）一书中，爱德华·康斯坦特将"技术共同体通常进行的""常规技术"（normal technology）活动定义为"对公认传统的改进或这个传统在'新的或更严格条件'下的运用"。由此，常规设计（这是我的拓展，而非康斯坦特的）便是常规技术活动中的设计。从事常规设计的工程师在一开始就知道所讨论的装置是怎样工作的、通用的性能是什么，而且知道如果沿着这样的方向恰当地作出设计，自己极有可能实现所要求的任务。例如，在涡轮喷气发动机出现之前，一般飞机发动机的设计人员认为发动机理所当然就是以汽油为燃料、活塞驱动的四冲程内燃机。高功率发动机汽缸的布局也被当做是已给定的（若气冷则为星形排列，液冷则为直列式）。其他部分的布局虽没有那么明显的特征，也应如此（比方说，挺杆总是顶着套筒阀）。设计师熟悉这类发动机，知道它们有着悠久的成功传统。设计难题（通常在原有的限度内是极高难度的）不外乎是减少重量和燃料消耗、增加功率输出，或两者皆备。因此，常规设计与根本设计（radical design），诸如由康斯坦特描述的涡轮喷气发动机革命先驱者们所面对的那样的设计，两者有着极大的区别。那场革命的主角与常规发动机的设计师们不同，不认为什么是理所当然的。在根本设计中，装置该如何布局或甚至它该如何运作大多都是未知的。设计师从来没见过这样的装置，也不能断定其会成功。设计难题就是设计出一些新东西，以满足进一步发展的需要。[10]

常规设计虽然不如根本设计那么明显，但迄今为止它构成了日常工程事业的主要部分。一些公司，如波音、通用汽车和柏克德，它们庞大的设计部门主要就是进行这样的活动。用这一材料的一位读者的话来说："在每一位凯利·约翰逊（Kelly Johnson，一位极富创意的美国飞机设计师，我将在第三章中谈到他）背后，

[8]

都有成千上万能干而多产的工程师,他们通过组合现有的工艺技术进行设计,然后对这些设计进行测试、调整和改进直到它们令人满意地工作为止。"同时,常规设计所需的知识范围更为确定,且更易于处理。它们虽然也伴有新奇和发明,但是在原创性上与根本设计所需的知识在某种程度上不可同日而语。因此,我将本书限定在常规设计的范围之内既抓住核心,又便于讨论,毕竟在现阶段不去打开技术发明的潘多拉之盒,也仍有众多重要问题值得讨论。①

我并不是说,常规设计与根本设计,以及它们所需的知识之间可以作出截然的区分。显然两者之间存在着难以区分的新奇性的中间层次。然而,这一区别已足以作为分析的基础。同样地,我也不是说常规设计只是因循惯例、前车后辙的静态过程。就像作为整体的技术,它富有创造性和建设性,随着设计师追求更富雄心的目标而随着时间而变化。当然,这些变化是渐进的而非根本的,常规设计的发展是演化的而非革命的。我们将会看到,即使在这样的范围内,常规设计所需的知识类型也是极为多样和复杂。产生知识的活动,并不像利用这些知识的活动,有时也并非是常规的或日常的。 [9]

还有一点是基本的。设计,除了常规和根本之分,还是多层次的和分层级的。设计层级的存在取决于当前设计任务的性质、装置某些构成的特性,或所需的工程专业。飞机就是由各种部件构成复杂系统的典型例子,它的设计层级自上而下大体如下所示:

1. 工程定义——把一些通常定义不明确的军事或商业要求转变成第二级设计可用的具体技术问题。

2. 总体设计——设计适合于工程定义的飞机布局和比例。

3. 主体设计——将工程划分为机翼设计、机身设计、起落架设计、电子系统设计等。

4. 根据所需工程学科,在主体设计的基础上细分各区域进行部件设计(如机翼的气动设计、结构设计和机械设计)。

5. 把第四级设计中的各类设计进一步划分为一些非常专门的问题(如把机翼

的气动设计细分为平面形状、翼截面和增升装置问题）。⑫

这样的逐层划分就使飞机的设计问题变为易于管理的、较小的子问题，而每一个子问题可以单个逐一处理。由此，整个设计过程就上下来回、水平地跨越各个层级反复进行着。较高层级中的设计问题通常是概念性的，相对没有那么有组织。这也是工程领域外的人们对设计的主要看法，而史学家绝大多数倾向于关注工程定义和总体设计，不仅对飞机设计是如此，在其他地方也是如此。在工程设计的大部分工作发生的较低层级上，设计问题通常是明确定义的，而且活动往往也是极有组织的。位于层级的特定位置上的设计究竟是常规的还是根本的，这是另一个问题，常规设计可以（而且通常的确是）在层级各处占据主导地位，而根本设计只能在任一级中偶然遇到。设计的层级特征对所需的知识产生直接的影响，但我对那些影响的研究并没有彻底达到最终令人满意的程度。本书的历史研究主要涉及较低层级的设计活动，以弥补对这一广泛而重要领域的忽视。⑬

[10]　　支撑本书的五个案例研究取自 20 世纪上半叶的航空学史。除一个案例（第三章）是第一次出现外，其余的都曾发表在 1979—1986 年技术史学会的期刊《技术与文化》中，与本书仅略有不同。我起初并未预先考虑好方法，一直是充分深入地在每个实例中考察长期的知识增长，以充足的认知背景来展示知识的内容。如艾特肯那样，我集中研究了各种观念而非人工物，尝试追溯信息之演变。所选择的每个案例都突出了工程知识的一个不同方面，并被适当加以限定，可以在知识层面上做精细验证与剖析。由此得到的历史叙述构成了每章的主体。接着，我仔细考虑了每个案例中获得知识的原因、方法以及知识的结构，以及这一切在既具体又一般的意义上对工程知识而言意味着什么。最后两章则对所有材料作了同样的思考。

尽管我是从暂定的主题和所发现的一些观点出发来研究每个案例，但我一直力图尽可能地避免先入之见与过早地下结论。随着研究的深入，我的想法也发生了改变。开始时我想要研究科学与技术的关系，直到完成前两个案例后我才完全意识到知识才是我正在关注的核心。于是，施陶登迈尔所经历的发生在史学共同体中的体验在我身上重现了。直到完成第三个案例研究后，我也才弄清楚设计特别是较低层级中常规设计的决定性作用。这样我基本上用的是经验与归纳的方法,而本书重点则是这一工作的产物。我尽力与史学家的研究方法保持一致,这一方法的特点就如奥托·迈尔所描述的那样:"基本上是归纳的而非演绎的;它从微观研究开始,在一个个单独事件的层面上展开深入而详尽的研究,希望由此收集到的经验资料能引出更高层次的一般结论。"我的结论与先前提到的英国工程师罗杰斯用哲学的分析方法得出的结论是一致的。[13]

　　在所要求的深度上来理解工程的知识内容将颇费心力。工程学科并非一门轻易可掌握的专业,本书更非轻松易懂的读物。由于本书的观点十分重要,因而我始终尽可能使不具专业知识的认真读者容易理解。有时这就需要简化一些解释或省略一些对工程师来说可能是重要的限定条件。我尽量少说或不说那些让工程学界同仁有异议的东西。我不可能总是把全部真相都说出来,但我力求说的全都是真实的。我希望本书的研究能够满足诸多读者的需要。当然,不去把握工程知识的思想,就不可能期望真正地理解工程知识。 [11]

　　借助历史叙述来呈现思想形式和逻辑的任何努力都是在冒险,这虽然使所提供的历史事件比实际发生的更有条理,却远不如实际情形那么复杂。工程师都知道技术学习的过程事实上需要付出的努力比事后看来必须付出的努力要多得多。生产出来的知识始终比使用者原先需要的要多,由此,生产知识的共同体成员在某种程度上不得不边做边学。差错和错误的看法不可避免会出现,随之又必定会被发现并加以排除,而在未出版的文档记录中就已修改了的错误数目与出现的错误数目相比不过是沧海一粟。简言之,技术学习是一个混乱的、不断重复的、低效率的过程。回顾过去容易把更多的逻辑和结构硬塞入原本逻辑和结构就已很明显的学习过程中去。小说家华莱士·斯特格纳(Wallace Stegner)用多普勒效应(Doppler effect)巧妙地概括了这一困难:"任何迎面而来的声音(如火车汽笛声,或者说将要到来的声音),都要比远去的同一声音有更高的频率。"[15]我会尽可能地告诉大家,心智过程在了解那些加入进来的东西时,是如何对待它们的。可是,我充其量也只可能期望再次回忆起一小部分我作为研发工程师的经历告诉我的必须继续进行下去的事情。

工程知识反映出设计并不是为设计自身孤立发生的。人工物的设计是直接服务于人类一系列实践目标的社会活动。设计本身与经济、军事、社会、个人、环境这样的需要和约束紧密联系。施陶登迈尔将此称为"构成人工物环境的情境因素"，并把技术看做（甚至界定为）是具有"技术设计与其环境之间的张力"特点的活动。[⑯]本书主要谈的是这一张力中设计这一方所需的内部知识。当然，情境因素具有不容忽视的决定性作用。在常规设计中，这一环境在对工程加以定义和设计的

[12] 较高层级中发挥了最大的直接作用，在根本设计中也大体如此。例如，飞机的性能、尺寸、布局（进而是设计飞机所需的知识）是它所要执行的商业或军事任务的直接后果。虽然情境因素在本书所关注的较低层级中也发挥作用，但相对较弱且没有那么直接，这是因为在这里所需的知识主要来自设计的内部需要。如一旦规定了飞机的尺寸和性能，如何设计出机翼的形状就是纯粹的技术问题（然而，如我们看到的，这是一个复杂的、富有挑战的问题）。本书的叙述与分析主要集中在满足设计内部要求所需的知识上。虽然我没有直接（除其中一个案例外）研究设计—环境的张力，但我尽量注意这些要求所发生的情境。我关注的是工程知道什么以及是如何知道的，情境（尽管并非内部的）意义上为何知道这一问题，我主要留给其他人去处理。对情境的全部认识论结果展开研究，将需要扩展对设计较高层级的考虑。本书的说明与分析再加上情境所指出的方向，可能有助于那一方面的研究。[⑰]

在接下来的章节中，我将对来自于我所在的航空工程领域中的历史案例加以分析，向富有思想的非工程专业的读者展示工程知识的内容，表明这种知识是如何得到的，并反思这些案例资料对工程知识的性质而言大概意味着什么。本书关注的是工程设计主要活动中所使用的知识，特别是在较低层级中有组织的常规设计所使用的知识，这些较低层级的技术设计体现出绝大部分的日常工程活动。因而，本书重点是从历史进程的角度来看密切关联在一起的工程知识的获得、表示与利用。由于知识源自思考，我希望本书同时也能让那些参与技术事务的学者更深入

地了解工程师是如何思考的,以及他们的思如何涉及他们的做。

历史案例作为第二至六章。这五个案例的每一个都表明了设计的需要如何推动一类特定工程知识的增长。第二章("设计与知识增长")是唯一显示设计过程本身的章节,它表明了工程知识如何与设计有关,以及实用知识中必然存在的不确定性如何影响那一关系。这一章还表明了,工程知识通常如何通过实验与理论的复杂相互作用来获得增长。第三章("设计要求的确定")说明了较低层级中设计的客观规范在一个涉及了大量人的主观因素的情境中是如何被确定的。这一章提供了唯一可以直接研究设计–环境张力的案例。这是一个复杂的叙述,涉及了长时间内不断扩展的工程共同体所进行的活动。第四章("设计的理论工具")描述了分析性设计工具的历史发展,这一工具由改写和重新表述来自科学的理论知识得到的。在这样做的过程中,也为工程师的思考必然不同于科学家的思考提供了范例。第五章("设计数据")举例说明了工程师如何获得进行设计所需的定量经验数据。在这一情况中,数据的获得来自系统的试验方法,该方法很少被史学家所考察,但在理论方法不能提供所需的数据时却会被工程师广泛使用。第六章("设计与生产")超出设计而囊括生产,并表明这两者的功能如何在它们所需的知识中联系起来。虽然这一章所讨论的知识相当程度上都是定量的且来自现代科学密集型的产业,但它并不包含任何现代意义上可被称为科学的东西。最后两章提供了根据全部证据所做的分析,第七章提供了工程设计知识的分类以及产生知识的活动,第八章提供了工程知识增长的一般模型。第四、五、六章虽然出现在本书的后面,但先于第二、三章完成,正是这三章使我把注意力集中到知识与设计上。这三章连同第二章是由在其他地方发表的四篇论文组成的。它们重新出现在本书中,除了介绍性的段落外只有很少的改动(除第五章所指出的某一节的几个段落外)。如果不这么处理,除了会不切实际地增加工作外,可能还会破坏单篇论文的统一性与完整性。在我看来,好在这些论文还是构成了一个相当统一的整体。如我们所看到的,工程知识是如此的广泛、多样,无论如何都难以完全做统一的处理。

如前面的概述所示,我是在广义上来理解"知识"的。尤其是,我认为它包含

[13]

了哲学家吉尔伯特·赖尔（Gilbert Rlye）所谓的"知道如何"（knowing how）与"知道什么"（knowing that）这两方面，即知道如何完成任务的知识，以及关于事实的知识。[18]"知道什么"的知识贯穿于各种观点和信息的研究之中，人们可以对这些观点和信息的发展加以追溯。"知道如何"的知识不仅显示出知道如何做设计，而且显示出知道如何产生进行设计所要求的新知识（各种观念和信息）。后一类知识隐含在所有案例的学习过程中，也在书中多处有明确体现，特别是在第五章的方法论讨论和第八章的一般模型中。由于我只在一个案例中展示了设计的过程，因而如何做设计的知识在本书中没有那么明显，可是我必定会把它纳入第七章的知识分类中。当然，这一知识将必须在不断增加的对设计的历史分析当中详尽地展示出来，这样做是非常必要的。[19]

[14]　　　还需要提到一个术语。我将本书所讨论的"工程"视为一种人类活动，如本章前面引用罗杰斯的陈述所定义的那样。对当前的论题来说，该定义中的一个关键术语是"组织"，我们还可将它理解为"规划"或"计划"。这一术语包含了人工物的设计、生产、运营的所有方面，使工程区别于更一般的"技术"活动。如绘图员、车间工人、飞行员等虽然都是技术人员，但他们并不进行工程意义上的组织，因而不属于工程师。换言之，所有的工程师都可看做是技术人员，但不是所有的技术人员都等同于工程师。[20]同理，工程活动可纳入技术活动之中，工程知识则构成了技术知识这一广泛领域的组成部分。可惜技术史学家和技术哲学家很少做这样的区分。要使本章能在一定程度上使用了他们的研究成果，我不得不接受这一含混。接下来我会设法更为审慎，如果我指的不是更广的含义，那所谈论的就仅限于工程与工程知识。不过，在利用现有文献中，我仍认为不时回到习惯的做法是必要的，而且我也不能保证自己在别的地方不会无意中那么做。当然，贯穿全书的主题（除第三章的飞机驾驶和第六章的工场程序外）仍然是工程认识论。

　　　最后，还应当对本书的研究范围做一些说明。很难说由本书案例所描述的知识类型是详尽无遗的。还有其他类型的知识，它们也适合进行专门研究。一个很好的例子就是特定设计的理论（device-specific theories），它取决于一些特定的近似法（如梁的基本理论，在该理论中，与梁的跨度相比，梁高及其挠度被认为是微不足道的）。另一例子是设计过程中的分析程序，如优化分析程序。对这种特定类型的知识，我只在第七章中略有提及，如果深入研究它们可能会改变讨论的详细情况，我也不敢肯定这是否会改变本书的主旨。

此外，本书的例子取自工程学的一个分支——航空工程。其他工程学分支，特别是那些土木、石油、矿业工程，必须处理个别环境所特有的难于处理的特性，可能需要考虑那些超出本书范围之外的因素。但我认为这可能需要对本书的概括加以增添和改动，而非根本的修改。

史学上的强烈反对意见认为，这些只取自航空工程领域的例子是否几乎完全体现了 20 世纪的工程。事实上，本书的认识论大体上如同今天所存在的那种工程的认识论。从古代至今来分析工程知识的增长无疑会提出诸多不包括在本书范围内的问题。伯特兰·吉勒（Bertrand Gille）在一篇文章中已经开始了那方面的研究。[②] [15]

概括一下这些以及早前的限定也许是有帮助的。简言之，本书的历史案例主要关注了 20 世纪航空工程中进行常规设计所需的知识。看起来一开始所做的限定就相当可观（然而，即使在这一范围内进行详尽的研究，仍需要考察大量的资料）。当然，依据这一限定所推断得到的结论要么是有疑问的，要么就过于简单直接。可以预料到，几乎所有的常规设计要素对根本设计来说都是必需的，可是，新颖事物错综复杂，通常涉及令人费解的创造性发明的问题。从航空工程扩展到工程的其他分支领域，从设计扩展到生产和运营，应当相对容易一些，它们也许要求做详细的修改与增添，可我怀疑这是否需要基本全新的观点。第七章所概括的知识分类就是打算试探性地朝着这些方向迈进，其中特别关注了其他的工程分支。由于数学理论和来自科学的移植的作用在消失而各种技术工艺又占据了主导地位，追溯 20 世纪之前的知识种类也许会更棘手，这也许需要简单删除某些因素，或在根本上重新考虑其他的因素，或两者兼而有之。第八章的知识增长模型相对是抽象的，而且说了一些随时间而变化的东西，因而它可能适用于所有的工程领域，适用于所有的时期,也因为这样,它应当被看做相对是猜测性的,而且是可加以争论的。然而,先前资料的有效性并不会动摇该模型的基础。

上述解释并不意味着我想在任何方面都强加辩解,毕竟工程认识论的研究显然才刚刚起步。我确实希望为它提供一个框架以促进其未来的发展。历史叙述还可以作为供他人使用的资料库。

在接下来的资料中,我会在引入专业技术术语的地方做出界定。在译名对照表中查阅该词就可在文中找到这一定义。

注　释

注:导论从与詹姆斯·亚当斯、雷切尔·劳丹、罗伯特·迈金(Robert McGinn)、威廉·里夫金(William Rifkin)以及一位匿名审稿人的讨论及其建议中获益良多。

① 表明这一观点的引文可参见 *The Nature of Technological Knowledge*: *Are Models of Scientific Change Relevant?* (ed. R. Laudan, Dordrecht, 1984, n. 29)一书的导论,以及 M. Gibbons and C. Johnson, "Science, Technology and the Development of the Transistor," in *Science in Context*, ed. B. Barnes and D. Edge, Cambridge, Mass. , 1982, pp. 177 – 185, esp. p. 177.

② Layton 的文章参见 *Technology and Culture* 15 (January 1974): 31 – 41,所引语句来自第 32 页。形容词"创造性"和"建构性"来自 Barry Barnes 一段简短但有用的注释:"The Science – Technology Relationship: A Model and a Query," *Social Studies Of Science* 12 (February 1982): 166 – 171. J. D. North, "The Case for Metal Construction," 大段引文来自 J. D. North, "The Case for Metal Construction," *Journal of the Royal Aeronautical Society* 37 (January 1923): 3 – 25,引文见第 11 页;这一引文是由理查德·史密斯提醒我的。

③ J. Staudenmaier, S. J., *Technology's Storytellers*: *Reweaving the Human Fabric*, Cambridge, Mass. , 1985, chap. 3; G. Wise, "Science and Technology," *Osiris*, 2d ser. 1 (1985): 229 – 246,引文见第 244 页。还可参见 Laudan (n. 1 above), Gary Gutting ("Paradigms, Revolutions, and Technology, " in ibid. , pp. 47 – 65)通过哲学讨论得出了同样的结论。

④ Barnes(n. 2 above).

⑤ 关于科学与技术的问题,除了上述提到的巴恩斯、施陶登迈尔和怀斯之外,还可参见 A. Keller, "Has Science Created Technology?" *Minerva* 22 (Summer 1984): 160 – 182; E. Layton, "Through the Looking Glass, or News from Lake Mirror Image," *Technology and Culture* 28 (July 1987): 594 – 607. 工程师对工程自主性的相关哲学讨论参见 D. Lewin, "The Relevance of Science to Engineering – A Reappraisal," *Radio and Electronic Engineer* 49 (March 1979): 119 – 124; G. F. C. Rogers, *The Nature of Engineering*: *A Philosophy of Technology*, London, 1983, chap. 3.

⑥ H. Aitken, *The Continuous Wave*, Princeton, 1985, pp. 14 – 16,引文见第 14、15 页(艾特肯对方法论的全面讨论值得一读); Laudan(n. 2 above), p. 41; Layton(n. 1 above), p. 2; N. Rosenberg, *Inside the Black Box*: *Technology and Economics*, Cambridge, 1982. 工程研究中认知研究的核心作用参见 A. Donovan, "Thinking about Engineering," *Technology and Culture* 27 (October 1986): 674 – 679.

⑦ Rogers(n. 5 above), p. 51.

⑧ Layton(n. 2 above),第 37 页,及其"American Ideologies of Science and Engineering," *Technology and Culture* 17 (October 1976): 688 – 701,引文见第 698 页。代表"其他学者"的引文来自一位匿名审稿人的评论。莱顿对设计的更多讨论参见"Science and Engineering Design," *Annals of the New York Academy of Sciences* 424 (1984): 173 – 181.

⑨ 参与设计的工程师们撰写的对于特定设计的具体说明,参见 *Case Study in Aircraft Design – The Boeing* 727, in the Professional Study Series, American Institute of Aeronautics and Astronautics, September 14, 1978. 把设计看做是过程的极富启发的评论、参考文献和引文,可参见 E. W. Constant, *The Origins of the Turbojet Revolution*, Baltimore, 1980, pp. 24 – 27. 尽管设计对工程来说很重要,而且在历史文献中并不难找到相关的事例,但令人疑惑的是,这一主题词却很少出现在《技术与文化》的全年索引中,或四月刊的"技术史现有文献"(Current Bibliography in the History of Technology) 中。在美国,史学家倾向于在其他情境中来研究设计,通常将设计看做是发明、发展,或某些重要且/或引人注目的装置革新的一部分。在英国,技术史一般更多是由专业工程师来撰写,他们自然而然对设计的历史研究更

为关注,参见 *The Works of Isambard Kingdom Brunel：An Engineering Appreciation*, ed. Sir Alfred Pugsley, Cambridge, 1976.

⑩ Constant(前述注释),引文见第 10 页。还可参见 Layton(n. 2 above),p. 38. 康斯坦特的常规技术概念与托马斯·库恩著名的常规科学概念(*The Structure of Scientific Revolutions*, Chicago, 1962)是相似的。像常规设计一样,康斯坦特没有用到根本设计(或根本技术,或甚至是技术革命)这样的术语。考虑到他与库恩作品的书名,对我来说,将常规设计与设计革命相对比,似乎更具有历史继承性。然而,我倾向于用根本设计,这显得没有那么极端,而且与工程的术语相一致;这也使我可以在第七章做出一个区分。

⑪ 引文来自匿名审稿人。关于涉及发明的历史研究,以及与根本设计相关的一个历史研究的回顾,可参见 Staudenmaier(n. 3 above),pp. 40 – 61.

⑫ 机翼的机械设计涉及各机械子部件,如那些在起飞和降落时用于展开增升装置的部件。

⑬ 关于设计的层级还可参见 Constant(n. 9 above)。读者也许会觉得将这一层级划分与 Arnold Pacey 所描述的"细节法"(method of detail)进行对比是富有启发的,该方法是来自 17 世纪科学革命的一种重要的学术研究模式(*The Maze of Ingenuity*, London, 1974, pp. 137 – 140)。关于学术研究所忽略的日常工程(用本书的话来说,就是常规以及/或低层级设计)的评论,参见 E. W. Constant, "Science in Society：Petroleum Engineers and the Oil Fraternity in Texas, 1925 – 1965," *Social Studies of Science* 19 (August 1989)：439 –472, esp. 440 –441.

⑭ O. Mayr, "The Science – Technology Relationship as Historiographic Problem," *Technology and Culture* 17 (October 1976)：663 – 673,引文来自第 664 页。Rogers (n. 5 above),第 3、4 章,第 57—61 页。罗格斯不仅讨论了工程知识与科学的关系,还讨论了工程知识与创造性技艺的关系。

⑮ W. Stegner, *Angle of Repose*, New York, 1971, p. 24.

⑯ Staudenmaier(n. 3 above),所引语句来自第 6 页和第 103 页。

⑰ 关于社会情境如何影响特定技术出现的文集(虽然不是明确关注设计),参见 D. Mackenzie and J. Wajcman ed. , *The Social Shaping of Technology*, Milton Keynes, 1985.

⑱ G. Ryle, *The Concept of Mind*, London, 1949, pp. 27 – 32.

⑲ 我始终拒绝把工程知识或其部分知识描述为"知道如何"的知识,对于范围广泛(通常是未加定义的)的实践知识以及/或能力而言,"知道如何"是一个试图一网打尽的常见语词,参见 D. Sahal, *Patterns of Technological Innovation*, Reading, Mass., 1981, p. 42. Ingva Svennilson 为"知道如何"提供了一个详细的定义,即"运用技术知识的能力",但这一定义暗示着"知道如何"的能力本身并非技术知识的一部分。我认为这一割裂并不适用于本书的研究目的(而且 Svennilson 本人根据这一定义所展开的讨论也模糊了这一区分),参见 "Technical Assistance: The Transfer of Industrial Know – How to Non – Industrialized Countries," in *Economic Development with Special Reference to East Asia*, ed. K. Berrill, New York, 1964, pp. 406 – 409.

⑳ R. E. McGinn, *Science, Technology, and Society*, forthcoming, 1991. 文中第二章讨论了棘手的"技术"定义,认为除了作为人类活动之外,它还有其他不同的含义。

㉑ B. Gille, "Essay on Technical Knowledge," in *The History of Techniques*, 2 vols., ed. B. Gille, Montreux, 1986, vol. 2, pp. 1136 – 1185. 还可参见 A. R. Hall, "On Knowing, and Knowing how to...," in *History of Technology*, *Third Annual Volume*, 1978, ed. A. R. Hall and N. Smith, London, 1978, pp. 91 – 103.

第二章
设计与知识的增长：戴维斯机翼与翼型设计问题（1908—1945）

在设计师面临的许多重要决定中,其中一个就是对飞机机翼纵向剖面形状的选择。在 20 世纪 30 年代期间,大部分美国设计师根据详尽的翼剖面(sections)一览表来做出选择,这些翼剖面的气动力学性质是从国家航空咨询委员会(National Advisory Committee For Aeronautics,NACA)的风洞测量得到的。然而,1938 年,圣地亚哥(San Diego)的联合飞机公司(Consolidated Aircraft Corporation),为 B‒24 轰炸机选择了由一位独立发明家大卫·R. 戴维斯(David R. Davis)设计的有点不可思议的机翼剖面,这个选择取决于一些在当时无法解释的不寻常的测试结果,这是由加州理工学院(California Institute of Technology)的风洞测试得出的。B‒24 轰炸机成为第二次世界大战中数量最多、最成功的轰炸机之一。这之后不久,戴维斯翼剖面就销声匿迹了,并且对机翼设计发展的作用微乎其微。这种情形在当时难以理解并且现在大都被遗忘了,但却是航空史上一个非常有意思的花絮。对目前研究更重要的是,它提供了一种研究与设计相关的工程知识的有用手段。

当我开始这一研究时,我的目的就是要了解常规的、日常设计是如何决定实施设计所需的知识。考虑到联合飞机公司选择的模糊性,我特别想了解的是知识中的不确定因素是如何影响设计过程以及如何受设计过程影响的。工程师在面对不完全、不确定的知识时,通常需要做出具有重要实践意义的决定。这一需要有可能具有认识论的含义。同时,作为航空工程师,我很想知道戴维斯翼剖面的不寻常的性能是否能够根据后来的理解做出解释。在追寻这一目标中,一个附带的相关主题出现了:与具体设计要求有关的知识是如何增长的。这样一来,设计无疑涉及哲学家卡尔·波普尔(Karl Popper)所理解的"认识论的核心问题总是并且依然是知识的增长问题"。[①] [17]

这里的设计出现在第一章所描述的设计的最低层级中。在联合飞机公司和其他任何地方,机翼的气动设计凭借理论与实验的结合得以进行,这一结合具有良好的结构且由来已久。这样的方法论的结构是可能的,因为工程师已经知道解决方案的一般形式,即机翼看起来像什么,而且知道如何用具体的工程术语来规定问题,对联合飞机公司来说就是在某一特定巡航升力上的最小阻力。这类问题可以描述成"定义明确的"。虽然存在着这些问题且很棘手,但主要与机翼几何形状的具体规定有关。不确定因素主要来自设计师所依赖的明确知识。

就像我在第一章中解释的那样,这是本书唯一一个展示了工程设计过程的案例,因而,我们相应地首先考虑这一例子。尽管在后面的案例中我不再涉及设计活动,但是,读者可以设想出在其背后一些几乎相似的过程,这些过程要求和决定了知识的产生。

我最初提出的两个问题规定了接下来的材料组织。第一个部分考察联合飞机公司的设计过程,重点是知道什么和不知道什么,这个部分展示20世纪30年代航空知识中不确定因素的性质。这还表明在特定时期,面对不确定性时工程设计共同体是如何发挥作用的。接着,第二部分概述了翼型设计的一般历史,以便确定戴维斯翼剖面处于何种位置,并尝试解释它的性能。在这一过程中,我们看到了工程共同体如何使知识随着时间的推移而增长,以及如何减小不确定性。由此,最后一部分扩充了不确定性和知识增长的论题。尤其是,我们注意到在设计中知识的增长和不确定性的减少是密切相关的,甚至在性能的提高是毫无争议的时候。我们还可了解到,这些事件如何例示了知识增长的一种变异—选择模型(variation – selection model),该论题将在第八章予以详细地考察。

联合飞机公司与戴维斯翼型

1937 年的夏天,联合飞机公司[后来的伏尔特联合飞机公司(Consolidated Vultee)和现在的康维尔通用动力部门(Convair Division of General Dynamics)]的工程师致力于为海军远程巡逻机进行了深入的机翼优化的设计研究。公司为海军生产了近 100 架 PBY 双引擎水水飞机,在二战期间该数量远远超过其他水上飞机,并且以 XPB2Y-1 四引擎水上飞机为原型的建造也随之发展起来。随着机身、发动机和螺旋桨设计的迅速改进,高性能水上飞机仍然有潜在的市场,它不仅仅可用于海军,还可服务于洲际商务用途。同时,鲁本·H. 弗利特(Reuben H. Fleet)(图 2-1),联合飞机公司的缔造者和总裁,似乎在出售给空军部队的远程地面轰炸机方面具有独特眼光。有了这样的飞行器就使波音 B-17 轰炸机成为可能。联合飞机公司的一些工程师已经感到水上飞机最终将会受到限制,而且公司的发展,甚至是生存,都需要空军以及海军的订单。随着 20 世纪 30 年代后期航空界的迅速转变,远程飞机的机翼研究可以满足复杂的用途。[②]

[18]

要规定用于建造的机翼形状,飞机的设计师必须决定它的平面形状(planform),即从飞机上方俯视的机翼轮廓,还要决定机翼的纵向剖面形状(profile of the fore-and-aft sections),可称之为翼型(airfoil profile),翼剖面(airfoil section),或简称为翼型(airfoil)。[③]翼型反过来又决定了它的气动力学性能。因此,要根据心目中的理想性能来决定翼型,这就需要某种评价不同设计性能的方法。对于 20 世纪 30 年代曾使用过的那类无后掠翼(unswept)机翼,可以根据理论概念相当准确地计算出其气动力学性能,该理论概念可以把这一问题还原为平面形状和剖面。

图 2-1 鲁本·H. 弗利特 (1887—1975)(右)、乔治·J. 米德(George J. Mead)(左),国防委员会(National Defense Council)飞机生产顾问(资料来源:Ticor Title InsuranceCompany.)

这一还原只是气动力学上的近似值,提供了大量的简化。最有名的就是它允许把气动阻力(aerodynamic drag)当成诱导阻力(induced drag)和翼型阻力(profile drag)之和,而二者具有极其不同的起因。

给定气动升力(aerodynamic lift),诱导阻力值是由机翼平面形状确定的。因为产生不断延伸的涡流的能量所要求的工作是由诱导阻力提供的,这些涡流是从任一个有限翼展(span)的升翼翼梢(tip)区域中蔓延开来的。因此,诱导阻力是机翼上升时所必需付出的代价。理论上,诱导阻力的计算不需要考虑气流黏性(或内部摩擦力)。因此,虽然计算是复杂的,但困难并不是不可克服的。到 20 世纪 30 年代中期,用于一般平面形状的实用方法取得了很好的发展。[④]

与之相反,翼型阻力是翼剖面的一种性质。它取决于剖面形状,并且假定,如果存在某一个假想的机翼,这个机翼在无限翼展上具有完全相同截面,当在这一假想机翼上如果存在翼型阻力,则翼型阻力必定相同。在这样一种极限情况下,翼尖阻力,甚至诱导阻力都消失了。翼型阻力是气流黏性的函数,与独立于黏性的诱导 [19]

阻力不同,理论上来讲,当无空气摩擦力时,翼型阻力就会消失。由于实际的黏性流计算超出 20 世纪 30 年代的理论所能解释的范围(这些困难甚至至今仍然存在),要求出翼剖面的翼型阻力与其他气动力学特征,就必须在风洞中对机翼进行试验,并消除计算出来的平面形状的影响。因而,翼型发展很大程度上是一种经验活动。

这一气动力学的概念加上结构的考虑,就构成了联合飞机公司研究的基础。[5]正如可以根据理论来计算一样,在其他条件不变的情况下,机翼的平面形状做得越来越长,越来越薄,诱导阻力也随之减少。然而,在升力作用下更长的机翼所增加的弯曲,就要求一个更结实的结构,此外,如果增加的重量不是无法控制,还要求一个更厚的翼型。不过增加翼型厚度就必然会加大翼型阻力,由此诱导阻力的减少就会被抵消或者可能变得无效。因而,要在给定飞行状态下得到最适合的机翼就需要在大量相互冲突的要求之间做出权衡。为了寻找最优机翼,联合飞机公司的工程师们针对最大的飞行范围内尽可能高的飞行速度做了大量关于机翼的计算。这些计算结果包括了机翼平面形状,其中展弦比(aspect ratio)高达 12,在当时这一数值可谓是非同寻常的高[展弦比是当时工程师们对机翼平面形状细长度的测度,规定为翼展与平均流向(streamwise)宽度之比,或翼展与翼弦之比]。翼剖面可从翼型一览表中挑选出来的,相关数据是由 NACA 根据弗吉尼亚兰利基地(Langley Field)的风洞试验提供的。然而,联合飞机公司的许多工程师们都熟知,对所描述的那类翼剖面的优化计算结果充其量也只不过是近似值而已。因此,研究工作包括了运用加州理工学院的古根海姆航空实验室(Guggenheim Aeronautics Laboratory of the California Institute of Technology,一般称为 GALCIT)的 10 英尺风洞来对几个最有希望的机翼进行评估。[6]

这时戴维斯出场了。戴维斯(图 2-2)是一名企业家,而且是自学成才的发明者和设计师,他设计的那类机翼在航空开创性时代是很普遍的,到 20 世纪 30 年代就销声匿迹了。他在 20 世纪 10 年代初期就在洛杉矶学习飞行,在 1920 年,用家族资金成为唐纳德·道格拉斯公司(Donald Douglas)的合作伙伴和股东,出资成立了戴维斯—道格拉斯飞机公司(Davis – Douglas Aircraft Company)。在接下来不久,

[21]

图 2-2　大卫·R. 戴维斯(1894—1972)

戴维斯在协助设计和试飞了第一架道格拉斯公司的克劳德斯特(Cloudster)飞机之后就撤资了(原因不明)。由此,公司更名为道格拉斯飞机公司。1930 年起,戴维斯就成为了洛杉矶的戴维斯-布鲁金斯飞机有限公司(Davis-Brookins Aircraft Company)的搭档,沃尔特·布鲁金斯(Walter Brookins)是曾得到莱特兄弟教授飞行的第一位美国平民,他将戴维斯请到了联合飞机公司并引荐给弗利特。布鲁金斯的妻子与少校时期的弗利特相熟,他曾经是一位飞行员,20 世纪 20 年代初期,他在俄亥俄州代顿市(Dayton,Ohio)的麦库克基地(McCook Field)担任指挥官期间,布鲁金斯的妻子曾担任他的秘书。因为这一缘故,布鲁金斯认为弗利特是可亲近的。[7]

[22]

　　戴维斯-布鲁金斯公司主要的也是唯一的资产就是在 1931 年提出并在 1934 年公布的一个专利,该专利运用了戴维斯发明的一组数学方程来确定一族翼型形状。[8]戴维斯宣称,用这组方程式,他研发出了性能比其他正在使用的翼型更为优异的翼型,这一性能使它们特别适合于远程飞机。弗利特的最初反应和他的首席工程师艾萨克·M.(麦)·拉登[Isaac M. (Mac) Laddon]一样,很自然地流露出怀疑的态度。拉登手下的工程师们发现戴维斯的方程并不具备物理基础,而且他们认为像戴维斯这样的独立的、没有经过专业训练的发明者不太可能对 NACA 的广泛研究加以改进。特别是,在戴维斯的专利方程式里面,包含了两个未详细说明的、可指派的常数,联合飞机公司的工程师们需要这一常数值来描绘和检验他的翼型,而戴维斯却拒绝公布这一信息。在未得到弗利特和拉登的许可的情况下,他不准备透露这一核心机密。戴维斯反而提议建造一个风洞模型,用来为具有同样平面形状和沿翼展方向的厚度分布的联合飞机公司的模型所用,在该模型可以融入他自己的专有翼型。戴维斯将他的模型连同联合飞机公司的其他模型一起交付给 GALCIT 进行试验,但仍旧没有详细说明翼剖面的形状。所有这一切都是以联合飞机公司的经费作为支持的。如果戴维斯的机翼被证明确实具有性能优势,并且联合飞机公司签署使用许可证,这时戴维斯就将他的翼剖面形状提供给他们。因此,就如很多人认为的那样,戴维斯的贡献只是机翼的翼剖面,而不是整个机翼。我只是在文章标题上,偶尔也在其他地方,保留了这一令人误解的术语戴维斯机翼(David wing),这是因为人们习惯上总是通过那个名称来识别这一情节的。在这个建议的基础上,弗利特和拉登决定继续往这个方向发展。翼型设计在很大程度仍然是经验的,而且戴维斯也不太可能总是有所发现。

联合飞机公司的工程师怀疑戴维斯的方程式是否具有流体力学的根据,如我们将要看到的,他们显然是正确的。然而,戴维斯似乎有另外的想法。他在1934年的专利中没有指明详尽的细节,而只是说"方程式是根据马格努斯效应(Magnus effect)的力学公式而来,该效应由旋转体等过流体做旋转和平移运动产生"[9]("马格努斯效应"是在流体中转动的圆柱体绕轴旋转所受到的力的名称,这种升力是通过一个圆柱体绕轴旋转和穿过流体移动而体验得到的)。在20世纪40年代初期,大众报刊有两篇在访问发明者的基础上所做的报道,尝试通过一种做平移运动和旋转运动的飞轮或径向摇臂(在实际上)详细说明专利陈述,从而对戴维斯的推论作出解释。然而,这些解释不是在物理学上令人质疑的,就是完全无意义的。[10]

[23]

根据戴维斯手写的、没有签名也没有注明日期的简要注释,他显然在专利发布前就已经对方程式明显缺乏物理基础做出了表述。[11]像在专利中一样,这些表述从马格努斯效应开始。接着,在没有流体力学或其他物理推论基础上,立即在平移—旋转环状物(马格努斯效应的圆柱体)的基础上着手于纯粹的几何学步骤。戴维斯似乎只是绘出了圆柱体上某一点的轨迹,并注意到曲线的环路具有像翼型的形状。然后他设计了一个复杂的,不大像几何图形的结构来改变这一形状,以更接近于一般翼型,而且,他用普通代数和三角学把这些结构转换成方程式。他没有解释这一结构背后的推论,而这个结构在逻辑上也不可能以流体力学为依据。把翼型问题和与之相当不同的马格努斯效应关联起来,他也没有提供任何理论根据。尽管戴维斯很可能认为这一关联为他的工作提供了更有效的理论基础,而不仅仅是表面情况所显示的那样,但是马格努斯效应的知识只是让他注意到了旋转柱体。因此,尽管他从马格努斯效应得到了灵感,但是他的过程基本上是几何学的运用。[12]然而,必须承认,戴维斯方程式并不是简单的或者显而易见的。这一方程所依赖的结构既具独创性又很复杂。尽管他的设想在流体力学上找不到有效的根据,但是如果没有某种大量的心智努力是不可能设计出来的。[13]

无论他的思考性质是什么,戴维斯和其他人一样,他的翼型性能必须诉诸实验。由于当时没有风洞可用,他临时从他的朋友道格拉斯·希勒(Douglas Shearer)那里借来一辆大型帕卡德汽车(Packard),当时希勒是米高梅电影公司(Metro - Goldwyn - Mayer Studios)首席录音师,还是电影女演员诺玛·希勒(Norman Shearer)的兄弟。为了使模型不受车身的气动力学干扰,戴维斯在车顶上水平安置一块大平板,然后对垂直悬挂在平板上的翼型进行测试。在汽车高速行走时(根据一个资料来源,汽车是行驶在南加利福尼亚的无人路上,根据另一来源,是用了一辆车轮外缘翻边的汽车,行驶在沙漠中废弃的铁路轨道上),通过拍摄下车内一组压力计来测量翼型表面的压力分布。[14]戴维斯希望通过改变方程式中的常数值赋值来获得一组翼型,并从中找出最佳翼型。他在1935—1937年进行了一系列翼型测试后,断定这样的过程会耗尽他的余生。[15]后来,联合飞机公司工程师乔治·谢勒(George S. Schairer)了解了剖面形状后对此提出了质疑,戴维斯说他因而"在椅子上坐了三天,一直在考虑(指派常量值)这一问题,并且在理论的基础上得到

[24]

的结论就是,加上一个并减去一个就是最好的"。⑯他没有说这个理论基础是什么,接着他在帕卡德汽车上进行了翼型测试,直到令人满意为止。这就是戴维斯在提交给 GALCIT 的模型中所融入的那一翼型。

1937 年 8 月末至 9 月初在 GALCIT 进行了比较测量,结果震惊了克拉克·米利肯(Clark B. Millikan)教授及其风洞的工作人员。用米利肯教授提交给联合飞机公司报告的话来说,"当第一次得到戴维斯机翼的某种结果时,它们是如此令人惊讶,就感觉肯定是有一些实验的错误在里面"。因此,戴维斯模型与用来作对比的联合飞机公司的模型(后来是 NACA 的"21 系列"翼剖面)被重新仔细测量,以便确定它们的平面形状是充分吻合的。数周内,戴维斯模型在两个以上场合分别进行了重新测试,其中三次试验展示了"在实践上的完美吻合"。联合飞机公司的模型,根据米利肯的说法它在一开始表面处理非常糟糕,于是它被抛光润饰成同戴维斯模型一样的完美,而且也被重新测试,以便弄明白这一模型的结果是否能与之相匹敌。尽管把它确定下来和广泛传播花费了几年时间,但是理解在不断增长,表面状况也如翼型一样会对机翼性能有重大的影响。然而,联合飞机公司的模型仍然没有表现出任何的独特之处。⑰

对于戴维斯机翼来说,最令人震惊的结果是升力和迎角(angle of attack)(机翼相对于气流的倾角)之间的关系。工程师们用升力曲线斜率(lift - curve slope)来度量这些关系,升力曲线斜率定义为每增加 1°迎角带来的升力的增量。让测试者惊奇的是,戴维斯模型得到的实验斜率几乎等于从无黏性(即无摩擦力)流体的一般理论中得出的计算值。这个发现引起大家的关注,因为,在原则上,黏性会使测量值低于根据理论计算得到的值。GALCIT 主管西奥多·冯·卡门(Theodore von Kármán)指出,普遍使用的理论是一个近似的理论,而更精确的无黏性流理论可以给出一个令人更加满意的精确值,由此恢复了这一预期关系。不过,仍然存在一个问题:戴维斯模型测试得到斜率比在 GALCIT 测试的大部分机翼斜率高出 7% ~ 13%,比以前的最好斜率高出 6%。米利肯没能对这一差异提供解释,只是他推测戴维斯模型得到的较高值来自于迎角相关的黏性效应的一些特殊的、未详加说明的变

[25]

化(这一可能性我稍后会再讨论)。然而,由于这一较高的升力曲线斜率对飞机设计师而言并没有太大用途,因而,这种不确定性的学术意义高于其实际意义。

让联合飞机公司更感兴趣的是,与该公司设计的模型相比,戴维斯模型还显示出一个稍低的最小阻力,以及随着升力增加带来具有重要意义的较低的阻力增加。因此,戴维斯模型表明,在满足远程飞行所需升力时,可以降低 10% 的阻力。然而,这一颇具潜力的有用发现却被风洞测试表明的一个众所周知的困难冲淡了:由于"尺度效应"与黏性密切关联,由一个相对低速的小模型(正如在 GALCIT 测试当中那样的情况)所得到的结论,不能简单地、可靠地外推到以实际飞行速度飞行的全尺寸飞机上。因为受到风洞 10 英尺尺度所迫而形成的非同寻常的大展弦比以及对翼展的限制,使得该模型的平均翼弦(机翼研究的一个重要尺度)远远低于 GALCIT 日常值。因此,米利肯担心,性能的差异是否可能更多的不是由尺度的缩小而是由翼型的差异造成的。[18]在联合飞机公司,至少在弗利特和拉登的层面上,接受了这一结果,没有明显地提出什么批评(在联合飞机公司的员工内部必定发生过一些争论,但是联合飞机公司时期的记录并未留存于康维尔公司)。在 9 月下旬,也就是在测试后三个星期,弗利特向海军航空局主管亚当·阿瑟·库克(Adam Arthur B. Cook)报告了这一进展。关于水上飞机的研究,他说道:"减少较大迎角的阻力⋯⋯是很值得参考的,我们可以期待一个改进⋯⋯这将使远程水上飞机节省大约 2500 磅的燃料。"他说,拉登可能向海军航空局高级工程师沃尔特·迪尔指挥官(Comdr. Walter S. Diehl)提交了类似的陈述,同时附上了米利肯报告中的一份风洞数据。一位到 NACA 总部巡视的官员描述到,弗利特"非常热情地"告诉他,联合飞机公司的新机翼"彻底打败了"以前的任何机翼。据说,他的热情部分是因为戴维斯机翼是用一个数学公式来规定的。弗利特像其他的有着技术责任感却甚少数学训练的其他人一样,可能过度地被数学打动了。[19]

航空学共同体的其他人就不像弗利特那样热情了。迪尔迅速将拉登的信和数据提交给 NACA 征求他们的意见。兰利基地研究实验室委员会的未具名人员回复道:"附在联合飞机公司来信的那种对比数据⋯⋯实在是具有太多不确定性以至

[26]

于很不可靠……已有的大量翼剖面都超越了 N. A. C. A. 21 系列的特征,因而,即使出现新的翼剖面也无需惊讶。"布鲁金斯花数周时间尝试激起他的老熟人飞机公司主管助理亨利・H. 阿诺德将军(Gen. Henry H. Arnold)对戴维斯机翼的兴趣,在 9 月底他将米利肯的报告提交给了阿诺德,后者立即转交给莱特基地(Wright Field)的材料部门(Materiel Division)做出评估。初级少校布洛克(Maj. A. W. Brook, Jr. ,)的反应同大多数兰利基地的其他工作人员一样,他的反对是基于米利肯之前的报告里谨慎地提出的大量的限制条件。风洞测试是一个带有很多不确定因素的经验活动,这样的怀疑态度也是在所难免的。迪尔是一个有着多年丰富经验的人,他在后来向一个给他回信的关注戴维斯机翼的海军官员表态:"仅供参考,戴维斯翼型对我们来说只是另外一种翼型。我们经常有一些类似机翼被提请审议。除了比较试验之外,没有办法对他们的要求做出评价。"显然,迪尔指的是在 NACA 较大尺寸设备上由政府的专家来进行试验。⑳

到了 1937 年末,联合飞机公司有了一种他们认为是更高级的翼型的东西,但是却不了解其形状。谢勒试图通过戴维斯专利的方程式,运用一系列可指派的常数值绘制"数百个"翼型,据此来发现公司所需的翼型;然而,他得到的结论是:"不可能推测出……比戴维斯所发现的更好的常量值。"弗利特告诉 NACA 的观察员,联合飞机公司已经建造了一个他们相信接近戴维斯形状的机翼模型。依靠公司的那些见过戴维斯模型的工程师们所看到的情形来建造这个类似模型。根据观察员的说法,"尽管联合飞机公司的人们和加州理工学院都曾经对戴维斯模型做测试,但是仍然没能建造出一个轮廓模板",很可能是因为当时在试验现场的戴维斯禁止他们去接触这一模型。当 GALCIT 的测试没有带来任何希望的时候,留给联合飞机公司的就是对他们的近似值究竟有多精确的惊叹。㉑

直到在 1938 年 2 月 9 日拉登与戴维斯—布鲁金斯飞机公司签署一份协议书后,公司才了解了这一翼型。合同规定,如果联合飞机公司在任何机型上采用戴维斯翼型,必须支付一笔浮动专利费。戴维斯保证在获利的前提下承诺在一年内不向其他任何公司透露他的翼剖面。条文规定,如果"在 N. A. C. A. 全尺寸风洞中对

[27]

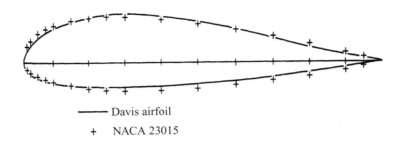

—— Davis airfoil
+   NACA 23015

图 2-3 戴维斯翼型(——)与 NACA 23015 翼型(+)的比较。两种翼型前缘 15% 的弦长处的最大厚度均位于前缘 30% 的弦长处位置上。戴维斯的翼型纵坐标(最大厚度调整为离前缘的 15% 弦长处)。(资料来源:R. P. Jackson and G. L. Smith, Jr., "Wind - Tunnel Investigation of Sealed - Gap Ailerons on XB - 32 Airplane Rectangular Wing Model Equipped with Full - Span Flaps Consisting of an Inboard Fowler Flap and an Outboard Retractable Balanced Split Flap," *Memorandum Report for the Matériel Division*, *Army Air Corps* (unnumbered), NACA, December 13, 1941, table 1; of 23015 from E. N. Jacobs, R. M. Pinkerto, and H. Greenberg, "Tests of Related Forward - Camber Airfoils in the Variable - Density Wind Tunnel," Report No. 610, NACA, Washington, D. C., 1937, fig. 19.)

同一翼型较大尺寸的模型进行测试表明在较小尺寸模型当中所显现的性能改进并不存在[等]",[②]那么就可取消联合飞机公司承担的义务,这一规定表明了拉登及其工程师们仍然存在疑虑。按照这个协议,戴维斯把在一张图纸上的翼型纵坐标提供给了拉登。他说,这些数据可以通过对他的方程式里的常数加一个或者减一个而得到,但是怎么得到这些值他却没有提供任何合理的说明。[翼型纵坐标是翼剖面上各点的相对位置,可在与连接机翼前缘与后缘的翼弦线(chord line)成直角的方向上测量得到。]戴维斯翼型的最大厚度位于离前缘的 16% 弦长处。必要时可以通过成比例地增加或者减少所有纵坐标来得到其他厚度的翼型。图 2-3 显示了与具有相同厚度的 NACA230("2-30")系列的剖面相比,当戴维斯翼型的最大厚度调整到离前缘的 15% 弦长处时,被认为是最佳常用翼型之一。如此随意地来规定翼型厚度变化而不引用任何气动力学的概念,这支持了认为戴维斯的想法不具流动力学理论基础的观点。[㉓]

无论弗利特如何热情,决定是否使用戴维斯翼型无疑是困难的。尽管证据并不全面,但是大概的考虑因素是清晰的。如果这一对比结果在 GALCIT 全尺寸模型的测试中仍然继续得到支持,那么戴维斯翼型在远程性能上就提供了明确的优 [28]

势,该性能对联合飞机公司心目中的飞机至关重要。如果这一对比不能得到继续支持,戴维斯翼型可能也并不比传统的设计要差。从气动力学角度来说,这一冒险有所得而无所失。然而,从结构上来讲可能有一些不利。如图 2-3 所示,戴维斯翼型的后切面要比普通翼型更薄,而且这也累及到福勒襟翼(Fowler flaps)的结构和力学状况,以致该襟翼为了着陆不得不从机翼处往后移和下移。如果气动力学上的增益被证明是不实际的,那么据此而得的可能的重量损失就被证明是纯属幻想。[24]一个额外的考虑就是弗利特希望加入一些新的东西以增加对海军和空军公司的销售吸引力(由于莱特基地方面有消极的反应,并由布鲁金斯传达给了弗利特,使得这一想法受挫)。联合飞机公司的工程师们继续对这种技术上的权衡进行摸索,从 1938 年 3 月至 5 月,在 GALCIT 对四个比原来厚很多的机翼进行了试验。尽管,对所有的机翼而言,性能水平都很令人失望,但是,三个具有戴维斯翼剖面的机翼被证明在性能上都优于其他不具该剖面的机翼。[25]

在这一不确定的情况下,弗利特和拉登决定在 1938 年上半年的某个时候,冒险将戴维斯翼型用于水上飞机上,进而展开了初步设计。31 型水上飞机(图 2-4)为双引擎,完全由公司投入资金来发展,(后来证明花了 100 万美元)可适用于商业服务,也可作为海军 PBY 的远程、高速的替代飞机。除了新颖的翼型之外,联合飞机公司的工程师们还为机翼设计了不同寻常的为高达 11.55 的展弦比,使这一大飞机看起来又窄又长。[26]1938 年 7 月 11 日批准了 31 型水上飞机的施工设计和建造,第一次试飞在 10 个月之后,即 1939 年 5 月 5 日。获批不久,在 GALCIT 对做了无数的细节修改的完整构型进行了一个月时间的模型测试;只有机翼的相关试验显现出与以前一样的令人震惊的结果。飞机不负众望,但是战争的到来阻碍了它的商业应用,一系列非工程技术的原因也阻止了它被军方采用。只建造了样机。结果,31 型水上飞机的最终意义在于为联合飞机公司的工程师们提供了设计地面轰炸机的经验,当时对地面轰炸机的初步研究正在进行中,由于这种水上飞机被研制出来了,使得该项研究(地面轰炸机的研究)走到了前头。[27]

虽然弗利特和拉登希望借助 31 型水上飞机的飞行经验来决定轰炸机的设计,

[29]

图 2 - 4 联合飞机公司 31 型水上飞机

[30]

但在当时的情况下这是不可能的。1938 年末,由于空军担心欧洲战火蔓延,便询问联合飞机公司是否有兴趣成为 B - 17 轰炸机的第二生产基地。考虑到在气动力学的基本优势,特别是公司在远程飞机研究上得到的知识,弗利特认为他的工程师们可以比有四年设计经验的波音公司做得更好。1939 年 1 月,他很快提议建造远程高速轰炸机,采用与未完成的 31 型水上飞机一样的机翼和尾翼设计。虽然莱特基地仍然对未被证明的戴维斯机翼表示怀疑,但他们并未阻止空军赞同的决定。1939 年 3 月 30 日签署了 B - 24 轰炸机的合同,之后便以疯狂的速度开始制造轰炸机,以赶在当年 12 月的最后期限内完成完整的飞机建造,这仅仅只有九个月的时间。在 5 月初,拉登大概怀着宽慰的心情写信给阿诺德将军,详细介绍了 31 型水上飞机试飞员对首次试飞的良好印象,他接着说道:"由于使用了同样的机翼、襟翼和尾翼,上述信息都是关于……B - 24 轰炸机的。"为了检验他们的决定,6 月,联合飞机公司工程师们在 GALCIT 风洞中对飞机构型进行了常规试验,机翼再次显示出具有戴维斯一般翼剖面的性能。似乎为了给他们的知识盖上检验的印章(在 9 月进行测试会太迟以致不能对设计起到作用),他们还对两个特别建造的机

图 2 - 5   联合飞机公司 B - 24 轰炸机

翼进行了对比测试,在两架飞机上都采用了同样的机翼平面形状和翼展厚度分配。传统的设计使用 NACA230 系列的翼型。如以前一样,具有戴维斯翼剖面的机翼在飞行升力上体现出更大的升力曲线斜率和更小阻力。[20]

1939 年 12 月 29 日下午,即九个月限期的前一天,B - 24 轰炸机(图 2 - 5)首次试飞。除了用四引擎代替原来的双引擎外,机翼外部的几何形状仿效了 31 型水上飞机。然而,它的内部结构设计是全新的。平面形状的极高展弦比(相对于 B - 17 的 7.58,它高达 11.55)使其外型非常独特。有人认为,和一架难看的飞机相比,它有着优雅的外型。

B - 24 轰炸机是第二次世界大战期间最重要的飞机之一。它能满足各种不同的需要,可做出大量的修改,不仅可用于空军轰炸也可用于海军巡逻,不仅可为美国政府所用也可为其他国家政府所用。B - 24 轰炸机的射程远远优于 B - 17 轰炸机,这使它在太平洋战区的轰炸和反潜艇战争中都特别有用。到 1945 年停产为止,一共生产了超过 19,000 多架飞机。这个数字表明 B - 24 轰炸机是历史上数量[31] 最多的轰炸机(虽然在获得 B - 17 和 B - 24 轰炸机的操作经验之前,这种大规模的生产要部分归于当时战争初期对制造能力的决策)。整批产品都以戴维斯机翼为原型。[21]

在那个时候,31 型水上飞机和 B - 24 轰炸机表现出色。如果没有戴维斯翼型下,它们似乎不可能表现得如此优异。一般性报道飞机优异性能的技术出版物发挥其应有的作用,给予了戴维斯及其翼型热情洋溢的称赞。但是,除了机翼之外,飞机的性能还由其他许多因素决定,在任何情况下,可靠的性能数据很难测定。此外,与风洞中模型机翼的情形大不相同,并不存在可直接对比的运用传统翼剖面的飞机。没有人可以肯定地说,使用某种不同的翼型,飞机会如何运行。然而,正如大家所见,表面粗糙度,以及机翼日常制造的不精确性所造成的有害影响使得风洞中所了解到的优势无法在飞行中实现。也许戴维斯翼剖面根本就没有为 B – 24 的杰出射程做出任何贡献,这一杰出射程也可以解释为是由高展弦比或者由飞机的其他特征所致。瑞夫·贝利斯(Ralph L. Bayless)回顾了他在联合飞机公司时身为气动力学家的经验,现在他认为,一个精心挑选出来的 NACA 翼型"也许比较好,而且也已经做出来了"。然而,他补充说,"这种翼型却一直没有能够通过某种新的途径销售出去"。⑨ [32]

　　尽管 B – 24 轰炸机有很多令人称颂的用途,然而,联合飞机公司对戴维斯翼型的应用在飞机工业只产生了温和的刺激。在 31 型水上飞机试飞之前,联合飞机公司协议的一年禁令已到期,戴维斯利用围绕这一事件宣传的机会,公开宣布可提供"基于专利权的翼型工程服务给感兴趣的制造商"。但这一提议没有得到任何公司的接受。道格拉斯和休斯(Douglas and Hughes)飞机公司在其设计中展开了对戴维斯翼型的研究,但并没有付诸应用。至少有一家公司——沃特—西科斯基(Vought – Sikorsky)公司,向 NACA 咨询了戴维斯翼剖面的信息。阻止了他们应用的原因在于,兰利基地新研发出了"层流"翼剖面(见下文)。1939 年,谢勒从联合飞机公司来到波音公司,这使得只有波音公司受到圣地亚哥事件的影响。尽管谢勒不能随意向波音公司透露戴维斯的纵坐标,但是在联合飞机公司的经验影响了他对 1942 年相当成功的 B – 29 轰炸机(以及其后衍生出 B – 50 和 KC – 97 飞机)的气动力学设计的思考。这些飞机都有高的展弦比,而且"多少类似于"戴维斯翼型。除了在波音公司的直接影响之外,戴维斯翼型在联合飞机公司之外并没有得到应用。⑩

　　只有另一类联合飞机使用了戴维斯翼型。那就是 B – 32 战略轰炸机,在设计上与空军的 B-29 轰炸机遵循同样的规格,开始于 20 世纪 40 年代中期,其样机在 1942 年 9 月试飞。B-32 轰炸机在构型上模仿了 B-24 轰炸机,但是尺寸有所增加,最高设计时速为 385 英里/小时,明显高于早前诸多飞机的测试时速 300 英里/小时。NACA 的风洞设计试验结果表明,戴维斯翼型不适用于较高时速。1941 年中期,在兰利基地的 8 英尺的高速度风洞中对此进行了试验,结果显示,在高速时会对机翼产生较高阻力,而且随着飞行速度的提高,空气的可压缩性产生的负面效应就会发挥作用。这些结果部分归咎于戴维斯翼剖面的形状,部分归咎于联合飞机公司所使用的相对较大翼剖面的厚度。虽然事实上成功的 B-29 轰炸机采用了"多少类似于"戴维斯翼型只在厚度上略微薄一些,这表明其他未识别的因素也许在起作用。不管是什么原因所致,这个测试结果引起了人们对于这些飞机是否能到达到预期速度的质疑。然而,设计已经投入生产,联合飞机公司决定不做任何改变。实际上,B-32 轰炸机后来被证明存在许多问题。机翼在何种程度上导致了这些问题出现,以及这些飞机的性能是否达到其设计的要求仍不清楚。无论如何,B-29 轰炸机的成功使 B-32 没有任何必要。B-32 轰炸机只建造了 100 多架,主要在 1944—1945 年,到战争结束时,它们只在太平洋战区执行相当有限的任务。②

[33]

　　尽管脱离了联合飞机公司,但是戴维斯依然没有放弃他的翼型研究,只是他的测试场地改在了华盛顿大学的低速风洞中,经费由戴维斯-布鲁金斯公司提供。戴维斯使用了不同厚度的翼型,融入了一系列平面形状,有些相当极端,甚至离经叛道,这些试验结果在 1939—1944 年形成八份报告提交给公司。在机翼平面形状可比较的情况下,得到的测试结果几乎都和 GALCIT 的差不多。就在同一时期内,戴维斯和几个合作者成立了曼塔飞机公司(Manta Aircraft Corporation),基于戴维斯翼型和一种非传统的机翼平面形状之上,研发出一种远程战斗机。一张飞机的实物模型照片及文章刊登在 1942 年的一本流行的杂志上,但无人问津。③自戴维斯机翼在 B-32 轰炸机的应用之后,似乎就在气动力学的舞台上销声匿迹了。随着 NACA 的新型层流翼剖面带来的反响,以及人们对高速飞机的不断关注,设计师们还需要考虑其他的事情。[34]

　　尽管不是我们主题关注的中心,仍然值得提到流行刊物上的赞扬。在《星期六晚邮报》(*Saturday Evening Post*)和《大众航空》(*Popular Aviation*)的文章中,戴维斯被视为"带着弹弓的大卫"(David with his slingshot),通过质疑公认翼型设计的准则,来挑战"气动力学上的哥利亚"(Goliath of aerodynamics)。他在文章中提出的理论设想是不充分的,令人困惑的,既有可能是一个"异端",也可能是"革命性的概念"。在成功提出它们之后,戴维斯已经把"学术研究抛之脑后"并且"解开了一个困扰最才华横溢航空工程师内心的航空学之谜"。这一看法部分来自于对被错误称之为"翼型效率"(airfoil efficiency factor)的航空工程概念的误解,"翼型效率"被定义为升力曲线斜率的测量值与近似非黏性理论的计算值之间的比率。由于 GALCIT 测试给出的数值实际上和戴维斯翼型一样,因而,对于戴维斯独创品来说效率因素就达到了统一。这就导致了那些流行作家们得出这样一个结论,即戴维斯翼型"效率"为 100%,当在一般意义上用能量输出除以能量输入来重新理解"效率"时,"在机械上(这)就意味着永动"。即使如此,戴维斯还是应当接受来自"缓慢研磨的科学磨坊"的恰当的承认。这样,戴维斯的事件就增强了人们所普遍珍爱的(偶尔是有效的)神话,即孤独的、未受教育的发明者成功挑战了根深蒂固 [34] 的科学和工程堡垒。虽然,工程知识,包括对这一知识的错误理解,绝不只为纯粹的技术目的服务。[35]

翼型发展史与戴维斯翼型

　　联合飞机公司的事情给我们提供了对工程师设计共同体在面对一般不确定知识时如何工作的深刻理解。审视戴维斯翼型在何处与一般翼型的知识增长融为一体也是有益的。综合详细的翼型设计及其知识基础的历史仍待书写,它将在实际工程和工程科学相互作用方面提供引人入胜的研究。[36]然而,它的基本概要是非常清晰的。我在这是也觉得有一定的必要去评价戴维斯翼型的历史地位,并且希望能够回答 GALCIT 遇到的困惑。同时,对工程研究团体如何拓展知识,怎么减少运行中的不确定性,我们可以获得一些启发性的观点。

运动流体作用于翼面(airfoil surface)的力分为两类:与翼面成直角的压力,以及与翼面相切的表面摩擦力(skin friction)。机翼升力几乎完全依赖于压力分布;在大部分正常的飞行状况下,压力分布是达到某个不受流体黏性影响的近似值。相反,阻力则主要取决于表面摩擦力,表面摩擦力是由紧挨翼面的薄边界层(boundary layer)的黏滞流的作用而产生。表面摩擦力的大小要视乎边界层的气流性质而定,我稍后会对此做出解释。翼面压力和表面摩擦力的分布以及总升力和阻力又都取决于翼型及其迎角。

由此,飞机设计师面对的问题就是如何构思翼型,以得到飞行任务所需的升力和阻力特性,无论是 B - 24 那样的轰炸机的远程巡航,抑或是战斗机的最大速度和可操作性都同样如此。第二次世界大战之后,理论和计算的困难才阻止了从一个个案例中来直接突破这一问题。相反,设计师主要是从由研究工程师和设计师设计的翼型一览表(像前面提到的那些)中做出选择,以实现各类性能。大多数翼型都是依靠修改原先的成功机翼,运用从经验中学到的规则(如可获得的那些理论理解和方法),以及大量风洞测试发展而来的。随着时间的推移,以及流体动力学的理论逐渐代替经验规则,方法的融合也有所变化。无黏性(nonviscous)压力理论走到了较困难的黏性表面摩擦理论的前面,以及与黏性相关的尺度效应,这是由风洞导致的一直不能确定全尺寸飞机模型的适用性。后一问题非常复杂,这是由于模型表面层(光洁度)效应,以及只存在于风洞气流中而非存在于大气气流中的小规模湍流(turbulence)效应。这一风洞湍流会对模型的边界层流产生扭曲效应(distorting effect)。大气湍流使大尺度飞机上的乘客偶尔有难受的感觉,但是对飞机上相对较薄的边界层没有什么影响;对风洞中的模拟试验也没有什么实质性影响。据权威机构估计,1936 年解决翼型问题的工作就使设计的和在风洞或飞行中试验的翼型超过 2000 个。⑤在戴维斯事件的这段时间中,虽然翼型设计与其说是工程科学,不如说是一门技艺。

[35]

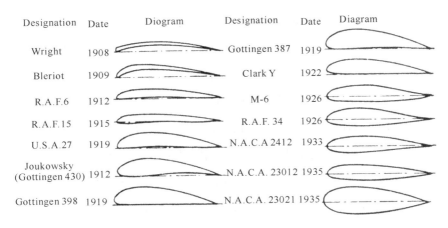

Designation	Date	Diogram	Designation	Date	Diagram
Wright	1908		Gottingen 387	1919	
Bleriot	1909		Clark Y	1922	
R.A.F.6	1912		M-6	1926	
R.A.F.15	1915		R.A.F. 34	1926	
U.S.A.27	1919		N.A.C.A 2412	1933	
Joukowsky (Gottingen 430)	1912		N.A.C.A. 23012	1935	
Gottingen 398	1919		N.A.C.A. 23021	1935	

图 2-6　20 世纪 30 年代中期的典型翼型[资料来源:C. B. Millikan, Aerodynamics of the Airplane, New York,1941, p.66,经约翰·威利父子出版社 (John Wiley & Sons)许可使用。]

图 2-6 复制于米利肯教授 1941 年的一本教科书,展示了历史发展中的一般翼型。最早的翼型[莱特,布莱里奥(Blériot)]主要来自滑翔机的知识,呈现出细而高的弯度,在支架(supporting frame)的每一边通常都有一个单层布面。20 世纪 10 年代飞行和愈来愈多使用风洞的经验,很快就显示出在两个平面间装入支架的优势。但是,所得到的翼型仍然深受结构因素的影响。[RAF(Britain's Royal Aircraft Factory,英国皇家飞机工厂)6,15,以及 USA 27]这一时期的设计主要是目测,很有系统化的工作、规程也不以是流体力学理论为基础。唯一的例外发生在哥廷根(Göttingen),尼克拉·儒科夫斯基(Nikolai E. Joukowsky)用保角变换(conformal transformation)方法设计出了一组系统的翼型。这一复杂的数学方法建立在非黏性流理论之上,能够对一小组用数学方法设计出来的翼面压力进行精确计算。然而,由此得到的翼型(如哥廷根 430)并不具有气动力学的优势,其狭窄的后剖面没有为后翼梁提供足够的空间。对这些翼剖面(哥廷根 387,398,以及克拉克 Y)的经验修改得到了令人满意的结果。[8]

系统的翼型设计始于 1922 年,在这一年 NACA 的马克斯·门克(Max M. Munk)

[36]

引入了薄翼型理论(thin - airfoil theory)。这一近似的无黏性理论(源于早前提到的升力曲线斜率近似值)使翼剖面可以根据有限薄翼型中线(mean line)或弧线(camber line)(位于上表面与下表面之间的中线)加上沿弦向变化的厚度分布(thickness distribution)来加以分析,这一沿弦向变化的厚度分布均等地安排在弧线的上部和下部。上下表面的压差,进而是翼型升力,只取决于翼型与弧线迎角,无需厚度分布就可计算出大约的近似值。只有阻力不能根据任何无黏性理论来计算,而取决于厚度。门克的理论为翼型设计提供了一种全新的启发方法,并且引起了翼型设计的根本转变。以前,设计师们是根据经验和判断来得到或规定翼型的,以期得到较为合适的升力和阻力。而现在,可以根据弧线计算出气动力学的性质,再与经过慎重考虑选择的厚度分布结合,设计师们就可以用大致预测的升力特征来综合处理翼型。还必须通过试验得到阻力和精确的升力,但是一些新的合理性元素已经考虑进来。门克在 20 世纪 20 年代中期在兰利基地运用这一方法设计和测试了 27 种系统相关的 M 系列翼型(如 M - 6)。其他地方的研究者很快就采纳了门克的思想(比如,RAF34)。[9]

[37]   20 世纪 30 年代,在伊斯特曼·雅各布斯(Eastman N. Jacobs)领导下的 NACA 兰利基地工程师的工作中,对门克方法的运用达到了巅峰。雅各布斯的研究人员区分了厚度和弯度,在参数上根据弧线最高点的高度和弦向位置,以及最大厚度值来规定翼型。(这些数值以常数方式出现在基于理论和实验之上选出的代数方程式中,规定了弧线和厚度分布。)通过独立地和系统地改变这三个参数,他们设计和测试了大量的翼型系列。(如图 2-6 中 NACA 的三个翼剖面和图 2-7 全部翼型系列。)翼型的数值名称已经成为航空设计师的词汇的一部分,它提供了参数值的简略表述。在布鲁金斯和戴维斯向弗利特提出要求时,包括联合飞机公司在内的设计师们都是根据 NACA 的翼型的风洞测试结果的报告来选择翼型的。[10]

    这时,我们可能会问,戴维斯的工作究竟如何与上述的主流发展联系起来的呢? 像兰利基地的工程师一样,戴维斯用数学手段来定义他的翼型。实际上,戴维斯的手段包括了三角函数的同步方程,不但没有 NACA 运用的代数方程式那么灵活,而且不能很明显地描述翼型,甚至有点难以捉摸。指派的常数为参数系统化提供了基础(尽管有些看起来很复杂)，倘若有充分的实验装置，戴维斯就可以继续研究。另一方面，与兰利基地的工程师不同的是，戴维斯很明显没有意识到门克关于厚度和弯度可分的理论思想，以及据此来考虑的优势。如手写注释所示，戴维斯的工作并不具备理论流体力学的逻辑基础。与兰利基地所做的事情不同，戴维斯在设计其方程式时并没有诉诸实验经验。他的工作实际上是退回到了门克之前的那个时期，那时的设计师主要是在几何基础上设计出翼型，很少有效诉诸流体力学的推论。尽管戴维斯的方程看起来很精致，但是并不属于20世纪30年代的理论和经验方法的主流。正是部分出于这一原因，除了在B-24轰炸机上的所谓成功之外，可能部分出自这一原因，也使戴维斯翼型对翼型设计的发展毫无作用，并逐渐退出知识与实践的舞台。然而，极具讽刺的是，戴维斯翼型似乎预示了至少在其性能方面，甚至在设计方面的更为基本的转变，这种转变严格地说是从联合飞机公司发生该事件时才真正开始的。

要理解这一转变，我们需要知道更多关于翼型阻力，以及它如何依赖于边界层黏性流的知识。一般而言，边界层包括基本不同性质的两类流体：层流和湍流。边界层的气流在平行的层流中平稳地发生流动，几乎不受不规则的涡流运动影响。湍流层的气流包含有大量小涡流，这些小涡流混乱地到处运动，导致横向穿越该层的混合。在这两类边界层中，当沿与表面垂直的直线方向来测算时，局部流速(对湍流层而言，为时间的平均)急速变化，在表面自身上的速度(指相对于表面所测量到速度)变为0。然而，由于横向混合的结果，湍流边界层变得更厚，并且在接近飞机表面有更高的速度。我们更关注的是，后一效应引起了湍流边界层，在其他条件相同的条件下，湍流施加的表面摩擦力要比层流所施加的更大。在大多数情况下，机翼上的边界层在翼型前缘开始产生层流，在沿机翼表面的一些点上转为湍流。这个现象就好像是在一间安静的房间里所看到的来自于烟灰缸里的一支点燃的香烟的烟正在升起的情形差不多。湍流的转变涉及一系列的复杂步骤，并取决于大量至今仍无法完全理解的因素。

[38]

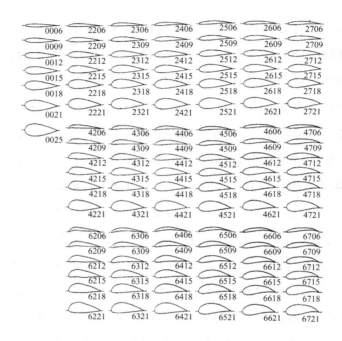

图 2-7   20 世纪 30 年代早期 NACA 四位数翼型族。第一位数值给出了现有翼弦弧线的最大高度。第二位数值则表明这一最大高度的位置位于离前缘十分之几的弦长处,最后两位数是现有翼弦的最大厚度。(资料来源:E. N. Jacobs, K. E. Ward, and R. M. Pinkerton, "The Characteristics of 78 Related Airfoil Sections from Tests in the Variable – Density Wind Tunnel," *Report* No. 460, NACA, Washington, D.C. , 1933,fig. 3.)

[39]

到发生戴维斯事件的时期,工程师们早已经意识到为了降低翼型阻力,唯一的办法就是通过延伸层流的范围来降低表面摩擦力。理论评估结果清晰表明,如果能将过渡点(transition point)在大多数翼型通常翼弦位置上向后明显地移动 5% ~ 15% ,就能得到可观的收益。在兰利基地,雅各布斯及其团队已经朝着这个目标努力,他们对边界层展开实验研究,小心地改变翼型。雅各布斯他们的工作只是弄清楚了这一点,即面对如此复杂的问题,就算是做无数个实验测试,无论有多系统化,除了碰运气之外,仍然是很难成功的。历史性的突破发生在 1937 年,这一年雅各布斯意识到长期存在的试验观察的暗示,他意识到"有利的压力梯度"可以推迟湍流转变;即在翼面尽可能长距离地保持持续的下降压力。因而,关键不是从翼型,

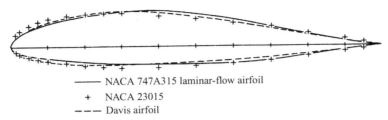

图 2 - 8　　与 NACA 23015 系列(图 2 - 3)相比的 NACA 747A315 层流翼(——)剖面。对于两个翼剖面所具有的离前缘 15% 的弦长处的最大厚度,747A315 位于离前缘 40% 的弦长处,23015(+) 位于离前缘 30% 的弦长处。从图 2 - 3 中复制了戴维斯翼型(- - -)以便于讨论。747A315 纵坐标来自 I. H. Abbott, A. E. Von Deonhoff, and L. S. Strivers, Jr., "Summary of Airfoil Data," *Report* No. 824, NACA, Washington, D. C., 1945, p. 369.

而是从规定出合乎需要的压力分布开始,接着计算出提供这一结果的翼型。[41]

　　遗憾的是,当时可用的理论方法并不能处理这个计算。在 20 世纪 30 年代早期,从雅各布斯团队脱离出来的兰利基地的一位理论家泰奥多·泰奥多森(Theodore Theodorsen)拓展了保角变换方法,使从给定翼型到相应的压力分布计算成为可能,但逆问题仍然无法解决。1937—1938 年,雅各布斯和他的团队他们先是基于门克的薄翼型理论,后来以泰奥多森更为精确的方法为基础,设计出更精确的方法来从压力分布计算出给定翼型。在接下来的五年多时间里,他们用这些方法设计了更好的机翼,并且在改进的新风洞里测试这些翼型来确定阻力。风洞的改进扮演了十分重要的角色,它提供了更大的有效尺度,更低的气流湍流,而且使用了一种可以完全弥补或者涵盖矩形测试截面的恒定截面机翼,可无限翼展的翼型提供模拟条件。为了保证文章的简短,我没有更多的描述这些事情。[42]在有效的升力范围内,新翼型在翼弦的 30% ~70% 处保持了层流流动,这取决于设计目的。与传统的翼型最重要的显而易见的区别在于,新翼型在后翼弦更远处具有最大厚度,转变越大则层流范围越大。图 2 - 8 展示了 747A315 的"层流"翼型("laminar-flow" airfoil)与图 2 - 3 使用的传统翼型的这一区别以及其他区别[43](在后面讨论中,用虚线表示戴维斯翼型)。

　　尽管由于战时飞机的发展测试研究进展缓慢,但是到 1945 年为止,雅各布斯的团队已经生产出一类明显比以前具有更低阻力的翼型。已经有几种军用飞机使

[40]

用了这一翼型。对未来发展更重要的是雅各布斯从压力分布开始的想法改变了翼型设计考虑的整体方式。工程师们从前是从形状来开始考虑，而现在首先考虑的是压力分布。尽管必要的计算既费力又耗时，而且仍然不得不通过试验来求出阻力，但是，翼型设计在 40 年后已变成了一种有逻辑的、实质上合理化的过程。[44]

[41]　记得戴维斯事件的工程师一般（未经审视地）认为，戴维斯即使不理解自己在做什么，但却偶然发现了一类层流翼，情况确实如此。虽然证明这一点需要测量戴维斯翼剖面的层流范围，但是几何学上的证据已经显示出来。考虑图 2- 8 所示的层流翼剖面和戴维斯翼剖面，可与 NACA 的传统翼型 23015 加以比较。尽管戴维斯翼剖面的最大厚度位于离前缘的 30% 弦长处，与 23015 位于同样地方，但是，它在其他方面朝着层流翼剖面的方向偏离：两个翼剖面与 23015 相比，其接近前缘的上表面向上升高要平缓一些，在后缘有一个较小的夹角，而且上表面后部 40% 处略有凹陷。虽然戴维斯的翼剖面对传统翼型偏离要小一些，但基本趋势大体如此。

压力分布更具决定性。就巡航升力的一个迎角而言，1941 年在兰利基地为其他目的对戴维斯剖面进行的测试，以及对当时研究的理论计算，与上表面翼弦前 20% 处显示出的持续下降压力是一致。这个结果与在 23015 上计算出只有 8% 的长度截然不同，这是戴维斯翼剖面表面缓慢升高的部分结果。尽管不像雅各布斯的翼型那么广泛，但是对重要的层流来说已经足够。[45]

这一增加的层流可以解释在 GALCIT 得到的结果。这些原因需要现在的流体力学知识来解释，而且由于技术性太强以致不能在此一一说明。简要地说，在上翼面的更长的层流必然包含了全翼弦上更薄的边界流，而且，这一结果连同较小的后缘角，意味着减少翼型后缘附近黏性的不利影响。可以预期，这一减少会导致较大的升力曲线斜率，如在 GALCIT 得到的结果一样。事实上，在兰利基地测试的层流翼，基本体现了比传统翼剖面更大的升力曲线斜率。[46]更长的层流会减少摩擦力，加上后缘附近黏性不利影响的减少，这就可以解释为什么随着升力的增加阻力也会有较小的增加，这就是戴维斯剖面的吸引力。对传统翼剖面来说，增加的阻力本身对所讨论升力值而言很小，因此这只能叫轻度影响，并且它们都完全在所引用的影响范围之内。[47]

20 世纪 40 年代早期兰利基地关于 B – 24 轰炸机测试结果发布后,在戴维斯翼剖面上增加层流的推测就更具有说服力。在那些测试当中,通过在机翼前缘后部添加顺翼展方向的粗糙带,来故意干扰上表面的边界层。这一边界层"激流丝"(boundary layer"trip")可用来确定转换点,并消除可能存在的扩展层流。与没有受到干扰的情形相比,光滑状况可降低 9% 的升力曲线斜率,就可消除戴维斯翼剖面的高数值,这表明实际上原因在于层流,尽管在那时还并未注意到这一蕴含。[48]没有任何关于阻力的结果,但是它大致是增加的。这些以及早前的论据:就使得人们很少再质疑戴维斯确实得到了一种在不久后出的低版本的层流翼。[49]

[42]

从回顾来看,戴维斯的事件真是充满讽刺。在 20 世纪 40 年代,边界层激流丝普遍运用,既可作为边界层研究的一个工具,也可用来减少风洞试验的尺度效应。不管它本身的装置怎样,翼型上的过渡点随着比例缩小向后移动,改变了层流与湍流摩擦的相对区域,但是这会使模型结果外推到全比例模型变得十分复杂。为了解决这个问题,工程师们用激流丝在模型上来确定过渡点位置,他们认为这一位置也可在全比例飞机上得到。威廉·西尔斯(William R. Sears)在回忆他身为 GALCIT 风洞团队主管的经历时,说道:"我们深知,要想将结果外推到全尺寸飞机,需要更多的经验,必须基于标准的技术测试……但是我们那时候还没有引入标准过渡位置的想法。"[50]如果他们那时候这样做了,而且不同时进行了平滑模型的对比,那么他们就很可能注意不到戴维斯剖面有什么不寻常表现,在联合飞机公司也就会有极为不同的结果。反之,如果平滑模型已经被包括进来进行对比试验,那么性能上的差异也可能向 GALCIT 的人们暗示层流翼原理,而且可能会偶然地在翼型史上为戴维斯翼型留下永恒的位置。

同样具有讽刺意味的是,1926 年的 RAF34(图 2-6)似乎早于戴维斯的翼剖面形状。在与联合飞机公司合作期间,戴维斯就意识到了这一相似之处,并且向谢勒提起过这个问题。尽管被广泛应用于英国飞机上,但由于 RAF34 没有在有足够好的流动条件的风洞中做过测试,所以没有能表现出它在当时条件下的卓越性能。[51]

就像我提到的那样，戴维斯显然对理论流体力学知之甚少。无论是在他的手写注释、专利，或向记者的陈述中都没有提到边界层。但是，他确实预见到了层流翼，雅各布斯是在几年后基于理论之上才得到的。考虑到这些证据，人们只能认为，这一预见是神来之笔，戴维斯是幸运的，而雅各布斯则没有那么幸运。遗憾的是，戴维斯的能力阻挡了他的运气，他并不理解自己所发现的东西。无论是GALCIT 的米利肯还是联合飞机公司训练有素的工程师们都没能做出这一发现，即使过了 30 年，在进行了大量的研究之后，1937 年的翼型知识充其量还是充满了不确定性。

[43]　　　尽管层流翼在风洞测试中表现不俗，但是在减少飞行阻力上并不尽如人意。不幸的是，粗糙度和波纹形干扰了层流边界层，甚至在有利的压力梯度下导致向湍流的过渡。虽然研究模型的表面可以做得很光滑和平整，但是，在面对建造难题和日常机翼生产的不精确性时，20 世纪 40 年代的风洞测试与飞行经验都未显示出具有重要意义的层流。灰尘、昆虫尸体以及其他真实的环境都有同样的效果。例如，兰利基地的测试只显示了，按照日常建造标准建造的不同剖面之间的极小阻力的差别，包括戴维斯翼剖面在内。㉝

虽然有一些飞机通过特殊的构造和操作上的预防措施实现了阻力的减少，但是成功的几率令人泄气，并且最后导致他们放弃了这样的目标。这些经验和资料支持了贝利斯的观点，他认为除了戴维斯翼型之外，任一翼型也同样可以满足联合飞机公司的气动力学目的。

尽管"层流"翼在实践中没能到很好地达到减少阻力的目的，但是它们仍然满足了重要的需求。就像我们从 B－32 轰炸机中所了解的那样，在战争中军用飞机的速度提高，突出了可压缩性的难题和不利问题。研究表明这些问题是与在翼型周围的局部加速气流中达到的速度等于声速有关，人们认为，避免或者减少这一问题的方法就是延迟达到这一个与声速相等的尽可能高的飞行速度。一般来说，这就需要把传统翼型上最大厚度的位置向后移，使之与在层流翼剖面上一样。这不是戴维斯剖面的特征，因此，它被认为不适合用于 B－32 轰炸机，而且，在一定程度上,其后继者忽视了这一点。正如层流一样,滞后音速就制约了压力分布,雅各布斯及其工程师的逆方法再次被证明是有用的。由于施加的约束最终与用于层流上的一样多(尽管是出于不同的物理原因),这种层流翼型的确定结果证明是有用的高速翼型。它们被广泛使用,如用于 20 世纪 40 年代末和 50 年代初的大多数高性能飞机。就像冯·卡门强调的那样,“雅各布斯就像克里斯多夫·哥伦布一样,本打算去中国却发现了美洲”。[3]

　　1945 年后翼型的重要发展只根据我们的需要简单提及。1950 年初期的研究表明,延迟翼型达到声速的假设是错误的,而且想在恰当形状的剖面的前部达到声速或超声速既是容许的,又是合乎需要的。令人啼笑皆非的是,这个发现反而使翼型更接近于 20 世纪 30 年代中期的 NACA 翼型,尽管发展仍在继续。戴维斯翼剖面可能已具备比当时人们所期待的更好的高速形状。在摩擦阻力的问题上,新材料和建造方法使得平滑的机翼成为现实,更新型的雅各布斯层流翼型被用来减少低速飞机特别是滑翔机的阻力。理论和试验上已改进的边界层知识,可满足特殊目的的特定类型翼型设计。今天更多的翼型是为了满足特定设计需求而特制的。在这设计一能力中,必不可少的工具就是电子计算机,它大大提高了设计师在翼型计算上的速度和准确性。在 20 世纪 40 年代,用机械台式计算器,一个人要花三到四天的时间来设计出满足规定压力分布的翼型纵坐标,现在电子计算机只需要花费几分钟的时间就可以做到。然而,理论方法就没有那么完善,特别是涉及转捩和湍流边界层上。仍然需要风洞试验来检验和修正设计,而且尺度效应仍然带来诸多困难。不确定因素仍然存在,但是,要比那些靠眼睛来设计翼型的早期设计师们所面对的不确定因素小得多,翼型设计以及跟随其后的知识已经成熟了。[4]

[44]

分析与讨论

　　考虑到历史的证据,我们通过分析可以说什么呢? 让我们从 20 世纪 30 年代后期联合飞机公司的工程师以及一般的设计师们在选择翼型时所面对的不确定性开始吧。我们可以把这些不确定性分为两类：风洞数据中来自试验的不确定性、计算和分析方法上的理论不确定性。在试验的不确定性方面，在对力、风速、诸如此类的任何测量中所固有的不精确性很少引起人们的关注；到20世纪30年代中期，这方面的技术已经相当精确的，如有疑问，随机且非系统的误差可以通过重复测试来加以排除。事实上，米利肯在GALCIT就做了这些工作。如米利肯所做的那样，可以通过仔细的几何测量来消除对模型精确性的质疑。由于主要是用小模型在风洞进行试验，来自这一事实的不确定性并不好处理。尝试估计尺度效应和风洞湍流的影响是很平常的，但是它们包含了令人质疑且无人相信的假定，并且几乎没有[45] 人相信它们。而且我们现在知道，即使相信也是未经辩护的。虽然工程师们意识到模型的表面状况很重要，他们也没有怎样去评估它对风洞数据的影响的想法，而且他们也根本不怀疑这样的暗示，即制造上的不规则最终可能会对这些数据在实践中的应用产生影响。

至于理论的不确定性，大量的理论的和试验的研究已经确证可以分离出平面形状和剖面，且用于计算诱导阻力和其他平面形状效应的模型也已被证明是可靠的。这些方法曾被建议用来计算翼型阻力，然而，它们如此不确定以至于在实践中已被抛弃。为了继续他们的工作，设计师们除了依赖经验别无选择。这个转变使设计师们刚摆脱理论不确定性的煎熬，又被扔在了前述提及的实验不确定性的火坑里。

尽管看法必然是主观的，但是20世纪30年代中后期翼型设计的不确定性已经像确定性一样地大量涌现出来。设计师们所不知道的东西，正像他们所知道的东西那样，以其自身的方式随之出现了。他们知道对像尺度效应和风洞湍流那样的问题是不确定的，但是他们像已做的那样尝试去处理，他们所不知道的几乎相当于他们认为他们所知道的。关于制造不规则的重要性，他们甚至不知道所不知道的是什么。[⑤]在戴维斯翼型出现时，翼型设计的知识，比设计师们所知道的或者可能用心去认识的还要不一致。

除了这些普遍的不确定性，联合飞机公司的工程师还面对着其他的自身特有

的不确定性。缺乏对 GALCIT 的不寻常结果的解释,以及戴维斯无法为他的翼型
形状提供理论基础,两者都令人不安。工程师们经常在必要时根据经验证据来行
动,但是现代人认为没有理论解释是令人担心的。在可以对结构和机械进行详细
设计以前,由戴维斯剖面带来的可能在重量上的不利结果仍然是一个未知的量。
面对这些不确定性,在决定是否发展戴维斯翼剖面时,弗利特和拉登主要还是取决
于 GALCIT 的结果,毕竟戴维斯剖面确实是他们当时希望获得的最好试验环境下
做出的最好测量。当不确定性引出重大的怀疑时,工程师们通常诉诸试验作为最
终的权威。技术的不确定性使得非工程考虑因素在联合飞机公司所起的作用要比
在其他地方可能起到的作用更大一些。如我们所了解的,弗利特对戴维斯的方程
式印象深刻,并且他还有其他的动机,希望用一些新的方式将他的飞机卖给军方。
如果工程的图景有更少的不确定性,那么这些"非理性"因素的范围可能会更小
一些。

　　决定在 31 型水上飞机中尝试戴维斯翼剖面的同时,弗利特和拉登希望有尽可　　[46]
能长的时间为预期轰炸机的选择留下机会,并用这一时间来累积风洞证据。但结
果是,在 31 型水上飞机在飞行中得到证明之前,他们被迫着手进行 B—24 轰炸机
的设计和制造。他们再次像建造模型一样快地进行风洞试验,一旦发现不利因素,
及时改变详细设计并同时进行建造,这一情形相当具有代表性。它表明,当知识获
得的迫切需要和设计的迫切需要结合时,知识的不确定性如何要求那些逻辑上可
能是以串联方式进行的活动必须在实际中以并联的方式继续进行,并将不可更改
的决定尽可能地延后。用哲学家菲利普・莱茵兰德(Philip Rhinelander)的话来
说,我们把智慧当做"不确定状态下,在证据不充分时做出正确决策的技艺",那么
好的设计判断显然可以看做是一种智慧的形式。⑤

　　在戴维斯事件前后,与 20 世纪 30 年代翼型设计关联的不确定性随着时间的
推移逐渐减少。无需详细地描述其中的细节了,在我们简短的一般历史上,这是不
言而明的。随着在风洞测量方法、无黏性翼型理论、边界层现象以及电子计算方法
上的知识增加,它以各种方式发生。作为一般问题,不确定性随着时间的推移自然

随工程知识的增长而减少。

　　然而,把它看作消极的伴随结果可能是错误的。不确定性的减少并不只是由于改善性能(就飞机来说,是用速度、航程、可靠性等来加以测定)的要求而带来的知识增加的副产品。即使是在性能确定的水平上,减少不确定这一推动力也能推动知识的增长。这一作用,虽然在戴维斯事件中不太明显,但在航空学中有各种表现。例如,新型飞机的制造商通常必须保证客户获得规定的、早已实现的性能等级,如果在规定范围内该保证不能兑现,就会被处以罚款。这一要求就促进了确定性的发展,它们反过来又需要更多的知识。对规定的性能问题,在多个备选解决方案中做出最可靠选择的要求以同样的方式发挥作用。在这两种情形中,设计师期望对他们建立在专业优势上的决定感到舒服,而这一期望又会进一步增强这一需要——他们想要得到他们能够得到的所有知识。在这里,这一影响似乎体现在联合飞机公司的工程师对于戴维斯翼型缺乏理论基础的不安中。虽然减少不确定性

[47] 的推动力可以和改进性能的需要同时发生,但情况并不需如此。即使在性能改善还不存在争议时,那一推动力也能带来知识的增长。这同样适用于航空学领域之外,如用高达上百万美元的处罚或对保证结果的奖励,来要求电站建设者为他们的公司客户提供性能效用保证。

　　当然,上述并不是否认性能优化也可作为一种驱动力。我们的叙述表明,至少以两种方式发生。第一种方式,康斯坦特称为假定反常(presumptive anomaly)的例子可见于雅各布斯的层流翼的发明。根据康斯坦特的定义,"技术中的假定反常,不是出现在传统系统在绝对的或客观的意义上发生失效的时候,而是出现在由科学推导的假定表明要么在将来的某种条件下传统系统将失效或功能不好,要么有某种完全不同的系统能够完成更好的任务那样的时候"。⑰就我所知,对康斯坦特以及他本人关于涡轮喷气式飞机起源的研究概念所进行的讨论,主要聚焦在第一种可能性上。目前的例子适合第二种可能。航空学工程师在雅各布斯进行研究之前很多年就已经意识到,一种"完全不同的"翼型,即一种如果层流能够设法得到处理就可以继续延伸层流的翼型可以完成"更好的任务"。这种认识来自工程科

学对摩擦阻力的理论估计。与潜在(或实际)失效相比,雅各布斯正是响应了其中潜在可获得的收益,改变和发展了翼型设计的知识。戴维斯显然没有意识到假定反常。相反地,他是受到一种模糊的概念激发,认为通过某种方式来模拟马格努斯效应就有可能改进翼型。

出于提高性能进而推动知识产生的第二种方式是现实的功能失效(functional failure),"当一项技术面对更大的需求或……在新的情境下实施时,就会出现功能失效"。[38]正如我们已经看到的,20世纪30年代后期的传统翼型不能在较高速度的提供令人满意的气动力学特性,这就使战争期间其他的改进成为可能,特别是提高发电机功率。这种失效引发了广泛的气动力学研究,导致了大量的高速翼型设计知识的增长。由此,功能失效、假定反常以及减少设计中的不确定性的需要就作为工程知识增长的三种独特的驱动力(或来源)而出现,有时通常同时发生。

历史事件也展示了知识得以增长的手段。心理学家唐纳德·坎贝尔(Donald Campbell)已经从借助生物适用获得遗传密码到现代理论物理学家的理论,来详细讨论知识中所有真正的增长是通过某种"盲目变异与有选择保留"(blind-variation and selective-retention model)过程来发生。"盲"在这里指的是变异并不是非发生的,而是在没有完全的、恰当的指导的情况下发生的。根据坎贝尔的说法,"逾越已知的事物,除了盲目地继续别无他法。如果理智地进行,那就表明已经获取了某类的普遍学问"。尽管盲性在探求真正未知的道路上不可避免,但是程度不一。波普尔补充说道:"在以往知识可进入的范围内,……盲目只是相对的,它开始于过往知识结束的地方。"依赖于知识的类型,可以期望把引入变异和为了保留而对某些变异加以选择的过程这两种机制区分开来。[39] [48]

工程知识增长的变异-选择的过程在第八章将详细阐明。在此我只想指出这一过程在戴维斯和雅各布斯工作中的证据。为此,我们需要区分出装置层面即翼型层面的过程,以及基本观念层面的过程。装置当然依赖于观念,但在某些方面,两者有其各自的存在意义。

在装置层面上所需的知识是翼型形状。在任一有意义的程度上来说,戴维斯在形状上的变异几乎是完全盲目的,尽管用貌似精致的方程来表达,实际上只是简单的试验。基于合理的理论概念和谨慎的试验经验的分析,雅各布斯在进行他的变异时就少了点盲目性;然而,在相当大程度上,边界层现象与表面粗糙度都是不确定或未知的,因此他的变异仍然带有相当成分的盲目性。尽管理论概念在原则上是合理的,但在那个年代翼型是否值得保留却没有把握。戴维斯翼型与雅各布斯的更好翼型最初都是基于风洞测试和技术一般准则之上保留下来的:它在某种实际的意义上工作吗? 当雅各布斯翼剖面出现以后以及随着飞机速度的提升,戴维斯的翼型被认定为不再适合时,它很快被抛弃了。当雅各布斯的翼剖面在飞机的实际飞行中不能实现最初的层流目的时,它们就逐渐消失了;然而,它们还是在某一时期的高速翼型中占有一席之地。㉚

[49]　　观念层面的知识是如何获得翼型形状。基于流体力学且源自以往思考的戴维斯变异是特设性的、几何学的、而且几乎是完全盲目的。他只知道它们是什么,甚至对他而言,这些变异并未提供任何一般的认知领悟或合理性。它们对翼型设计的演化没有任何影响。雅各布斯提出的压力分布观念,尽管是一个不同于以前观点的变异,却是根据流体力学公认的知识自觉地、有意地发展起来的。在 NACA 的报告公布后,它为工程共同体提供了一种考虑翼型的新方式,而且为特定目的的工程发展提供了指引。总的来说,它能工作,即使在雅各布斯观点所针对的最初的层流翼从历史的舞台中退出后,它还是作为翼型设计的一个永久部分被保留下来。如果戴维斯可以少一些盲目性——如果在假定反常背后他至少能意识到阻力的估算问题——那么他就有可能认识到他的发现,并以更重要的方式来促进观念的发展。然而,人们不可能从单个研究中就得到结论,认为随着在装置或观念中变异的盲目性程度的降低,继续存在的价值就必然会提高。我怀疑它能否放之四海而皆准。㉛

　　如果工程知识的增长是变异－选择的演化过程,那么技术上的失效同技术的成功一样,需要历史的检验。尽管由学者做出的失效检验是有限的,但在原则上这一需要是可接受的。㉜对于认识论研究而言,这特别恰当,因为失效是任何变异——

选择过程的内在固有的一部分,而且失效至少可以被看成是和成功一样多。然而,戴维斯翼型显然并不属于上述任一范畴。与 GALCIT 风洞的其他翼型相比,它是成功的,因而可用于被证明是成功的轰炸机之上。如果飞机的性能水平一直没有提高的话,它很有可能在翼型分类中占据有用的地位;在略为不一样的情形中,它甚至可能推导出层流翼的原理。然而,戴维斯翼型可能并不见得比同时代有可能用于 B – 24 轰炸机上的其他翼型更好,B – 24 轰炸机成功的性能可以在其他基础上得到解释。航空工程共同体并没有把戴维斯翼型看做是当时(或后来)一个特别成功例子,而且只有联合飞机公司将它投入使用。它并没有促进理论的理解,实际上它在翼型设计的发展上也没有起到任何作用。毫无疑问,技术史充斥着这样的装置,这些装置运行良好以致不能算作是失效的,但是也不能看做是特别成功的。设计和建造这些装置有助于工程师提高他们的专业能力,并为未来的设计判断提供了更广阔的参照框架;即增进了专业知识的储备。这些模棱两可的装置在工程知识的增长中同样发挥了作用。 [50]

最后,我们可以对翼型技术的发展进程做出多少有些粗略的评述,我指的这一翼型技术是由设计的明确知识和方法两者组成的。20 世纪的第一个 10 年被看做是技术发展的婴儿期。其间,不存在实际上有用的理论,经验知识贫乏且未条理化。几乎是通过简单的试验来进行设计,即勾画出机翼草图,然后去试验。没有其他可能的办法。今天,翼型技术已趋于成熟。运用相对完善尽管还不是已完成的理论,借助复杂的试验技术和准确的半理论化数据的相关关系支撑,工程师根据具有最小不确定性的特定要求来设计机翼。熟练的专家几乎无需用逐步接近的试凑法(cut – and – try)。从婴儿期和成熟期之间有将近半个世纪的成长阶段。在这期间,理论提供了定性的指引并增加了部分结果,但是风洞数据仍是至关重要的。设计是理论上的思考和计算以及试凑经验的组合,这一组合是不确定的和变化的。随着雅各布斯翼型设计的新概念以及开发这一翼型的知识产生,最迅速的变化正好发生在 20 世纪 30 年代末期和 40 年代初期。然而,就在那时,戴维斯仍然能够带着基本上是试凑而成的翼型出现,并使这种翼型被一家主要的飞机公司所采用。

也许我们可以叫这一时期为翼型技术的青年时期,这个时期理性行为在增长,而非传统的事物依旧出现。无论我们将这一隐喻推进到何种程度,至少我们可以通过婴儿期、成长期和成熟期来了解发展进程,在每一个阶段知识和设计都有着独特的关系。人们也许疑惑这些阶段和关系是否会出现在其他技术上。

对航空史而言,戴维斯翼型本身并不具有十分重要意义。它只在一个主要的应用中扮演着可疑的角色,而且它对于翼型技术的贡献几乎为零。它在机械飞行的故事当中充其量不过是一个脚注。虽然,从学术的目的来看,它对航空学是无足轻重的,而这就是问题所在,工程中大量在发生的事情都"不是很重要的"。正如在所有人的努力一样,工程师花了大量的时间做各种事情,但在某一方面或其他方面并没有得到重要的结果。戴维斯翼型虽然在其情境下富有戏剧性,但在这方面却具有代表性。如果我们想要考察工程知识所有的丰富性和复杂性,我们必须注意这一个"不重要的"活动。

注　释

本章内容已发表,与论文相差无几:"The Davis Wing and the Problem of Airfoil Design: Uncertainty and Growth in Engineering Knowledge," *Technology and Culture* 27 (October 1986): 717 – 758. 除了感谢以下注释中提到的特定帮助外,我很感谢以下人们提供的更一般的帮助:Edward Constant, James Hansen, Barry Katz, Stephen Kline, Ilan Kroo, Edwin Layton, Laurence Loftin, Mark Mandeies, Russell Robinson, Paul Seaver, and Richard Shevell.

① K. Popper, *The Logic of Scientific Discovery*, London, 1959, p. 15.

② 关于联合飞机公司和戴维斯机翼的信息(如果没有另外特别注明的话),大多数都是来自于一篇没有出版的简短手稿,"Davis Wing," dated April 3, 1976,经手稿作者乔治·S. 谢勒(George S. Schairer)慷慨允许得以使用,此外相关信息还来自与他以及 Ralph L. Bayless 的私人信件他们两人都是 20 世纪 30 年代后期联合飞机公司的气动力学研究团队成员。1939 年,谢勒跳槽到波音公司,他在那里最终成为了研发副董事长,Bayless 是 20 世纪 50 年代后期伏尔特联合飞机公司的气动力学研究团队的主管。我还吸收以下文献资

料:W. Wagner, *Reuben Fleet and the Story of Consolidated Aircraft*, Fallbrook, Calif, Aero Publishers, 1976, pp. 203 – 209;A. G. Blue, *The B – 24 Liberator: A Pictorial History*, New York, n. d. , pp. 11 – 12. Wagner 的新闻记者风格的研究主要基于他对弗利特在 80 多岁时做的访谈,当然在用于本章研究时应当谨慎。这些和其他的一些资料来源有时会不一致。我在全章中只使用了那些不仅得到一个独立来源证实的信息,而且/或者这些信息看起来是可信的,我也根据自己身为气动力学工程师的经验予以证实。关于各种的军用飞机的情况大多数来自于 R. Wagner, *American Combat Planes* 3d ed. , New York,1982. R. K. Smith 讨论了远程商用水上飞机的各种情形,"The Intercontinental Airliner and the Essence of Airplane Performance,1929 – 1939," *Technology and Culture* 24(July 1983):428 – 449.

③ airfoil 和 wing 之间的专业化区分是标准航空学工程的术语。它和一般字典里用到习惯用法不同,在普通字典里一般都把翼型(airfoil)定义为用来使飞机偏转的任何伸展表面,因而,wing 是作为 airfoil 的一个特例并包括于其中。

④ 关于这一发展至 20 世纪 20 年代中叶的详尽历史,参见 R. Giacomelli, E. Pistolesi, "Historical Sketch," in *Aerodynamic Theory*, 6vols. ed. W. F. Durand, Berlin, 1934, vol. 1, pp. 305 – 394, esp. chap. 3, pp. 336 – 394.

⑤ 然而,这样的研究并没有像今天的情况那样得以全面、系统地展开。谢勒在联合飞机公司的同事 Frank E. Goddard 写道:"整个气动力学研究团队加上初步设计团队总共才 15 个人。"(私人信件)

⑥ C. B. Millikan, "Report on Wind Tunnel Tests on a 1/24th Scale Model of the Consolidated XPB3Y – 1 Flying Boat," *GALCIT* Rept. No. 190, March 11, 1937;"Report on Wind Tunnel Tests on a Modified Wing for the Consolidated XPB3Y – 1 Model," GALCIT Rept. No. 190 – A, April 13, 1937. 古根海姆航空实验室为联合飞机公司做的所有报告都为私有的。经康维尔的授权,并得到了联合飞机公司的工程主管 Walter E. Mooney 的帮忙,得以在GALCIT 卷宗中查阅它们。

⑦ 关于戴维斯传记的信息参见 obituary article, *Los Angeles Times*, April 18, 1972, part 2, p.4; T. B. Hoy, "This Wing May Win the War," *Saturday Evening Post*, April 12, 1941, pp.36, 39, 107 – 108, 111, 112; H. Keen, "Mystery Airfoil," *Popular Aviation*(June 1940):

36－37，64，66，68. 还可参见后面引用（n. 34 above）的戴维斯在一个诉讼案件中的证词，*Testimony for Plaintiff*，vol. 1，June 18，1951，pp. 64－77，in National Archives and Records Service（在下文中为 NARS），RG123，Acc. No. 62A176，Case 48775，Box 80. 关于戴维斯－道格拉斯公司与克劳德斯特飞机，参见 R. J. Francillon，*McDonnell Douglas Aircraft since* 1920，London，1979，pp. 7－9，55－59.

⑧ U. S. Patent 1，942，688，David R. Davis，*Fluid Foil*，filed May 25，1931，issued January 9，1934.

⑨ Ibid，p. 1.

⑩ Hoy（n. 7 above），pp. 39，108；Keen（n. 7 above），pp. 37，64. 尽管这些来源很明显在技术上是没有根据的，但我们没有理由去质疑其中的传记信息。

⑪ 这些注释为 Edwin M. Painter 所有，就是他将它们带入我的视野。那些是由戴维斯给他的，同样他也承担起课题"Davis Rotor Airfoils"。他的女儿 Tracy Davis Klahs 不认同那些对她父亲的描述，但是她也相信是那些内容起源于她父亲的思想。她写到"他的手稿是很难辨认的，甚至于当他试图去出版，竟然无法成功……我猜想，他创造了那些内容，但是他把那些内容给别人去出版了"（私人信件）。George Schairer（n. 2 above）认为这些笔记很像戴维斯在和联合飞机公司签约以后，立马呈现给我看的内容，尽管"在我们被打断之前，我只有 10 秒钟的时间去看那些东西"（私人信件）。这些笔记的风格表明，这个作者是没有受到过正式的数学训练的人写的。这样的论断就支持了戴维斯就是作者的结论。这些笔记被笔记里更复杂和更难使用的数学符号表明是先于专利的这个事实。

⑫ 这个曲线是用在转换—旋转式曲线系统的一点所追踪出来的，在几何学里面是很知名的 trochoid。它在笔记里面就是这样描述的。在一系列相关的转换和旋转条件下，这个曲线包含了一个回路，这个回路就是一个成型的对称机翼。这个对称机翼就是一条集合了顶端前缘和机翼后缘的线条。戴维斯的方案是第一次对这个相关的两个对称回路的总结。用这个几何布局，从这些回路的一边衍生出来的两个截然不同、但是相关的曲线，用这两个曲线来组成更不对称（或者是弧形的）机翼的上面的和下面的表面。这两个面在最后用两个独立的方程式表示。当然，这整个程序可能从这个轨迹线回路的观察开始，在马格努斯效应的影响下，增加大气窗处理，但是这看起来是不可能。事实证实了这个方案没有

涉及到基本的流体力学的观点。当戴维斯 1938 年申请他的第二个专利,他介绍他的两个可分配的常量(在第一个专利中,两个常量分别用 A、B 表示)的戏剧性的界限时,他暗指 B = - A。这样定义的话,常量就由两个缩减成了一个,在某种程度上,影响气流旋转的因素在 90% 的程度上和同等物的轴有关。同样,也可以完全替代机翼的延伸,而这个机翼延伸是由两个不同的方程来表示的。从算术意义上说,变化的是一个纯代数问题,这个纯代数问题并没有用独创的几何布局来解释。同时,戴维斯放弃了关于旋转轴和马格努斯效应的陈述。U. S. Patent 2, 281, 272, David R. Davis, *Fluid Foil*, filed May 9, 1938, issued April 28, 1942.

⑬ 如同 Todd Becker 对我指出的一样,戴维斯的方案可以看成是一种"伪科学",这种伪科学的案例在医学史上不计其数的,在医学的研究领域,很多对的事情,经常是出于不好的原因所致。

⑭ Hoy(n. 7), pp. 108, 110; Schairer ms. (n. 2).

⑮ 在任何事情上,戴维斯的目标仅仅从压力测量方面无法达成。可以通过整合压力分布来获得升力,但是翼型阻力是依靠机翼表面的流体摩擦力,而且翼型阻力对最适宜机翼来说十分关键,需要其他测试结果。

⑯ Schairer ms. (n. 2). 特别是,戴维斯在他的第一个专利的方程式里,赋值 A = 1,B = -1。在第二个专利里,用代入法 B = - A 就可以将常量的数量从两个减少到一个,第二个专利(n. 12 above)保持了和第一个专利一致。

⑰ C. B. Millikan, "Report on Wind Tunnel Tests on a Davis Tapered Monoplane Wing and a Similar Consolidated Wing," *GALCIT* Rept. No. 201 – B, September 13, 1937, 引用语来自第 7 页 Scharier 的话,作为联合飞机公司在测试方面的代表,他很清楚的记得,和米利肯截然相反的是戴维斯模型是被再抛光的。这个不同是不重要的;对我们达到目的很重要的事情是对飞机表面条件的关注。来自 GALCIT 的报告的名称"21 系列"在 NACA 的报告里是不存在的。它看起来最可能指在 NACA 开发的剖面,就是后来大家熟知 210 系列;参见 E. N. Jacobs, R. N. Pinkerton, "Tests in the Variable – Density Wind Tunnel of Related Airfoil Having the Maximum Camber Unusually Far Forward," Report No. 537, NACA, Washington, D. C., 1935.

⑱ 米利肯（n. 17 above），pp. 6 – 9，fig. 5. 我已经从和舍尔的信件中受益。舍尔是在古根海姆航空实验室风动员工里的头，他的妻子哈迪斯是部门秘书，专门负责风洞进度、账单和打印报告。

⑲ Letter, R. H. Fleet to A. B. Cook, September 30, 1937, in NARS, RG18, Central Decimal File 1917 – 1938, 400. 111; Memo, C. H. Helms to Dr. Lewis, November 22, 1937, in NARS, RG 255, General Correspondence 1915 – 1942(Numeric File) 32 – 3A, box 174.

⑳ Memos, G. W. Lewis to Commander Diehl, October 13, 1937, in NARS, RG 255; Memo, A. W. Brock, Jr., to Chief of the Air Corps, December 16, 1937, in NARS, RG 18; Letter, W. W S. Diehl to E. B. Koger, December 20, 1938, in NARS, RG 255. 1938 年，到迪尔的书信的时间为止，海军已经和弗利特讨论了要求这些测试的可能性。然而，弗利特并不希望由国家航空咨询委员会来主持这些测试，因为这些结果（包括可能的翼型；参照下一段）"可能对他们的竞争对手很有用，甚至成为他们的财富"（迪尔的信）。

㉑ 引文参见 Schairer ms.（n. 2 above）. Memo, Helms to Lewis（n. 19 above）. 弗利特所解释的是国家航空咨询委员会的关于 1937 年 11 月 12 号的测试报告里面的另外一个困惑。这个报告支持，被命名为"戴维斯剖面"的机翼和 NACA 的翼剖面在性能上没有什么差别；C. B. Millikan, "Report on Wind Tunnel Tests of Two Wings for a Consolidated Medium Range Partol Boat," GALCIT Rept. No. 205, April 23, 1938. 这个环境里的第二个困惑（在这个情节中）毫无理由地出现在 NACA 的文件里，这个文件是关于戴维斯机翼的测试报告。在一个月之后，在这里为联合飞机公司开始了对照试验；C. B. Millikan, "Report on Wind Tunnel Tests on Davis Biplane and Monoplane Models," GALCIT Rept. No. 201 – A, July 27, 1937.（在这个报告里，没有抽象出平面图的影响，也许是出于这个原因，所以没有标注出不一般的机翼特性。）不同于其他的国家航空咨询委员会报告，这个文件里没有指出这个测试是为谁做的，也没有列出公司观察员。另一方面，它和后面的报告（n. 17 above）共用一个数字"201"表明这个报告有些地方是和联合飞机公司的测试一致的。舍尔教授和舍尔女士（n. 18 above）没有回想这个在前的测试，但是他们判断这两个测试系列应该被"考虑国家航空咨询委员会的人成一个单一项目的两部分，对同一个消费者来说"。他们推测这项工作在 201 – A 反映的是"联合飞机公司出资但是……由戴维斯和拉登（弗利特？）参与的一个

恰当的单人基础"。这个解释是被充满怀疑的提出的,然而,从这个报告里的图可以看出,国家航空咨询委员会作为标记来画图,这个图包含了模型的一部分,也反映出,在那里有一些人知道怎么相当精确地布置戴维斯机翼,甚至是在对照测试之前。假如说这个报告是真正的由联合飞机公司负担经费。为什么这家公司的员工不能有一个关于翼型的更好主意呢? 同样,为什么在联合飞机公司的人,从那之后没有一个对双翼飞机感兴趣? 很明确的是,我们不能理解的东西仍然在继续,理解它,但是也不能代替这个故事的主要成分。

㉒ Letter, I. M. Laddon to Davis – Brookins Aircraft Company, February 9, 1938, in archives at San Diego Aerospace Museum.

㉓ 当代的 NACA 翼型,它的厚度分配不是由航空动力学的知识衍生而来,遵循着同样的规则。后来 NACA 的层流翼剖面完全是根据理论设计出来的,并没有如此简单的关系。

㉔ 在翼型选择中,设计师出于安全的理由,必须关注它的失速特征,即它在较高迎角的性质,在这个角度,这流程从上面的表面分离出来,随着角度的增加升力逐渐减少。Schairer在其私人信件中说戴维斯机翼在这个方面同样有吸引力。另外一个气动力学的需要考虑的事项,对一架飞机的纵向稳定性非常重要,是压力中心的弦向位置(在翼型上有效的总作用力位置所在之处)。次要的关注点就是机翼影响燃油箱的有效体积,这个燃油箱是在机翼的结构之内的。我们已经完全忽视了这些事情,因为他们很大程度上的复杂了这个理由,并且没有根本的改变。

㉕ C. B. Millikan, "Report on Wind Tests of 1/14th Scale Models of a Consolidated 120 – ft Span Airplane (Comparison of Four Wings)," *GALCITRept.* No. 213, June 20, 1938.

㉖ 通过国家航空咨询委员会的多种多样的报告我们可以看到,机翼剖面的改革到最后的设计都是如下的程序,每一个案例中的数据都是在根部剖面和顶部剖面机翼的厚度分数,逐一地如下:201 – B(注释 17),未详细说明的,12;205(注释 21),18,12;213(注释 25),27.5,6,9;222,最后设计(下一注释),22,9.3。联合飞机公司在做大量的试验测试方面有很高的名望,和之相比较而已,道格拉斯在一些小数目测试的分析检测方面走得更远。不同的国家所展示的是不同的工程风格;所以不同的公司都是在特定的国家内的。

㉗ Anon., "Hush – Hush Boat," *Aviation* 38 (June 1939): 38 – 39, and B. W. Sheahan, "A Simplified Method for Development of Prototype Airplanes as Applied to Consolidated Model

31 Long Range Patrol Boat," preprint of paper for National Aircraft Production Meeting, Society of Automotive Engineers, Los Angeles, October 5 – 7, 1939; W. R. Sears, "Report on Wind Tunnel Tests on a 1/12th Scale Model of the Consolidated Model 31 Flying Boat," *GALCIT Rept.* No. 222, October 13, 1938. 模型 31 原型被联合飞机公司广泛的修改,而且这个设计被海军所采用,在 1942 年战时,用来反潜艇,有 200 架飞机预定设计 P4Y – 1。然而,当潜水艇的威胁缩小了,这个命令被取消了。C. Hansen, "The Consolidated Model 31/XP4Y – 1 'Corregidor' Flying Boat," *Journal of the American Aviation Historical Society* 27 (Spring 1982): 136 – 147.

㉘ Blue(n. 2 above), p. 11; Laddon to Arnold, May 11, 1939, in NARS, RG18, Central Decimal File 1939 – 1942, 452. 1K: C. B. Millikan, "Wind Tunnel Test on a 1/12th Scale Model of the Consolidated Model XB – 24 Bomber," *GALCIT* Rept. No. 243, June 26, 1939, and "Report on Comparative Wind Tunnel Tests on Two Alternative Wings for the Consolidated Model 31 Airplane," *GALCITRept.* No. 254, April 15, 1940.

㉙ Blue(n. 2 above), p. 189; R. Wagner(n. 2 above), pp. 213 – 218, 320 – 321. 关于 B – 24 轰炸机的普及运作的历史,参见 Bridsall, *Log of the Liberators*; *An illustrated History of the B – 24*, New York, 1973;然而,关于戴维斯翼型的简要讨论大部分都是想象出来的。E. Churchill, Closing the Ring, Boston, 1951, p. 8, 不断强调,在太平洋战争中 B – 24 轰炸机作为核心反潜艇作用。要想了解 B – 24 和 B – 17 相关的相关特性,参见 Blue, pp. 180 – 188; L. K. Loftin, *Quest for performance: The Evolution of Modern Aircraft*, Washington, D. C., 1985, pp. 121 – 123.

㉚ Bayless 的信件(n. 2 above)。

㉛ Anon., "Davis Low – Drag Wing," *Aviation* (June 1939): 68; C. B. Millikan, "Report on Comparative Wind Tunnel Tests on Five Comparative Wings for the Douglas XTB2D – 1Airplane," *GALCIT Rept.* No. 248 – B, November 22, 1939; F. H. Clauser, H. LaMar, and A. B. Croshere, "Theoretical Investigation of a Family of Airfoils," *Report* No. 2698, Douglas Aircraft Company, Santa Monica, Claif, February 29, 1940; E. V. Laitone, "A High-Speed Investigation of a Proposed Hughes Aircraft Company Design," *Memorandum Report* (unnumbered), NACA,

March 8，1940.（道格拉斯工作的报告是私人所有的。在古根海姆航空试验室我得到了这些报告，道格拉斯通过道格拉斯飞行器公司的工程官员 R. E. Pendley 和 D. L. Tillotson 的帮助也分别得到了。）R. B. Beisel to G. W. Lewis，Febuary 27，1942；H. J. E. Reid to NACA，March 13，1942，in NARS，RG255，General Records（Decimal File），618.1，1942；Schairer ms.（n. 2 above）.

㉜ E. C. Draley，"High － Speed Tests of the XB － 32 Bomber Model Including Three Wing Variations，" *Memorandum Report for Army Corps*（unnumbered），NACA，September 15，1941. 与 B － 32 轰炸机的后来气动力学难题有关的这些问题，参见 Langley Field Memo，E. C. Dreley to Chief of Research，April 24，1944；I. H. Abbott to Chief of Research，May 20，1944，in NARS，RG 255 General Records（Decimal File）613.11（B － 32）. B － 32 的机翼剖面厚度比和 B － 29 的顶部和底部的厚度比，分别是 B － 32：23，9（Draley）；B － 29：22，9（Schairer 的私人信件）。联合飞机公司在 20 世纪 40 年代早期曾经考虑过将戴维斯机翼安装在四引擎的水上飞机上，这个四引擎的水上飞机曾经在国家航空咨询委员会的风洞测试过，但是并没有生产；G. B. McCullough and R. E. Woodworth，"Tests of Three Alternate Wing Designs for the Consolidated XPB3Y － 1 Airplane，" *Memorandum Report for the Bureau of Aeronautics*，*Navy Department*（unnumbered），NACA，January 11，1943. 关于这个测试和之前在古根海姆实验室测试的相同设计下的相同装备飞机是否一样，还不是很清楚（no. 6 above）。

㉝ 最重要的华盛顿报告是 V. J. Martin，"Wind Tunnel Tests on a Series of Davis Airfoils，" *Report* 104，University of Washington Aeronautical Laboratory，Seattle，August 2，1939.（这些报告是私人所有的，通过 Mrs. Klahs 的允许才从学校里得到了这些有用的报告，Mrs. Klahs 女士是戴维斯的法定继承人。）E. Churchill，"Manta，" *Flying* 31（November 1942）：54，100，103.

㉞ 在 1943 年，戴维斯和政府签订了一个协议，这个协议主要是政府购买戴维斯翼型并交付费用。在 20 世纪 50 年代早期，他向政府提起诉讼，他声称，他应该得到额外的支付，这些额外支付是作为 B － 24 系列的费用，因为这些 B － 24S 在战争结束后，被政府卖给了私人购买者。政府对这个诉讼争议很大，政府争辩道，戴维斯所谓的专利事实上是无效的。法案否定了这两个专利，第二个专利是因为它是在双重专利的基础上产生，第一个是因为

这个专利需要实验来验证那些方程式里的常量的价值。因此,戴维斯的诉讼被拒绝了。戴维斯翼型,Inc,v. The United States, No. 48775, U. S. Court of Claims, October 5, 1954, *in Federal Supplement* 124(1955):350 – 354.

㉟ 注释7。一个简洁又理想化的传记概要也以化名出现在了公众的视野,题目是 "Here's My Story: The Career of Davis R. Davis," *Popular Science* 140 (February 1942): 112—113.

㊱ 在这个方向的一个杰出的贡献,特别是有关于所有的国家航空咨询委员会的工作,是由汉森在兰利实验室的一系列的翼型研究说明中做出的, *Engineer in Charge: A History of the Langley Aeronautical Laboratory*, 1917 – 1958, Washington, D. C., 1987, pp. 78 – 84, 97 – 118. 第二章给我们展示了高速翼型发展的个人说明。Mark Levinson 目前正忙于 1880—1922 年这一段时间的美国和德国的翼型发展的对比研究。

㊲ Wagner, *Airplane Design – Performance*, New York, 1936, p. 158.

㊳ 同上,第 158—163 页; C. B. Millikan, *Aerodynamics of the Airplane*, New York, 1941, pp. 66 – 67.

㊴ M. M. Munk, "General Theory of Thin Wing Sections," *Report* No. 142, NACA, Washington, D. C., 1922; M. M. Munk and E. W. Miller, "Model Tests with a Systematic Series of 27 Wing Sections at Full Reynolds Number," *Report* No. 221, NACA, Washington, D. C., 1925; H. Davies, "Wing Tunnel Test of Aerofoil R. A. F34," *Reports and Memoranda* No. 1071, Aeronautical Research Committee, London, October, 1926. 我十分感激 Mark Levinson 对门克的贡献核心本质的认可。

㊵ E. N. Jacobs, K. E. Ward and R. M. Pinkerton, "The Characteristics of 78 Related Airfoil Sections from Tests in the Variable – Density Wind Tunnel," *Reports and Memoranda* No. 460, 国家航空咨询委员会(Washington, D. C., 1933)。E. N. Jacobs, R. M. Pinkerton and H. Greenberg, "Tests of Related Forward – Camber Airfoils in the Variable Density Wind Tunnel," *Report* No. 610, 国家航空咨询委员会(Washington, D. C., 1937)。门克和雅各布斯的成果都是第五章所描述的参数变化的一般理论的案例。

㊶ 雅各布斯的观点在日本被 Itiro Tani 和 Satosi Mituisi 分别传播, "Contributions to

Design of Aerofoils Suitable for High Speeds," *Report of the Aeronautical Research Institute*, *Tokyo Imperial University* 15(1940):339 – 415.

㊷ T. Theodorsen, "Theory of Wing Sections of Arbitrary Shape," *Report* No. 411, NACA, Washington, D. C., 1931; E. N. Jobs, "Preliminary Report on Laminar – Flow Airfoils and New Methods Adopted for Airfoil and Boundary-Layer Investigations," *Wartime Report* L – 435, originally *Advance confidential Report* (unnumbered), NACA, Washington, D. C., June 1939. 关于风洞参见 Hansen(n. 36 above), pp. 101 – 105,109 – 111; D. D. Baals, W. R. Corliss, *Wind Tunnels of NASA*, Washington, D. C., 1981, pp. 37 – 41.

㊸ 747A315 被设计为流线型,在后期的较低的机身表面有 40% 和 70% 的和弦,个别的在升降舵附近范围有明显的靠近地平线的阻碍物的可以保留。这就是因此在不规则的流线型机翼中大多数表现都有相同的流线型。许多机翼也有其他更厚的在后部。据我所知,747A315 从来没被用于一架飞机。我在这里提及它是因为它使得戴维斯机翼相似于一种流线型设计显露出来。

㊹ I. H. Abbott, A. E. Von Doenhoff, and L. S. Stivers, "Summary of airfoil Data," *Report* No. 824, NCAC, Washington, D. C., 1945. 关于流线型机翼的第二出处参见 Hansen(n. 36), pp. 111 – 118; I. H. Abbott, "Airfoils," *in The Evolution of Aircraft Wing Design*, Air Force Museum, Dayton, March 18 – 19,1980, pp. 21 – 24; G. W. Gray, *Frontiers of Flight*, New York, 1948, pp. 104 – 112.

㊺ 关于压力分布的测量装置,参见 I. H. Abbott, "Pressure Distribution Measurements of a Model of a Model of a Davis Wing Section with Fowler Flap Submitted by Consolidated Aircraft Corporation," *Wartime Report* L – 678, originally Memorandum Report(unnumbered), NACA, Washington, D. C., January,1942. James Baeder 对泰奥多森的方法使用了新的计算机版本,所计算出的压力分布有利于我此处论述。

㊻ Abbott, von Doenhoff, and Stiver (n. 44 above), fig. 38.

㊼ 另一个可能影响出现在压力升起时戴维斯剖面的机身后部。测量和预测分布二者都是一个特征(如接近后面时压力上升的速度渐次的递减),倾向于那些区域边界层摩擦的急剧减少。这个结果在 19 世纪 50 年代后期的英国因为 B. S. Stratford 的工作而变得被接

受;*Journal of Fluid Mechanics* 5(January 1959):17 – 35. "Stratford Effect"也倾向于复杂的边界层,然而,这可能增加对尾部边缘的不利影响。对障碍物的最后影响与估定的不同。

㊽ Abbott, von Doenhoff, and Stiver (n. 44 above), fig. 46.

㊾ Schairer 在其手稿(no. 2 above)指出波音公司参与了 B – 29 的部分研究,(ca. 1942)并暗示雅各布斯与戴维斯翼型有一定程度的类似(包括 RAF 34,参见下文),他测试了最喜欢的结果。可惜的是,在 NACA 的记录中我没能发现这些测试的数据。

㊿ Sears(n. 18 above),个人书信。

(51) Schairer ms. (n. 2 above).

(52) Abbott, von Doenhoff, and Stiver (n. 44 above), fig. 30 – 32.

(53) 关于这些和其后的发展,参见 Becker(n. 36 above)。艾伦在 20 世纪 50 年代对冯·卡门的评论与我有关。

(54)关于 20 世纪 50 年代以来独特的翼型设计,参见 R. S. Shevell, Fundamentals of Flight, Englewood Cliffs, N. J., 1983, pp. 217 – 228. 关于特殊需求的现代设计的例子,参见 R. H. Liebeck, "Design of Airfoils for High Lift," P. B. S. Lissman, "Wings for Human – Powered Flight, "both in *The Evolution of Aircraft Wing Design*(n. 44 above), pp. 25 – 26.

(55) 这一评论使想起一个自然科学和工程学的不同之处,这从认识论上说明:在自然科学中你不了解的东西和伤害你的是不同的(除了可能的一些不熟悉的实验事件中)。然而在工程学中,桥梁坍塌和飞机碰撞等你所不了解的东西会使你伤害至深。

(56) P. Rhinelander, *Campus Report*, Stanford University, January 18, 1984, p. 7.

(57) E. Constant, *The Origins of theTturbojet*, Baltimore, 1980, p. 15.

(58) 这一术语也来自 Constant(同上,第 12—13 页)。所引段落来自劳丹关于技术认知变化的一般哲学讨论,其中,她把技术变化看做是问题解决的活动,这一讨论阐述了许多与本书研究相关的观点;"Cognitive Change in *Technology and Science*," *in The Nature of Technological Knowledge: Are Models of Scientific Change Relevant*?, ed. R. Laddon, Dordrecht, 1984, pp. 83 – 104,引自第 58 页。

(59) 坎贝尔的复杂而有分歧的工作,即上述不能作为一份妥当的概述,经过康斯坦特引起了我的注意(*Origins*, pp. 6 – 8)。坎贝尔的引用来自他的"Evolutionary Epistemology," in

The Philosophy of Karl Popper, ed. P. A. Schilpp, vols. 14I and II of *The Library of Living Philosophers*(LaSalle, III, 1974), vol. 14I, p. 422. 波普尔的引文来自他的"Replies to My Critics," vol. 14II,p.1062。关于坎贝尔早期的文章,参见第八章注释1。

　　⑥ 工程学装置中的选择—变异方面也明显地出现在一组美国战斗机的照片中,在瓦格尔的书中(n.2 above),这本书包括了很多令人惊奇的飞机外形和结构,却因为这样和那样的原因没有付诸实际。

　　⑥ 戴维斯和雅各布斯的对比也说明了两个其他观念,是关于工程学只是增长方式的观念。(1) Donald A. Schön, 在其关于多种职业解决问题的研究中(The Reflective Practitioner, New York, 1983,pp. 94 – 95,131 – 132,208 – 209, passim),曾讨论了一个问题的再组织如何影响其解决。雅各布斯的机翼再组织设计依据压力分布原理代替结构是解决流线型问题的决定性步骤。作为技术变革模型(n. 57 above, pp. 10,24 – 27)中的常量,在工程设计中强调了层级和实践传统的相关重要性。自 20 世纪初以来,机翼设计在飞机整体设计中而言似乎一直延续着单一设计的传统。从这个层面上说,雅各布斯的观念对一个持续传统是一个重大的逐步改善。然而,就截面设计而言,他从外形到压力分布的转变标志着从一个传统向另一个传统的根本转变。关于技术传统的更多评论,参见 Laudan(n. 58 above),pp. 93 – 95.

　　⑥ 关于技术失效的史学评论,参见 J. M. Staudenmaier, "What SHOT Hath Wrought and What SHOT Hath Not: Reflection on twenty – five Years of the History of Technology," *Technology and Culture* 25(October 1984):707 – 730,esp. 718 – 719;M. Kranzberg, "Let's Not Get Wrought Up about it,"ibid., pp. 735 – 749,esp. 739 – 741. 最新研究表明有关失效的研究的兴趣日益增加,参见 B. E. Seely, "The Scientific Mystique in Engineering: Highway Research at the Bureau of Public Road, 1918 – 1940," *Technology and Culture* 25 (October 1984):798 – 831;H. Petroski, "To Engineer Is Human: The Role of Failure in Successful Design," New York, 1985;I. B. Holley, Jr, "A Detroit Dream of Mass – Produced Fighter Aircraft: The XP – 75 Fiasco, " *Technology and Culture* 28(July 1987):578 – 793.

第三章

设计要求的确定：美国飞机的飞行品质规范（1918—1943）

[51]　　第一次世界大战后不久，美国空军在俄亥俄州代顿麦库克基地工程中心的试飞员利·韦德（Leigh Wade）上尉声称，他一直在进行试验的莫拉纳·索尼埃（Morane Saulnier）单翼教练机为"重型纵向尾翼"。他进而补充说，"因为操纵（驾驶）装置的便捷性，尾翼重量的增加并不累人"。[①]当时读过这些话的设计师可能对是什么导致了尾翼重量增加会有些想法，然而，却很难使他去知道这种变得轻便的"操纵装置的便捷性"是如何做到的——换言之他们很难理解这个短语的含义。25 年后，情况发生了完全的变化：在 1942—1943 年，各军种已经能够在一开始就公布他们的飞机设计所必须遵循的规范，使其具有飞行员可以接受的飞行品质。在这期间的学习过程提供了这样一个例子，一个工程共同体如何将一个定义不明确的问题（在本案例中包含某种巨大的主观人为因素），转换为一个客观的、对设计师来说定义明确的问题。

　　在前一章中，关注的问题已经在技术意义上明确界定了。早在戴维斯机翼之前,工程师们已经学会如何在特定的应用中确定所需要的翼型。留给设计师的问题是如何设计出最佳的翼型,以获得所需的特性。这当中我们所用的知识是那些已经明确界定的知识。相比之下,本章所关注的这一问题是没有明确定义的,在20世纪初,工程共同体对于飞行员需要具备什么样的飞行品质或者是该如何说明这种飞行品质是不了解的。[2]我们将考察共同体如何学会确认飞行员的需要,并把这种需要转化成为用适宜用设备的术语可明确说明的标准;也就是说飞行品质问题应该如同螺旋桨问题一样予以明确界定。对于日常工程来说,在任何的设计任务能够被明确说明之前,诸如此类的学习过程是有必要的。　　　　[52]

　　当前的问题,涉及主观的人为因素,在这本书中是唯一的,不过在工程学中并非如此。众多的机械设备需要一个操作员,而运载工具——飞机、汽车、自行车等等——就是它们中显著的代表。这种设备的设计师常常不得不既要考虑操作员和机器之间的物理的相互作用,而且也要考虑二者之间的主观的影响。这种考虑必须先有与人的观点相关的知识以及如何将这些观点转化为技术标准和规范的知识。这种类型的工程知识和活动虽然有时为专业设计师们所关注,却很少得到技术史家们的注意。

　　在一种广泛的、基础的方式下,飞行品质规范的历史就是一个构思的历史。对于像飞行品质那样的主观上领悟的某种东西,其规范通常能被写出来,这种想法本身必须在心智上体会得到并且在真实世界中得到证实。在开始的时候它根本不是一个明显的或者明显有用的构思。我们所讲事例,虽然在表面上只专注于作为装置的飞机,但是却证实了第一章的论点,即工程史从根本上说是智力史的一个方面。

　　在某种程度上说,飞行员的需求是外在于飞机的,讲述的飞行品质事例也包括支配设计的情境因素的需求。因此,它提供了斯塔迪梅尔的"设计环境的张力"(参见第一章)的明确的例子。由于飞行品质规范主要是通过飞机的气动力学表面和控制系统的详细设计来实现的,因此它同样也可以作为例证来说明情境因素影响直接适用于较低的设计层级这种相对稀少的情形。

现在讲述的事例比书中任何其他事例更加强调的是，工程知识的产生在特征上为何是一种共同体的活动。当大部分人发挥显著作用的时候，没有单个个体或若干个人支配我们的主旨，主角必须被看做是整个飞行品质共同体，然而这个共同体至少由四个必须相互独立地从事设计、工程研究、装置开发以及飞行测试的子共同体来组成。这些子共同体紧密地叠加在一起，进而在所有子共同体当中同时地、相互影响地发生了（事实上必定会发生）知识的衍生，这种证据解释了由爱德华·康斯坦特明确描述的"技术实践共同体的结构"。③

[53]　　这个案例是本书中最长、最详尽和技术要求最高的案例。如果我们想要了解一个工程共同体怎样捕捉明显的以及不易定义的智力和实践的问题，即捕捉共同体的真实工作，案例的长度和详细程度是不可避免的。我也一直试图比其他章更慎重地完成在第一章中提到的任务，去展示"当心智过程遇上各种参与者时，它是如何面对他们的"。直到最后，我煞费苦心要把基本问题中的错误看法和不同的看法包括进来（不过与此同时也排除了许多不确定的或错误的知识的事例，使得对这一实例的讲述保持在合适的范围之内）。正如第一章中所强调的，错误和误解的纠正是学习过程的一个基本的部分，在工程中也是如此。

预备工作

为了详尽讨论飞行质量，我们需要一些基本术语和观念。虽然其中一些术语和观念起源于我们将要描述的历史，或在其中变得清晰起来，但是如果我们一开始就熟悉这些术语和观念，我们的任务就会变得容易一些。

飞机品质包括决定着使飞行员能够完成操纵运载工具任务所要求控制的轻便性和精确性的那样一些飞机的品质或特性。因此飞行品质是飞机的一种属性，可是它们的确依赖于飞行员的感觉。④操纵任务可能非常广泛，从通过轰炸机或航线飞行员操纵飞机在长时间内维持均速和高度，到通过战斗机飞行员追踪快速机动目标等所有方面。这些任务所要求的工作会给飞行员一种对飞机的信赖感或者忧虑感。从气动力学上来说,运载工具的操纵是依靠飞行员调节飞机表面的角度可变动的部分来实现的,在大多数飞机中,这种可调节的部分就是,位于水平尾翼部的升降舵(elevator),位于垂直尾翼部的方向舵(rudder)以及位于接近翼梢的机翼后缘的副翼(ailerons)。这些操纵面的偏转改变了作用在机尾和机翼上的气动力学上的作用力。气动力学控制的最初功能正如前面提到的驾驶任务所提示的那样就是固定或改变飞行的平衡条件(速度、航向、高度、爬行角度等等)或制造加速或非平衡的飞行动作。

　　一位飞行员的对飞行品质的感觉大部分是由用来移动操纵面的驾驶座舱装置所要求的力和运动产生的。(来自飞行仪器装置的可视信号和"喷气座"对加速的反应也能给飞机回应提供指示,但这些在此与我们无关。)通常驾驶员座舱的操纵装置是一种用于操纵升降舵和副翼的手动的驾驶杆或驾驶盘——向前和向后移动用于操纵升降舵,从一边向另一边移动(或者旋转驾驶盘)用于操纵副翼——以及用于操纵方向舵的脚踏板(pedals)或者较早时期的方向舵脚蹬(rudder bar)。飞行员很大程度上通过这些操纵来评估飞行品质。例如,假定需要过度用力推驾驶杆才能提供使机首向下俯冲动作所需的升降舵偏转,这时飞行员就可能报告该飞机在这一方面的飞行是"不灵活"的。1935 年,英国飞行员兼作家贝瑞·马克汉(Beryl Markham)在提到她的爱弗罗飞鸟机(Avro Avian)的时候抒情地说:"对我而言,她是活着的,她能和我对话。我能通过放在方向舵脚蹬上的脚掌感觉到她肌肉的随心所欲的伸屈……我的右手靠在驾驶杆上轻易地与飞机的意愿做出交流。"⑤　[54]

　　但是,飞行品质不仅仅要依赖操纵面的作用,也依赖飞机的固有稳定性(inherent stability)。内在稳定性必须涉及的是,飞机在遭受到瞬间扰动(transitory disturbance)(如可能起因于突如其来的一阵狂风)之后,单靠气动力学的作用而无需飞行员的任何矫正反应下回复到飞行平衡状态的这样一种能力。一架固有稳定的飞机能自行回到它的初始状态;一架不稳定的飞机则会偏离它的初始状态。然而,不要认为固有的稳定性对于被驾驶的运载工具是必须的。例如,一部普通的自行车虽然低速时是内在不稳定的,但上百万的骑车者都能轻易地骑着它,他们是通过正确的操纵行为来获得稳定性,但通常很少意识到这一点。不管是依靠人的驾驶手段还是自动机的手段,这样一种通过操纵达到的稳定性(control-achieved stability)对于飞机来讲同样是可能的。这种(通过操纵达到稳定)可能性是把"固有的"限定在纯粹的气动力学稳定性时所指的含义的理由,由于此处几乎只专门关注这种固有的情形,我通常会省略这一限定,当指的是操纵所达到的稳定性时,我会明确地说明。⑥

固有的稳定性对飞机品质如此重要,是因为稳定的飞机不会受到如瞬间扰动那样的由飞行状态改变而带来的影响。相反,不稳定的飞机则会对操纵装置的动作做出快速的甚至可能是过度的响应。因此,稳定性和操纵性是在交叉的目的上起作用的,飞行员操纵性飞机所要求具有的轻便性和精确性如同依赖于气动力学操纵性面的作用一样也依赖于稳定性能。当它们与飞行品质相关时,稳定性和操纵就是同一枚硬币的两面。这种解释将复杂的情形过度简单化了,但是多年以来这已是普通的常识,而且对当前目标来说已经够准确的了。

[55] 然而稳定性、操纵性和飞行品质不是同义词。不是所有的稳定性和操纵对驾驶飞机的任务都重要,飞行品质包括飞行员主观反应,这种反应在客观上与稳定性和操纵没有关联。而且,在工程术语中,操纵特别是稳定性问题可能被提到,但是即使在这些术语中也很少涉及飞行员的感觉。对于设计工程师来说,哪种飞机的性能是重要的以及如何才能把这些性能有效地详细描述出来,这只能根据飞行员的看法来决定。工程师靠他自己至少在原则上可以解决稳定性和控制的问题,但是没有飞行员的参与飞行品质问题就不可能得到解决。

飞机的操纵是复杂的,因为这不同于海运、陆运和铁路运输,飞机是在完全的三维空间中飞行的。幸运的是,这通过普通飞机的镜面对称或横向对称分析可以得到简化。凭借着这种对称,运载工具的运动被分成两类:纵向的和横向的,这两类运动可以独立地处理。纵向运动发生在飞机对称的平面上,它们包括垂直的和俯仰的运动,像这样的运动可能是由升降舵偏转引起的。横向运动对移置对称平面起作用,它们包括侧向的、旋转的和偏航的运动,像这样的运动是由副翼和方向舵的运动所引起的。各色各样的横向运动以复杂的方式相互关联，而且它们要比纵向运动更难于理解和讨论。部分是因为这个原因，部分是因为要把讲述的事例限定在一定范围之内，我将把我的说明主要限定在纵向飞行品质方面；换句话说主要限定在纵向稳定性和操纵的问题上。横向飞行品质的系统化工作同时进行，事实上也必须同时进行，因为飞机运行或多或少同等地包含了这两类运动。然而，知识的类型和发展的方法同等重要。把说明限定到纵向飞行品质上的方法，对于我们的目的来说没有任何损失。

　　对飞机设计者来说，关于纵向飞行品质问题，如同一般的飞行品质问题那样，分为两个方面：（1）一架飞机为了拥有合乎需要的飞行品质，它应该有什么样的稳定性和操纵性的特性？（2）一架飞机应该如何布置和均衡的安排以获得这些特性？正如序言所述，这一章仅仅涉及第一问题。这个问题就是必须回答从一个定义不明确的飞行品质设计问题转换成一个明确定义的飞行品质设计问题。令人遗憾的是，将讨论限定在这一方面可能使读者留下好奇心想要知道所描述的某些特性是如何在实践中获得的。然而第二个问题的历史是另一个甚至是更大的一个要说明的事例，这个问题包含如何设计机翼、尾翼和操纵面以及如何安排好它们相互之间的关系和对于飞机重心的关系以便达到合乎需要的结果。这可能足以构成一本书，不过，所涵括的内容更接近于编史工作和方法论上的家族类。正如我们前面所说，第一个问题包含着不能频繁地接受检验的成分。　　[56]

1918 年前后的知识状态

　　到 20 世纪 10 年代末期，当时飞行品质的故事本身才刚开始，气动力学共同体或多或少的认为有必要对关于飞行员和机器之间的关系做点什么事情。然而，应该做什么并不明确，并且解决问题的工具仍然是不全的。这个情况如何出现，特别是在前面的方向未确定的时期观念是如何发展的，还应该彻底地考察。然而，一些背景对于理解随后要讲述的东西是必不可少的。如同在所有这样的工程环境当中一样,知识的增长只有在这些问题得到充分确认的时候才可能真正开始。[⑦]

1918 年关于稳定性和操纵的张力(tension)的观点似乎已经成为主流观点,在该年国家航空咨询委员会(NACA)的年度报告做出了表述。这一政府机构在该报告发表之前三年由国会批准设立,旨在"用一种实践解决方案的观点去监督和指引关于飞行问题的科学研究",并且它自身还要在这些问题之中确定方向。作为一般评论的一部分,委员会在"稳定性和操纵性"的标题下写下了如下一段话:

> 我们所面临的是在科学和技术工作中会经常遭遇到的众多情况之一,必须在相差极远的两个极端之间的一些中间地带接受一个选择,而且为获得某种高程度的合乎需要的品质所做的努力可能会导致对其他方面的合乎需要的品质的限制。如果稳定性达到极大程度,那么操纵的机动性(mobility)和敏捷性(quickness)就会降低,在快速反应意义上的操纵就会失去。对于机动性居于首要地位的飞行器来说,这会是一个严重的缺点,鉴于此,不能给予这种机器太多的在该术语的原本意义上的稳定性。另一方面,对于轰炸机那种类型的重型机器,动作的机动性就不是至关重要的,稳定性限定的范围可以大一些。

这种回过头来看是合理的而且最终取得胜利的观点,当然认为某种程度的固有的稳定性是必要的,问题在于需要多少。正如我们即将看到的,这一观点并不是当时被所有的飞机确证的观点,或者说不是所有的飞行员共同持有的观点。委员会的 12 位成员中大多数是从理论上或者在第二手资料上了解飞机的,仅有两个或三个成员来自军队并且可能有过飞行的经验。[⑧]

[57]   然而 NACA 的观点却同技术文献中出现的观点相一致。在 1917 年的一本杂志刊文中,哈伦·弗劳尔(Harlan Flower)写道:"现在普遍持有的观点就是要求机器应该是稳定的,但不是太过于稳定。"约翰·拉斯本(John Rathbun)在 1918 年的一本航空的基础教科书中也赞许这样的哲学。他也警告人们要反对过度的稳定

性,但是他的一个理由是 NACA 没有提及的:"一架飞机可能是太过于稳定,由此而来的是在突而其来的狂风中难于驾驶和控制,因为它倾向于随着每一阵狂风改变它的姿态以便恢复它的平衡状态。"⑨

1918 年的形势是两个思想学派争辩的产物。这个争论在 1910 年由查尔斯·特纳(Charles Turner)在一本早期论《空中航行》的英文书中提到:

> 如何获得……平衡的问题已经发展成划分飞行员为两个学派的一场论战。一个学派主张可以使平衡自动地(内在地)达到很高程度,另一学派,如著名的美国学派,遵循莱特兄弟的方法,主张平衡是属于飞行员在实践中达到准确完美操纵其机器的一种技能。⑩

这个争论的历史一直被航空史学家查尔斯·H.吉布斯–史密斯(Charles H. Gibbs-Smith)有洞察力地追溯(更多的是在实践上而不是在其意识构成方面)。吉布斯–史密斯将这两个学派的拥护者称为汽车司机派和飞行员派。⑪

汽车司机派根本观点设想飞机应该是高度稳定的运载工具,一种有翼的汽车,它简单地要求由飞行员来驾驶。这种观点在 20 世纪的第一个 10 年内在欧洲占据统治地位,来源于一个世纪断断续续的主要是由一些欧洲人提出的手动起飞模式(hand-launched models)方面的思想和经验。这群人当中影响最大的是乔治·凯利(Gerogy Gayley)爵士(他于 1799—1869 和 1843—1852 年在英国进行滑翔机研究)、艾尔冯斯·佩诺(ALphonse Pénaud)(19 世纪 70 年代在法国进行以橡筋作动力、螺旋桨驱动的模型研究)和弗雷德里克·W.兰彻斯特(Frederick W. Lanchester)(19 世纪 90 年代也是在英国进行一般滑翔机研究)。他们差不多全都是在做关于无可控性的无人驾驶模型的工作,他们"很快发现,为了成功他们需要具备固有稳定性的系统"(他们也学到了如何实现那种稳定性,不过在这里与我们无关)。尽管这个方法最初是有收获的,它的后果是使得欧洲人的思维集中关注稳定性,但是大部分都把操纵排除在外。最终,汽车司机派的心理在飞行员飞行尝试中被证明是适得其反的,由此可控的操纵性问题才变得重要起来。⑫

[58]　　与之相反,飞行员派主要从操纵的角度思考。由于认识到在无数可能的条件下的主动操纵对人的飞行安全是最基本的,他们探索乘坐可操纵的、有人驾驶的滑翔机在空中飞行。杰出的飞行员学派的人物是 19 世纪 90 年代在德国的奥托·利连索尔(Otto Lilienthal)(尽管在欧洲汽车司机派传统中他影响很小),在美国的维尔伯·莱特和奥维尔·莱特(Orville Wright)。1903 年,莱特兄弟利用他们 1900—1902 年在滑翔机方面所获得的熟练的操纵技能,首次实现了用一架有动力的、由飞行员驾驶的飞机的飞行,该飞机几乎完全同他们的滑翔机一样,在纵向和横向两个方向都是内在不稳定的。关于这种不稳定性是否值得慎重考虑存在分歧。⑬作为飞行员的莱特兄弟不顾这种不稳定性,学习操纵他们的机器来保持一个有效的稳定的系统。尽管莱特机器的固有的不稳定性可能是极端情形,飞行员派对操纵的坚持对实现和改进人类飞行是必不可少的。正如吉布斯－史密斯指出的,"直到飞行员已经经历过并且能够预期和操纵他的机器在空中的行为时,他才能够决定什么对于自动机器及其内在品质来说是必要的或可能的"。⑭

　　当美国人取得成功的消息传到欧洲时,最初的反应是更改莱特兄弟的滑翔机外形[尤其是法国的费迪南德·费伯(Ferdinand Ferber)所做的更改],以便提供固有的纵向稳定性。但是对于操纵的重要性却几乎没有作评价。只有在 1908 年,维尔伯·莱特在法国出色地示范了可操纵的飞行之后——它不仅达到了有效的稳定性而且开创了操纵飞行动作的训练——欧洲人的根本观点才开始改变。特纳 1910 年的陈述表明,思想体系争论持续存在,但是理解稳定性和操纵性并且将二者结合在一起的这一长期、艰苦的任务却是在进行中。⑮

　　这种结合是如何合理和迅速地进行的,这是难于了解的。不同的作者对早期设计中的不稳定性或稳定性有不同的说法。⑯可是现在似乎没有什么疑问,感谢近来用修复的飞机和为电影拍摄而建造了精确复制品所进行的飞行试验,表明 20 世纪 10 年代早期一些成功的飞机在纵向和横向都极不稳定。最早的自动驾驶仪(1912 年)打算作为飞机的稳定器这一事实也暗示当时的飞机缺乏固有的稳定

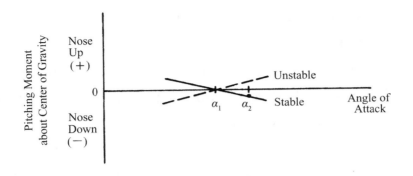

图 3-1　稳定和不稳定飞机在水平固定的飞行中俯仰力矩随着迎角的变化

性。[①] 不管情况如何,当时的实际问题肯定看起来是相当混乱的,设计师和飞行员都在有陷入迷茫无知境地危险的道路上摸索着前进。

　　就早期的设计师对纵向稳定性做出分析性的思考来说,可能只是根据简单的物理观念。一些人发表了这样的观点,也许最直接的是兰彻斯特,他在 1907 年的《气动力学》(*Aerodynamics*)一书中描述了他早期对手动起飞模式的滑翔机试验。用现代的话来说,这些构思可以做如下陈述:假定一架飞机以迎角(angle of attack)α_1(迎角是飞机任意的一个前部和尾部的参考轴同飞行方向之间的夹角)做水平平衡的飞行,对于这种情况——特别是对于运载工具在俯仰中没有旋转这种情况——必定是所有气动力学的力都通过该运载工具的引力中心或“重心”(c. g)的最终结果,或者说,所导致的结果。换句话说,围绕重心的俯仰力矩(pitching moment,即合力乘以从重心到力作用线的距离)必须是零。假如迎角因某种外因瞬间从 α_1 小量增加到 α_2(图 3-1),升降舵偏转角(elevator angle)保持不变。为了飞机的稳定,它的设计必须使合力移动到机身重心的后部,产生一个负的或俯冲力矩,从而恢复平衡状态(实线)。如果合力移动到机身重心的前部,力矩就是正的或上仰力矩,迎角会进一步增加,飞机会更不稳定(虚线)。因此纵向稳定性的判据是处于平衡状态处的俯仰力矩—迎角关系曲线的斜率必须为负。对力矩曲线斜率(moment – curve slope)的这一要求作为稳定性的基本判据出现在当今的航空学的基础教科书中。早期的设计师是否试图利用这个构思不得而知。尽管如何最好

[59]

地满足俯仰力矩的标准还远未弄清楚,但考虑到手工操作飞行是可能的新近证据,这一标准很有可能是那些重视思想分析的人们为了自己而想出来的。[18]

[60]　　　　如果要去追溯更久远的历史的话,我们需要知道更多关于稳定性的东西。具体来讲,短暂性扰动是操纵面快速运动后随之恢复到初好位置。特别是假设有一架飞机以给定的速度做固定水平飞行,飞行员现在把升降舵偏斜时间延长到刚好足以使得机器以稍微高一些的速度做浅的俯冲,然后尽可能快速地使操纵面恢复到初始状态。大体上说,在飞机反应中这两种最初的趋势都是可能的。如果飞机任凭它自己而倾向于恢复到以给定速度做水平飞行的初始状态,可以说它是静稳定的。如果飞机倾向于以更高的速度做较大角度俯冲,它就是静不稳定的。飞机也有可能持久地保持以等速做小角度俯冲,在这种情况下它是中和稳定的(neutrally stable),这种情况是少见的。正如其来源所说明的一样,对力矩曲线斜率的要求涉及的是跟随扰动之后的最初倾向,实际上它是静稳定性的判据。尽管"静态的"("static"或者"statically")所暗示的是固定不变而不是运动,但是,为了把上述的(静态)同静止(still)加以辨别,必须增加问题的另一个方面。

增加的另一个方面甚至是因为静稳定飞机而出现的,尽管它最初趋向于原来的飞行状态,但最终可能没有回复到那一状态。在大多数情况下,它将开始围绕着初始状态振荡,就像偏斜的钟摆围绕垂直状态来回摆动一样。如果这些振荡随着运载工具回复到它的初始状态的结果并消失(或者"衰减"),正如钟摆一样,应该说它是动稳定的。如果振荡持续增强,这通常是在运载工具失速或俯冲时引起的(这一情况同简单的钟摆没有任何相类似之处),它就是动不稳定的。

此处无论是静态还是动态这两个观念都是根据在垂直面中的运动引起的一种特殊的扰动来解释的。类似的情况可由其他类型的干扰和运动(如倾斜和旋转运动)引起,无论细节如何,静稳定性这个话题必定是与飞机在扰动之后即时回归或偏离飞行平衡状态有关;而动稳定性更关注的是在所引起的运动中实际上发生了什么。需要强调的是,一架静稳定的飞机可能要么是动稳定的,要么是动不稳定的,可是,一架静不稳定的机器无论如何不可能是动稳定的。[19]换句话说,静稳定性是动稳定性的必要而非充分条件。

静稳定性的分析比较简单,不像动稳定性的研究需要精密的数学工具。对于早期航空学领域的研究者来说,幸运的是,这些工具在 19 世纪由科学家和应用数学家发展的刚体动力学学科中就可掌握得到。借助许多人努力得到的成果(其中最著名的是兰彻斯特想借其独有的精致方法所取得的成果),英国应用数学家乔治·布赖恩(George H. Bryan)在精确的基础上着手解决这个问题,在他 1911 年出版的《航空稳定性》(*Stability in Aviation*)一书中,布赖恩从数学上确立了把飞机的运动划分为早先描述的纵向运动和横向运动两个组成部分,这时他从中获得了重要成果,跟随着扰动之后的振荡的纵向运动包含两种模式:(1)一种是严重衰减的短周期(一般为 1 ~ 2 秒)振荡,周期是指一次振荡的时间;(2)一种是轻微衰减或不衰减的长周期振荡,周期一般是 20 ~ 40 秒。布赖恩推理得出:对于周期短且衰减严重的第一种模式的振荡,消失得如此之快以至于并没有实际意义。因此,他和大多数效法他的研究者放弃了对此模式的研究,而仅仅详细地分析长周期振荡模式,这一振荡模式的发现者兰彻斯特称此模式为浮沉振荡(*Phugoid oscillation*)。我们将会看到,这个疏忽被证明是对飞行品质研究的误导。㊿

受布赖恩的研究以及关于稳定性的合适的水平普遍不确定的推动,新的航空研究工作者共同体转而对比例模型进行实验研究。有影响的团队有两个,第一个团队由雷纳德·贝尔斯托(Leonard Bairstow)和梅尔维·琼斯(B. Melvill Jones)领导,该团队于 1912—1913 年间在位于英国国家物理实验室的新的四英尺的风洞中对一种布莱里奥单翼机模型进行了试验。第二个团队是由麻省理工学院的杰罗姆·亨塞克(Jerome C. Husaker)领导,该团队于 1915—1916 年间使用柯蒂斯 JN - 2 双翼飞机模型和经特殊设计的该模型的一种变异模型进行试验。亨塞克曾于 1913 年在英国访问了贝尔斯托和琼斯,并且他的风洞是完全按照英国国家物理实验室的风洞建造的。不管是在麻省理工学院还是在英国国家物理实验室,模型都是在各种固定方向和受约束的振荡条件下进行试验的。两个研究团队都利用研究结果去帮助评估布赖恩方程式中的气动力学条件,然后运用方程式去计算运载工

[61]

具的动态运动。英国国家物理实验室的团队发现被计算的布莱里奥的长周期模型处于某一被分析的速度时是稳定的。麻省理工学院的研究者推导出他们设计的两种模型在模型处于部分较高速度范围时是稳定的,然而,当速度减小的时候两者都变得不稳定。只有英国人关注短周期模型,并且只是短暂的。[①]

[62] 除了这些结果和其他的横向运动之外,这些研究提供了大量的对一般的稳定性力学和数学的有价值的理解。它们已经变成了教导航空学共同体或者至少是教导该共同体的有可能理解所包含的先进观念的那一部分人的重要资源。然而,动稳定性的研究并没有为设计者提供任何简单的稳定性判据。负的力矩曲线斜率看来是作为动稳定性在数学上的必要非充分条件。一个设计是否是动稳定的只有通过对这个或者那个气动力学的属性的复杂分析才能发现。由于这个工作不包括可活动操纵面,英国国家物理实验室和麻省理工学院研究的结果都几乎没有直接谈到操纵问题。[②]

尽管这类的研究能够显示一个特定设计的稳定性水平,但它们不能指出什么样的水平是令人满意的。如果没有对等的飞行测试和有意义的飞行员的意见,这些研究者只能就他们的理论根据来建议他们认为是合理的东西。在他们的报告里,贝尔斯托和琼斯写道:"尽管发现某些人可能仍然对这个观点提出异议,至少会承认不稳定性显然是一个不利的东西;如果一架在静止的空气中飞行的飞机将会持续地趋于偏离正常的飞行条件,需要飞行员的持续关注以使飞机恢复到正确的姿态,这也很难被看做是普遍满意的特性。"亨塞克认为:"断定飞机不应该是不稳定的是保守的结论。"他还认为:"最让人满意的飞机很有可能只会是略为稳定的,而这种飞机无论在哪种可能的姿态下都会很容易被飞行员操纵。"[③]

这些见解有助于支持弗劳尔、拉斯本以及 1917—1918 年间 NACA 所表达的观点。弗劳尔的早期被引用的陈述——"现在坚持的普遍流行的观点是……这机器应该是稳定的,但不能太稳定",这句话事实上是逐字逐句地(但却没有标明)从贝尔斯托和琼斯的报告上引用来的。同时,来自 NACA《年度报告》(*Annual Report*)的官方观点首先就承认之所以能对稳定性和操纵有这样的理解,"主要归功于由英国科学家开始研究的有关理论和试验上的辉煌研究成果,此外在美国相同领域工作的特定工作人员也有一定的贡献"。英国国家物理实验室和麻省理工学院的研究成果,就像它们当初假设的那样,是非常有用的,它们的影响力也因此得到扩展。[34]

　　然而,即使在 1918 年,而且尽管这些观点在第一次世界大战中得到充分的发展,实际应用的情况并不是总是与"现在普遍流行的观点"相一致。就像一位后来在稳定性和操纵方面的工程学权威科特兰·珀金斯(Courtland Perkins)所观察的那样,"令研究者困惑的事实是:当飞机遭遇能直接由数学家预测到的不稳定性的情况下,飞机仍然可继续很好地而且随意地飞行"。与早先提到的 20 世纪 10 年代初的机器一样,修复的飞机和按电影复制的飞机的飞行表明,大量在战争中成功的飞机,不管是英国的索普维斯驼式机(Sopwith Camel)、美国的柯蒂斯 JN－4 飞机(Curtiss JN－4)还是托马斯－莫尔斯 S－4C 飞机(Thomas－Morse S－4C),都是纵向的(和横向的)不稳定的。以下是一位在 1978 年测试一架修复过的驼式机的飞行员布赖恩·勒孔布(Brian Lecomber)的话,尤其可以说明这一点: [63]

　　　　这架驼式机在俯仰中有中等的不稳定,在偏航中则相当的不稳定,而且,由于有非常小的反馈压力,升降舵和方向舵二者都非常轻巧和灵敏。另一方面,副翼则出现正好相反而且是相当令人畏惧的情况……所有这些集中在一架飞机上所导致的结果就是,令现在的飞机驾驶员最初感到这是非常可怕的错误……可是一旦这些最初的震惊过去……这些飞机就会变得不是那么难于驾驶,仅仅只有差异而已。

　　事实上,早在 1919 年已经在实验上确证了 JN－4 飞机的不稳定性,一位卓越的设计工程师在 1925 年回忆道:"许多不稳定的飞机(他尤其是提到驼式机和 JN－4)不仅经常使用,而且非常受欢迎。"很明显,稳定性—操纵性问题的多种解决方法是有可能的,且能被大家接受。而需要回答的问题并不是什么是正确的,而是什么是最好的。⑤

当然,现实中的飞机的不稳定性可能并不是来自于设计者的意图,而是由于缺乏如何才能达到稳定设计的知识。尽管证明这句话的关键证据难以找到,但对气动力学的理解仍然是基本的。然而,飞机的不稳定性也有可能是因为仍然不能确定什么在实际上是合乎需要的。即使亨塞克在 1916 年的报告中也以观察材料为依据,缓和了对稳定性的建议。这个观察材料描述道:"众所周知,法国的单翼机飞行员曾经根据'稳定的'飞机在骤风的空中运动时摇荡得太过猛烈,要求一种没有稳定性的无论如何防止俯仰的中性飞机。"同时他也在他报告的末尾总结道:"安全的飞行可能更多的要依赖操纵的轻便性而不是稳定性。成功飞行员中几乎一致的偏见就是反对所谓'稳定性飞机',这似乎有一个合理的基础。"⑤(至于为什么他选择把讨论中的稳定性加上引号,原因还不清楚。)显然,大约在 1918 年,"普遍坚持的"与操纵联系在一起的稳定性观点本身具有很多不确定的成分,就像前一章所讲的在 20 世纪 30 年代涉及翼型的情形一样。

就像亨塞克在声明中暗示的那样,飞行员的观点至关重要。贝尔斯托和琼斯在他们 1913 年的报告中清楚地写道:"合乎需求的稳定性程度的知识仅能够从有经验的飞行员通过飞行实践获得。"到了 1918 年,军事试飞员因为战争的需要而成为一种职业,他们例行地记录了这样的经验,不过这些经验是以一种对设计者几乎没有用的形式记下来的。鲁道夫·W. 施罗德(Rudolph W. Schroeder)空军上尉曾经是麦库克基地的一位试飞员,他说的话很有代表性的。在 1918 年 8 月 15 日的针对帕卡德 – 勒·佩尔 LUSAC – II(Packard – Le Père LUSAC – II)双翼战斗机的"飞行品质试验"的报告里,施罗德以常见的标题这样写道:

[64]

操纵装置的效率

升降舵、副翼和方向舵在飞机爬升、下降、倾斜转弯和水平飞行中的反应都很灵敏。

操纵装置的压力

为转动升降舵而施加在操纵装置上的压力是正常的……

稳定性评论

这个机器的纵向、横向和方向稳定性良好。

这种主观的、定性的评论对满足设计者的需求来说作用很小,特别是,最后的关于稳定性的评论与纵向静稳定性的工程学的判据毫无关系。[20]

被普遍接受的判据仍是早先所描述的力矩曲线斜率,它由柯蒂斯工程实验室(Curtiss Engineering Laboratories)的 D. R. 赫斯特德(D. R. Husted)发表在 1920 年的一本航空学杂志上,他根据同事们的经验向设计师提出了那一建议:"这样的设想通常是有足够保证的,假定模型的测试给出了一条俯仰力矩—倾角(即迎角)关系曲线,而且这种曲线有适当大小的负斜率,那么,这一实际的飞机将会有充足的俯仰稳定性。"[28]虽然赫斯特德赞同一定水平的稳定性是必要的这一观点,但是他没有详细说明"适当大小"应该是什么。力矩曲线斜率在任何情况下都与飞行员的飞行经验无关。但正如赫斯特德的话所提示的那样,它提供了一个根据模型测试做出评价的有用的标准,因为俯仰力矩作为迎角的函数,它在风洞中是比较容易测量。然而,在飞行中,无论是力矩还是迎角都不容易通过测量得到或被飞行员感觉到的,因而这个判据失去它的实用性。1918 年遗漏的东西就是根据飞行员所感觉到的以及在飞机飞行中能测量到的操纵的力和运动来加以评价的稳定性判据。

还有其他东西同样未涉及,这就是无论是理论上还是试验上的研究,几乎都没有对飞机的操纵问题给予考虑,也没有给出任何对于操纵是有用的分析标准。即使对于稳定性和操纵的合适的评价标准已经被揭示了,但是想要在飞行中评估它们的手段也还没有。正如一对当代工程师夫妇所言:"没有任何数据记录系统可以拿给设计师,让他们看到,飞机的特性实际上是怎么样的,同他认为飞机特性应该是怎么样的加以比较。"或者,还应该补充一点,同试飞员说的飞机特性是怎么样的加以比较。[29]

[65] 总之,直到 20 世纪 10 年代末,航空学共同体至少隐约认识到,飞行品质提出了一个问题,在空军上尉施罗德报告的标题中就证明了这一问题的存在。汽车司机派和飞行员派的争论大大平息了。总体上,设计者和研究者赞同在稳定性和操纵性中的某种折衷是必要的,但是关于折衷方案是什么还不明确。然而,固有稳定性对特定类型飞机是否需要的疑问依然存在,我们现在知道,可能一些人在当时也已经隐约认识到,一些成功的飞机实际上不稳定。在尝试解决这种问题当中,分析稳定性(而非操纵性)的方法已被发展,但是他们不能和飞行驾驶经验的实际情况关联起来。作为一种结果就是,尽管他们已经认识到需要这种经验,但是没有人知道怎样量化它以及用对设计者有用的方式来表达它。正如珀金斯所陈述的:"稳定性必须更好地和操纵性联系起来,并且最终必须同要飞行员的飞行系统联系起来。"③直到研究任务得以完成时为止,这一设计问题始终是令人困惑的、难于定义的。

理解与能力的发展(1918—1936)

回顾历史,飞行品质设计问题变为明确定义的问题经历了四分之一世纪长的过程,这一过程划分为两个阶段。第一阶段从 1918 年到 1936 年,建立起工作所需的基本的分析理解和实践的能力。对于飞行品质规范可能是必需的、可行的这一观念来说,这两种能力是必不可少的。第二阶段从 1936—1943 年,利用已有的理解和能力开展工作去说明这种必须性和可行性是可以付诸实践的,即建立具体的、可行的规范。在当时,这两个阶段还未被识别,但是这种划分是可以从历史的角度得到证明的。正像我们看到的一样,它的明显标志是 1936 年的首部飞行品质规范的问世。

这一部分和下一部分的叙述只涉及了美国事例。英国也或多或少地同步发展着,事实上,在开始的时候,英国领先了一到两年。可是,这两个国家的学习过程基本相似,而这一过程正是本章的主要关注所在。我没有考察过欧洲大陆的形势,但是据推测那里也发生了同样的情形。无论可能从外界获得的信息有多少,每个国家的工程共同体都需要一定数量的该类知识的传递。在美国,两个阶段的工作成果主要出自于在弗吉尼亚州的兰利基地的 NACA 新建的实验室。③

战后几年,我们看到了在兰利实验室的一个强有力的飞行试验计划。这些研究论文刊登在 1920—1923 年 NACA 的许多出版物上,主要是爱德华·P. 沃纳(Edward P. Warner)、弗雷德里克·H. 诺顿(Frederick H. Norton)和埃德蒙·T. 艾伦(Edmund T. Allen)三个人的工作成果。沃纳是在 1919—1920 年间从 MIT 的亨塞克工程团队交流到兰利兼职的第一个享有(使人误解的)首席物理学家头衔的人。诺顿也来自 MIT, 1918 年受雇于兰利,他实际上是在 1920 年当沃纳回到 MIT 全职工作时才继任沃纳的位置。艾伦是一位在英国和麦库克基地有着丰富经验的试飞员,也曾在 MIT 服务过,尽管他也用其他飞机进行试验,但大多数试飞任务主要是用“詹妮号”(Jenny)柯蒂斯 JN - 4H 机来实现的。不久之后,这三个人与兰利团队的仪器工程师和其他成员一起主导了美国的飞行研究。[66]

兰利的工作很快就根据飞行员明显感受得到的操纵变量提供了所需的稳定性评判标准。这项知识源于 1919 年夏天进行的 JN - 4H 和德·哈维兰 DH - 4 轰炸机(De Havilland DH - 4)这两架样机的试验。对詹妮机的试验结果是打算用来同与其相似的 JN - 2 机在亨塞克风洞测量的气动力学特征作比较,以便部分地了解风洞测试可能预测到的飞行状态准确性如何。尤其是,两个设计的测试都包括对穿越不同气流阀门设置下的整个飞行速度区域中定常直线飞行所要求的升降舵偏转角和驾驶杆力的测量。这些很明显是美国对飞机稳定性和操纵性进行的第一次定量测试。②

在发表于 1920 年的冗长且详细的报告中,沃纳和诺顿解释了可观察到的升降舵偏转角和驾驶杆力与速度之间关系曲线的性质如何提供飞机纵向静稳定性的一种量度。根据早期的俯仰力矩与迎角之间关系的考虑,上述的这种关系似乎是有道理的。在定常直线飞行中,迎角是速度的函数:速度越低,为了产生必要的升力所要求的迎角越大。因此,一架以特定速度航行的飞机,在速度较低的情况下就需要以较大的迎角飞行,如果飞机呈静稳定且升降舵偏转角不改变,这时就会感受到

[67]

图 3-2   1919 年在兰利基地的 NACA 实验室测试的两架柯蒂斯 JN-4H "詹妮号"飞机。在靠近我们的这一架飞机上面,从它中间翼的支杆向前延伸的横梁支撑了位于它们前端的气动力学测量仪器。在远离我们的那一架飞机上的亮点显然是相片底片上的一个瑕疵。(图片来自 NASA 兰利研究中心档案。)

机头向下的俯冲力矩(参见图 3-1,实线)。高速飞行时,需要较低的迎角,并且会感受到机头向上的力矩。因此,要保持以新的速度稳定飞行,飞行员要认识到必须使升降舵偏转以便在低速下提供用于抗衡(机头向下趋势)的机头向上力矩,而在高速下则提供用于抗衡(机头向上趋势)的机头向下力矩。对于不稳定的飞机则具有相反的论据和结果。因此,为保持飞机定常直线飞行所必需的操纵行为提供了评估固有的纵向静稳定性的一种方便的方式。

[68]

对智者来说,就是要使飞机以某一有利的速度飞行,而且要留意和记下为使该飞机在低于或高于该速度时仍保持稳定飞行所需要的操纵行为(动作)。[8]

把这种想法应用于实践,必须对两种稳定性的条件进行区别:(1)具有驾驶杆进而是升降舵保持固定的稳定性,即握杆稳定性(stick-fixed stability);(2)具有松(驾驶)杆和可在气流中自由升降的升降舵的稳定性,即松杆稳定性(stick-free stability)。详细分析表明,在给定速度 V_1 下,如果飞行员在降低速度时必须向后拉驾驶杆并提升升降舵来维持飞行,在增加速度时必须向前推驾驶杆并使升降舵向下偏转来维持飞行,则飞机具有的握杆稳定性(参见图 3-3,上图,实线)。如果飞行员需要在减速时拉动驾驶杆并在加速时推动驾驶杆,则为松杆稳定性(参见图 3-3,下图,实线)。对于不稳定性而言,在每种情况下都是相反的。对于握杆和

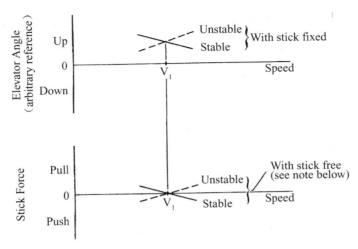

图 3-3　稳定和不稳定飞机在定常直线飞行中的升降舵偏转角和杆力与速
度相关的变化。松杆的稳定性判据仅仅在零杆力时才有意义,因为只有在那里由
于松杆,飞机才得以保持稳定飞行。

松杆这两种状态,与之相对应的曲线的梯度给出相应的静稳定性的量度。[34]两种稳
定性都很重要,尽管飞行员经常握着驾驶杆,但他们偶尔也会松开一下去做别的工
作。沃纳和诺顿通过物理学的推理得出了他们的判据,由于技术性过强在此不予
赘述。类似解释附在本章最后的附录里。[35]根据这一判据,不管是握杆还是在松
杆,JN-4H 在高速的时候都是不稳定的,但在低速的时候都是稳定的。DH-4 机
在其整个速度域中,两个方面都比较稳定。在给定速度下,握杆稳定性和松杆稳定
性通常是一致的,但未必总是如此。

　　1920 年,沃纳在两篇以上的报告中详细阐述了关于纵向性质的工作。这些报　　[69]
告包括对其他三种飞机的杆力测试结果,这些测试大概是应 NACA 的要求,由在麦
库克基地的军方来进行的,这三架被测试的飞机是一架 Vought VE-7 和一架
LUSAC-Ⅱ,这两者都是单引擎战斗机,还有一架马丁(Martin)双引擎轰炸机。报
告中也提供一定数量的数学分析和大量的讨论,以及许多的探索和试验。显然,经
历了一个艰难的学习过程。最终的学术成果就是关于升降舵偏转角和杆力曲线的
重要意义的知识。曲线的梯度同时提供了静稳定性的判据和可操纵性的量度,后
者(可操纵性)是通过所指示出来的为改变稳定飞行的速度所要求的操纵行为的

程度来度量的,这是重大的概念进步。沃纳意识到了这个事实,当时他在一篇报告中写道:"实际上,对不同速度下力的实际测量和曲线标绘作为测量纵向稳定的一种手段远比记录飞行员主观方面的印象这一通常的方法更加精确且更令人满意,因为它以定量结果代替了模糊的说法,如'稳定性很好'、'稳定性很差'、'在低速时驾驶杆强有力地推握杆的手'等。"[⑮]然而,没有人试图通过测量的定量结果来纠正主观感觉,这个研究出现的比较晚。

　　1920 年中,沃纳离开兰利基地后,诺顿、艾伦和其他人探索了稳定性和操纵的另外一些领域,从 1921 年到 1923 年发表的研究成果包括了对操纵飞行的线性加速度的测量(首先沿着飞机的垂直坐标轴接着沿着所有三个坐标轴方向进行的测量),以及对三个轴方向的角速度的测量。特别重要的就是由诺顿和艾伦开展的对飞机平稳转向时的操纵位置的开创性研究,以及由诺顿和布朗(William G. Brown)开展的关于飞机对突发的、特定的操纵装置的动作做出的反应的研究。前者将握杆和松杆稳定性的判据延伸到了飞机的横向转动飞行,它表明在兰利这些评判标准变成惯例是多迅速。后者尝试在"可操纵性"(controllability)和"机动性"[70] (maneuverability)之间进行区分,并且确定这些性质的合适的量度,但未完全实现。在工作的过程中,诺顿于 1921 年为设计者们写了关于稳定性与操纵的讨论摘要(虽然它有匆忙做出来的迹象,但任何一个人都想知道它如何可能是有用的),1923 年他又与布朗合作出版了关于 JN－4H 和 VE－7 的长周期动力学振荡的测量方法。这些和先前的报告一起形成了关于稳定性与操纵领域广阔范围的探索。这一探索的大多数都是关于飞行品质问题的,最重要的是它为美国关于飞行研究(而绝不是简单的测试)提供了广泛的第一手经验和能力。[⑯]

　　兰利的研究能力关键是依赖新的仪器,沃纳和诺顿的第一批仪器较为原始:标准高度计、转速表、气流速度计,再加上附在驾驶杆摇臂上用来测量升降舵偏转角刻度的象限仪以及扣紧在驾驶杆上用来测量杆力的弹簧装置。飞行员或观测者匆忙地记录下护垫(knee pad)上的读数。然而两年内,气体流速计和控制仪表被更加智能的影像装置所代替。兰利的研究者最初主要是由他们自己来设计这些仪器,并且让它们在兰利基地制造,但起初也得到国家标准局(National Bureau of Standards)的某些协助。在后继的 NACA 的仪器中,仪器的读数是通过装置中的传感器使一面可机械活动的小镜子旋转,这面镜子可以把光束反射到一筒转动的胶卷上,从而记录下来。兰利基地的著名仪表工程师亨利·J. E. 里德(Henry J. E. Reid)发明了一种特殊的仪器来测量和记录线性加速度和角速度,这些仪表上的大量纪录,理所当然需要及时地同步显示不同的操纵动作和飞行器的反应是如何相关的,它的原理是用一个特殊的、电机驱动的精确计时器,它发出的光线间断地照射各种仪表上,并同时地将时标纪录在胶片上。对于这些机械仪器(现在用电子装置来代替)的详细描述无论在其研究报告中或是在一系列专业论文中都可见到。⑧

　　兰利基地的飞行员——除了艾伦之外还有托马斯·卡罗尔(Thomas Carroll)和威廉·麦卡沃伊(William H. Mcavoy)以及其他飞行员——也必须研发新的技能和技术。研究飞行实际上不得不白手起家去发明新方法。研究须研发新的技术常规标准,这要求测量各种不同的数据,并要从有限的飞行时间中获得尽可能多的数据,这需要飞机保持一到两分钟时间的定常水平飞行来获取所需数据,进行这一操作以获得研究所需的精确性就需要一定的技能。沃纳和诺顿真实描述了"詹妮号"在定常直线飞行中飞行员在使机翼失速的情况下延长定常直线飞行时间所出现的问题,失速状态下机翼升力随着迎角而减少而不是增加,并且所需要的升降舵的活动是相反的,这一事实描述使任何熟悉飞行的人都对飞行中的读数感到恐惧。为了获得可重复的数据驾驶飞机需要持久的耐心和实践。艾伦已成为他那一代人中最著名的试飞员,他在几年后写道:"一度,当我为 NACA 作试飞员的时候,为了研究'盘旋飞行的操纵',我用了三个月的时间来试飞,才能够令我自己和沃纳都满意地区分和记录下频繁交错的一些力。"沃纳和诺顿意识到了这些问题,在他们的报告中写道:"飞机测试是一项高度专业化的工作,其难度一般都没有被正确评价,没有一种飞行可以如此快速地证明平时完全胜任常规飞行的飞行员的能力之间的差别。"在兰利,在该项工作中工程研究、仪表开发、飞行测试这些子共同体的

[71]

存在是显而易见的，它们之间必不可少的相互重叠和相互依存也是显而易见的。㊴

从 1923 年直到 20 世纪 20 年代末期，在 NACA 对飞行品质方面的飞行研究的热情几乎都下降了，但对某些问题如气动力学载荷、尺度效应、旋转矫正、螺旋桨性能等方面的飞行研究仍然继续甚至在量上还在增加。兰利团队也为其他政府部门作了大量的飞机性能测试。这项工作，以及与之相伴随的仪表开发和精密制造，也为一般的飞行测试能力做出了贡献。㊵到目前为止，飞行品质仍旧受到关注，然而这一关于稳定性与操纵方面排在首位的中肯的问题在当时似乎已经做出了回答，至少对于该研究共同体来说是满意的。在兰利基地，出现这种转变的重要的原因可能是 1923 年中诺顿的离开，诺顿显然是兰利基地先前几年里在稳定与操纵研究方面的富有成效的灵魂人物，随后的灵魂人物是沃纳。在整个航空学研究共同体中，似乎都不觉得有需要（或许当时不是突出的问题）去集中关注飞行品质问题。可是，直到 1936 年这几年，包含了下面我将加以描述的兰利在 20 世纪 30 年代早期的一些有关飞行的工作，可以从中看到经验的积累和知识的转换，而这对于后面的工作是有用的。

[72]   当然，设计者并没有奢侈到能够把实际问题放在一边。为了提供帮助，不仅增加航空学学生的数量，而且作者在教科书和杂志上的文章中包含了关于对稳定性与操纵的讨论。其中某些著作——包括著名的由查尔斯·蒙蒂思（Charles N. Monteith）和沃纳写的论气动力学的一般著作（后者在麻省理工学院出版了一本近 600 页的巨著），以及由设计工程师鲍里斯·柯尔文－克鲁科夫斯基（Boris V. Korvin–Krukovsky）写的关于稳定性和操纵的文章扩展系列——引用了兰利基地的研究成果，并且讨论了升降舵偏转角和杆力的评判标准。㊶可是大多数著作，包括由沃尔特·迪尔（Walter S. Diehl）、克拉克（Virginius E. Clark）、亚历山大·克列明（Alexander Klemin）、爱德华·斯托克（Edward A. Stalker）、克利夫顿·卡特（Clifton C. Carter）以及卡尔·伍德（Karl D. Wood）写的著名著作都主张用力矩曲线斜率处理相关问题，很少或者没有试图将这个问题同飞行员所感觉到的量联系起来。㊷如我们看到的那样，这种在今天的基本教科书中占据主要地位的方法是比

较容易解释和理解的,而且也比较容易被设计师掌握和实现。然而有人会对此感到惊讶,如果缺少对于稳定性操纵标准的认识,并且缺少对其背后的观念和缘由的认识,所得到的结果可能对于缓慢掌握飞行品质来说作用不大。

20 世纪 20 年代,再没有人对固有的纵向稳定性是否必要持怀疑的态度了。这一重要的基本判断的发生由于缺少明确的反复讨论,因而很难追溯。且不管早先所引用的赫斯特德的建议,任何一个人仍然可以在 20 年代这个 10 年的最初几年中发现以下似乎来源于诺顿和艾伦关于盘旋飞行研究的陈述:"一般来说,飞行员并不知道一种来自于不稳定的飞机的稳定,如果作用在操纵装置上的力很小,他对不稳定的飞机就完全像对其他飞机一样感到满意……初学者在一架不稳定的飞机上学习飞行和在稳定飞机上是一样快。"在 1925 年,柯尔文 - 克鲁科夫斯基仍旧指出第一次世界大战的某些赢得众望的飞机的不稳定性,而且补充说:"事实是一个不稳定机器是无法离开人手操纵而飞行很远的,就算是一架稳定的机器,飞行员也不能离开驾驶杆太久。简单地说是因为如果没有任何其他的理由,驾驶杆是保持对飞机操纵的最佳位置。"可是,到了 1928 年,一位的有实际操作经验的工程师克拉克在他的书中很绝对地写道:"不稳定性在任何意义上都是没有用和不安全的。"两年后,克列明也类似地写道:"鉴于技术知识的有效性……再没有借口去为设计出纵向不稳定性的机器做辩护了。"⑭

到了 20 世纪 30 年代中期,这种转换终于完成了,年轻的克拉伦斯·约翰逊[Clarence L.(Kelly)Johnson],可能是成为美国最优秀的飞机设计者之一,在 1935 年论述洛克希德·伊莱(Lockheed Electra)的双引擎飞机的风洞测试的文章中使这个问题变得明朗起来:

> 为什么飞机必须是稳定的原因或多或少清楚了。如果飞行员能够持续地灵巧地操作操纵装置,适度不稳定的飞机也可以安全地飞行。然而,这个过程是非常令人厌烦和疲劳的。不稳定飞机的着陆或者起飞都非常危险。在单凭仪表飞行的过程中,最大的安慰就是知道,飞机如果松开了

[73]

驾驶杆即使在暴风雨的空中也能够继续安全地在其航道上飞行。[⑪]

因此,在 1910 年曾经引起争论在 1920 年至少是可论证的观点,到了 1935 年变得"明朗化"了。

约翰逊引用的理由是在诉讼调停的年代出现的,在整个时期中,随着飞行的范围扩大和持续飞行时间的延长,增加了飞行员们对被要求长时间操作操纵装置时造成的疲劳状况的揭露和投诉。更快的着陆速度,特别是 1930 年后流线型飞机的大量生产,增加了来源于此的危险性,而且驾驶舱仪表的改进也使单凭仪表的飞行变得更司空见惯了。与此同时,飞行员不得不更加注意外围部分的职责,例如,无线电通信设备的操作,这要求他们把手从操纵装置上移开。特定的军事上的操作,如提高空中轰炸(投弹)和拍摄制图精度,也同样需要一个稳定的平台。在 20 世纪 30 年代初的飞行比赛中飞行员的经验表明,在当天比赛的高性能的飞机中的不稳定性具有潜在的(或者有时甚至是致命性的)危险后果。由于各种不同的原因,飞行技术不断成长并日趋复杂。如何将各种有影响的成果转变成可进入到教科书和文章中的陈述,这与出现在记录中东西并不是一回事。这里面一定包括了飞行员、设计师、研究工程师和学者的相互对话以及不同程度地相互参与对方的活动。然而这一过程已经发生了,它反映了一个重要的工程共同体复杂而广泛的学习过程。[⑮]

所断言的在第一次世界大战结束时的"普遍坚持的观点"到了 1935 年才真正地变成普遍流行的观点。按照这种观点,一个高度灵活机动容易操作的飞机,例如战斗机,要有少量的静稳定性,但一个轰炸机或运输机某种程度上需要更多的静稳定性,这个就如同我们在 1918 年 NACA 的《年度报告》上看到的一样。被引证的一些作者甚至试图详述力矩曲线斜率的数值或某些实质上与之相当的判据的数值。在斯托克 1931 年的书中,试探性地记载这些量的数值以及说明这些量的数值是如何随着重量和速度而变化的。约翰逊是斯托克在密歇根大学的学生,他在伊莱克特拉飞机的报告中推荐了一个运输机的数值并声称这一数值"是从实践中得出的"可以给予"令人满意的纵向稳定性"。迪尔在他的早期著作 1936 年修订本中,定义了相对复杂的系数,并为三类稳定性不断增加的飞机给出了推荐值的范围:(1)高度机动型,例如战斗机;(2)中度机动型,例如教练机和侦察机;(3)非常稳定型,例如轰炸机和运输机。海军航天局的首席工程官员海军中校迪尔没有说明他是如何获得这些数据的。据推测他可能是通过广泛地分析他在海军的岗位上能提供给他的风洞和飞行数据以及飞行员的意见而得出的结论。如何一般地应用迪尔的值还很难讲。他的书闻名遐迩并具有指导意义。蒙克(Max M. Munk)在其1942 年的分析迪尔系数的物理意义的文章中说设计师使用"迪尔准则"是"普遍的"。另一方面,克列明和贝尔勒(J. G. Beerer)在 1937 年批评了这个系数,并提出了新的系数来替代旧系数。然而,不管该系数是不是可以被设计师使用,任何只建立在力矩曲线斜率单一基础之上的数量系数都没有提供与飞行员感觉到的飞行品质的关系。^⑩

[74]

像迪尔那样的实践者集中关注静稳定性的时候,对动稳定性的关注却相对减少了。与此同时,有关飞行品质论题的研究仍旧处于较为混乱的状态。诺顿在1923 年的关于飞机纵向振荡的报告中指出,"实践者从未认真考虑过动稳定性",20 世纪 20 年代的经验似乎证明了这一状况。已经制造出来是静稳定的飞机几乎都总是证明是动稳定的。在出现长周期模式振荡这一异常情况下(就像由布赖恩、贝尔斯托、琼斯和亨塞克费力研究的那样情况)是不稳定的,而动态不稳定性是温和的并且容易由飞行员操纵。诺顿根据他的研究总结道"虽然从科学的角度来看,动稳定性的研究是很有意义的,但是如果不是为了要做有关这一性能是否合适的调查研究而让飞机完全偏离正常实践,设计者可以完全不理会动稳定性"。^⑪

20 世纪 20 年代到 30 年代的航空学教科书中虽然把对动稳定性的处理包括进来了,对布赖恩的研究工作加以扩展和提炼的理论研究在继续,其中包含了大量的图表以方便应用。在 1932 年,兰利的工程师们也出版了一篇报告,将 Doyle O - 2 轻型单翼机的长周期纵向振荡的飞行结果同从理论上推衍出来的理论预期做了详细比较。然而,这一分析结果却在设计工作中很少得到应用。1936 年,理论工作者之一,来自波士顿大学的亚瑟·梅特卡夫(Arthur G. B. Metcalf)仍旧抱怨设计者"经常只是模糊地意识到'动态'稳定性像是'某种你不必担心的东西'",尽管他承认,考虑到主体的复杂性和困难程度,这种态度是可以理解的。事实上,一个更加开明的态度使得设计者很少关心飞行品质。分析还是集中在长周期模式上,正如我们将看到的一样,在当时就发现这种模式是与这样一些关注不相干的。[⑱]

[75]　　随着工程的发展,飞行测试变得愈来愈专业化,主要表现在军事上,军队飞行员在这个过程中采用了 NACA 的数量分析技术。20 世纪 20 年代的空军军官詹姆斯·杜利特尔[James H.(Jimmy)Doolittle]就是一个著名的(即使并非典型的)例子。他在麻省理工学院沃纳手下做精细的研究,于 1925 年在该校获得科学博士学位,杜利特尔曾经为他的硕士学位论文在麦库克基地进行飞行测试。在测试中他测量了福克 PW-7(Fokker PW-7)歼击机在广大范围机动飞行中的加速度。这个测试是继诺顿和沃纳在兰利基地之后使用加速计记录数据的测试,测试报告在NACA 出版物上发表。更多的有代表性空军试飞员参加了 1926 年在麦库克基地由尤金·巴克斯代尔空军中尉(Lt. Eugene Barksdale)筹备的专业课程训练。根据手册记载,这个课程的目的是"发展对飞机和装备的行为、可能性和局限性进行分析的能力,这一点不同于性能的测试"。接下来的一年里,威廉·格哈特(William F. Gerhardt)和劳伦斯·科波尔(Lawrence V. Kerber),两人都在麦库克工作,他们通过密歇根大学工程研究系发布了飞行测试指南。这个广泛应用的指南为制造和研究的测试提供了详细的计划和程序,尽管稳定性和操纵的测试是完全定性的并且主要依赖于对飞行员的观察及其意见。在 1929 年,通过一个信息公告知道,空军主要采用了兰利基地的方法来测量作为速度的函数的升降舵偏转角和杆力,这种发展无助于直接解决飞行品质的问题,但是,专业化水平的提高,有助于飞行共同体的飞行品质问题意识的增强和知识的增长。[⑲]

　　到 20 世纪 30 年代初期,在兰利的飞行研究工作又转回到了与飞行品质紧密相关的论题上。除了已经提到的对 Doyle O-2 的动稳定性的研究之外,还包括了在航天局的要求指引下下对三架海军双翼机机动性的比较测量。这项研究实际上延伸了 20 世纪 20 年代早期诺顿和布朗的研究,并且使用了在那一时期兰利基地开发的记录仪器。然而,新仪器的发展一直没有停止,动稳定性的工作产生了新的迎角记录器。兰利团队也在 Fairchild 22 轻型单翼机上对各式各样的横向操纵设备的效力进行了深入细致的飞行测量。试验方法,特别包括特殊设计的一系列标准机动动作,"被工业广泛模仿"。对于现在关注的问题来说最重要的是,这些飞行研究为飞行品质领域深入研究提供了有价值的经验和学问。[50]

　　所得经验关键的一部分就是形成了一个由工程师和飞行员共同组成的情投意合的小团队。这绝不仅仅意味着简单的合作。飞行员和飞机一起构成了一个独立的动力学系统,这个系统具有反馈回路,通过飞行员对驾驶舱操纵装置的感觉再加上来自于仪器仪表和飞行器方向与加速度的提示而反馈给飞行员。用控制理论的术语来说,飞行员是这个闭环系统的一个动力学部分,而且他(或她)自己的感官也是如此。另一方面,工程师则从外部审视该系统,并且倾向于把注意力集中到飞机上,系统的这一部分是能够设计出来的。结果是,20 世纪 30 年代的工程师们都倾向于把飞机看作是一个开环系统(open - loop system,即使他们不用这样的术语),其中飞行员被看做是提供或多或少的某种准静力作用的外在力量(动因)。专注于用力矩曲线斜率来鉴定纵向稳定性就反映了这种观点。这里的差别只是一种观点上的差别,而不是飞行员—飞机的实在的差别,它已经导致了并且还会继续导致飞行员和工程师之间的微妙和令人烦恼的差别,这种差别不仅仅是在如何定义问题和如何试图找到解决方法方面,而且还有心理上和语言上的差别。

　　兰利团队学习去超越这样差别,20 世纪 30 年代早期在一起工作的飞行员威廉·麦卡沃伊和麦尔文·高夫(Melvin N. Gough)以及工程师哈特利·苏莱(Harrley A. Soulé)和佛洛伊德·汤普森(Floyd L. Thompson)(再加上后来加入团队的其他一些人)学习理解彼此观点并把这些观点综合成一种本质上共通的方法。在这样做的过程中,他们使自己转变成研究型飞行员和飞行研究工程师。这个过程可能是无意识的过程,是出自于工作的需要自然地发生的。随着一些仪表工程师如霍华德·基施鲍姆(Howard W. Kirschbaum)等的加入,这给了兰利团队

[76]

很大的潜能去认真地解决飞行品质问题。

毋庸置疑这个问题亟待解决,20 世纪 30 年代中期飞机的实践状况,虽然有些许成功,但并不总是令人满意。有些显示出合适的飞行品质,有些却不是这样。以下三段引文说明了这种情况。

(1)1935 年,泛美航空公司用大获成功的马丁 M – 130(Martin M – 130)四引擎飞行器在太平洋上实现了最早越洋商业飞行。13 年后,泛美航空公司的资深飞行员弗劳尔在航空科学研究院年会上的关于"飞行操纵特性"专题讨论会上有如下坦言:

飞行器有很重的控制力,因此后果就是它的飞行特性遭受到损害。当安排我们持续 24 小时操纵飞机横越太平洋飞行时,我们马上就提出了批评。我会让你明白,我们不能这样做! 因为 M – 130 飞机经过 10 ~ 12 小时的飞行后,为了让机组人员精力得到恢复,停一停是必需的。㉑

[77]   (2)在 1939 年 7 月 12 日,查尔斯·林德伯格(Charles A. Lindbergh)驾驶塞维尔斯基 P – 35(Seversky P – 35)歼击机从华盛顿开往兰利基地。这架飞机是在 1935—1936 年间的设计,直到 1939 年才在空军正式服役,林德伯格在他的日记中对起飞和降落的情况描述如下:

我一打开油门,加载在驾驶杆的压力就变得异常大。我不得不用比惯用压力大好几倍的力向前推动降落杆,但飞机好像还是猛然升到空中。当我能分神几分钟的时候,我向下看稳定调节器的校正情况,发现我已经把它设定在象限仪中心,其实中和点是在它前方稍远一点的位置。我轻微的移动它,加载在驾驶杆上的力瞬间消失了——罕见的灵敏度。当然我有过失,但这真是一架具有太高灵敏平衡的飞机了! 必须要非常小心谨慎地监视她训练她和掌控她——那里没有一点保留的余地。

当我到达兰利基地时，基地活动繁多……我在得到着陆许可之前盘旋飞行了多圈……我降下了起落架和副翼，并感觉到我好像被置于针尖上的平衡状态，如果我让自己在某一瞬间放松警惕，很快就会在任一方向迅速地跌落下来。我想起一位机长的话，"每次让 P - 35 机降落都是绝技"。保险起见，我让发动机快速空转，而且让轮子首先着地（两支点降落法）。这架飞机为了一项任务徐徐地着陆了……但是一直到我停止了发动机的转动，升起了副翼，并且转入向前的跑道之时，我一点都不感到轻松。[32]

（3）1941 年 4 月，海军上校罗伯特·哈彻（Robert S. Hatcher），一位在美国首都华盛顿的海军航空局的官员，回答了航空局首脑关于所发布的飞行品质规范的适当性的询问。在官方内部交流的铅笔写的备忘录中，哈彻上校不拘礼节地做了坦率的回应，这在多数官方文件中是很少出现的：

目前，我们简单地认定飞机在所有方面都是完善的，我们希望把何种程度的稳定性、可操纵性、机动性和控制力这些问题交给承包商去猜测，他们会尽其所能去做，然后就开始制造尾翼、副翼等，直到我们说满意为止。[33]

不能令人满意的飞机特性很显然部分是因为设计者无能为力去设计我们所需要的东西。正如哈彻的备忘录所指出的，什么是所需要的我们远未弄清楚。

到了 20 世纪 30 年代中期，那时的设计师们学习按照飞行员感觉到的可测的量将稳定性与操纵性联系在一起。升降舵偏转角和杆力的评判标准很少被设计师应用，设计者偏爱力矩曲线斜率。然而，不论评判标准是什么，航空共同体赞同，一定程度的固有稳定性是需要的。同时，飞行研究工程师和研究型飞行员开始提升专业能力。由于一起工作，他们彼此了解广泛领域内的稳定性与操纵问题。有了

[78]

精密可靠的仪器就可以在飞行中连续记录所需数据。尽管这里我们没有深入研究这一问题的理由,大量的关于如何设计出特定的稳定性和操纵水平的风洞测试工作也对这一意识的普及做出了贡献。为解决飞行品质问题所要求的基本分析理解和实践的能力因此诞生了。尽管如此,在设计中所有方面都远未达到完善的程度。两位飞行品质专家在 1956 年的时候回顾道:"有好的飞机和坏的飞机,飞行员的意见就可造就或毁掉一部机器,而设计者却不明所以。"[54] 所以对于协同一致地解决稳定性、操纵、飞行品质问题来说,方法和需求同样存在。

关于 1923 年的情况,许多都已经做了说明,现在还要再讲一讲。在那时,多亏有兰利基地的工作,必要的基本原理掌握在手中,而且大部分被付诸实践。我们也许有理由问,为什么 12 个年头过去了,航空学共同体没有试图开始下一个逻辑步骤呢? 答案出现在当时题为"关于气动力学研究的结果及它们在飞机建造中应用"(On the Results of Aerodynamic Research and Their Application to Aircraft Construction)的演讲稿中,该讲稿是 1936 年 10 月 13 日由加州理工学院的教授米利肯提交给利连索尔协会(Lilienthal – Gesellschaft)的。米利肯对他的德国听众介绍关于稳定性和操纵性这一部分时说:"在过去的一年里,飞机的性能,特别是商务机的性能或多或少变得稳定了,结果是对稳定性和可操纵性问题兴趣日益增加。"[55] 也就是说,飞机的操纵在某种意义上说是次于航速、最大航程、最大飞行高度、运载能力,这些通常合在一起归在术语性能之下。当然,作为一个必不可少的限制条件,飞机必须能够让飞行员合理地并且安全地驾驶飞行,它的效用关键依靠飞机的另外一些属性。在 20 世纪 20 年代末和 30 年代初,出现了推动这些领域进步的巨大的潜在力量,因此研究者和设计者集中了他们的注意力。这些努力在流线型、金属构造的飞机构型方面结出了硕果,最杰出的范例就是 1933 年到 1936 年的道格拉斯 DC – 1、DC – 2、DC – 3 飞机。只有当获得的性能至少部分地被认识到是同稳定性和操纵性问题相关时才能变成优势。同样的情形出现更早,在 1914—1918 年间战争的压力下发生的性能的提高,由于 1919—1923 年的兰利基地对稳定性和操纵问题的研究工作而得到继续和深入的发展。在这两种情形中,智力和实

践资源都是有限的,首要的事必须放在第一位,这就是说,面对有限的资源,工程装 　[79]
置的目的在工程知识中处于优先地位。[56]

规范的确定(1936—1943)

　　随着对稳定性和操纵性的兴趣的增加,飞行品质规范成为明确的关注点。工
作有意致力于始于 1935—1936 年的问题,一开始兰利基地、联合航空公司(United
Airlines)和道格拉斯飞机公司或多或少是各自独立进行的。接下来的持续的而且
是很快相关的努力产生了 1942—1943 年飞行品质的规范。

　　兰利基地的最初工作集中在纵向动稳定性和飞行员对飞行品质的评价关系
上。在发表于 1936 年的研究(也许研究在早一两年就开始了,因为兰利基地的人
们自己发现需要这样的研究)中,苏莱和他的合作者仔细测量了八架单引擎飞机
长周期振荡的周期和阻尼(damping),测试机型从 1400 磅的民用单翼机变化到重
达 6000 磅的军用双翼机。接着,他们尝试将这些定量结果和由两位飞行员对扰动
气流中总"刚度"、杆力与运动、纵向运动的定性排序等级关联起来。研究者希望
这种相关性能提供设计所需的动稳定性程度指标,但结果却没有实现他们的愿望。
令苏莱奇怪的是,飞行员对飞行品质的一定意见范围似乎与动态性质的一定范围
是完全无关的。他不得不做出这样的结论,"由长周期振荡的周期和阻尼来界定
的纵向动稳定性的特点,对于飞行员来说是不明显的,因而,不能作为处理飞机特
性的指标"。[57]

　　至少在飞行品质方面,兰利基地的工作就这样带着疑问开始了长达 25 年的对
长周期振荡的研究。第二年(1937 年),兰利基地的一位理论专家罗伯特·琼斯
(Robert T. Jones)在写给《航空科学杂志》(Journal of Aeronautical Science)的编辑的
一封信中深入探讨了此事。琼斯的信回应了前面引用的梅特卡夫在 1936 年的文
章,他在其中只讨论了长周期模式。琼斯引用苏莱的结果,暗示由梅特卡夫以及在
他之前的大多数理论学家所提出的无法解除的短周期模式可能是错的。特别是,

[80]

图 3 - 4　道格拉斯 DC-4E 运输机,该机于 1938 年该首次试飞。(资料来源:
联合航空公司)

这一模式有着极短的周期和强阻尼,这意味着"要用机构的有效约束来对抗飞机
在强风中的运动。如果我们希望有更实用的动力学理论……来分析和预测操纵响
应和阵风中的运动,就不能忽视在这些问题中具有首要重要性的这一因素"。其
他几位研究者也就此达成了共识,苏莱本人也曾评论说,在扰动气流中短周期模式
和行为之间的可能关系"也许应该加以研究"。实际上,这一关系将被证明是飞行
品质的一个重要关系。^㉛

不过,促进飞行品质研究主要的因素是为道格拉斯 DC-4E 运输机(图 3 - 4)准
备一套规范。1936 年 3 月,由联合航空公司牵头,五家美国航空公司联合向圣莫
尼卡的道格拉斯飞机公司订购 DC-4E。该机是道格拉斯公司第一次尝试的四引
擎机,本打算作为当时正在使用的双引擎运输机增容的后续产品,但最终没有被采
用。该机的规范源自联合航空在扩大需求上的考虑,以及在 1935 年为公司进行的
一项研究,该研究是由麻省理工学院的亨塞克和联合飞机制造公司的乔治·米德
(George J. Mead)领导的公司外团队共同进行。公司同年晚些时候还聘请了沃纳
(现为咨询工程师),对三家飞机制造商关于该研究所示的那类设计的提案进行评
估。^㉜最终提交给道格拉斯公司的规范成为了沃纳工作的一部分,它由其他四家航
空公司合力草拟并在 1936 年获得通过。像大多数的飞机规范一样,它们包括对飞
机性能的要求以及通常关于强度、工艺、舱室布置等的详细规定。可是,它们纳入
了飞行品质的章节超出了一般的规范。^㉝

[81]

　　飞行品质的章节显然是由沃纳提出和执笔的,可能体现了美国(也可能在世界上)为新设计制定这种要求的第一次尝试。不过,规范背后的想法比其他普通规范背后的想法更为深入。他们第一次体现出飞行员的主观看法可以通过设计师的客观规范来实现的想法。这一想法在以前并不明显。然而,沃纳并非唯一有这种想法的人。根据弗劳尔的说法,前面提到的泛美航空公司飞行员他的同事哈罗德·格雷(Harold Gray)在同一时期根据其公司在 M－130 上的经验就已经提出了类似的一套标准(虽然不是针对特定设计)。[61]其他人很可能也有同样的想法。虽然这一想法看起来是新的,但它是航空共同体在稳定性、操纵性和飞行员反应方面所得信息的逻辑产物。当然,它是否是可行仍有待了解。

　　用沃纳的话来说,道格拉斯公司的飞行品质规范旨在"提供一架本身就具有卓越的飞行品质特性,且适合于运输业所有用途的飞机,其中包括拥有足够的稳定性、对操纵装置具有响应、没有反常或突然的行为变化,并且基本能令飞行员满意"。考虑到当时的知识状态,这一目标的不凡抱负可由更进一步的陈述来加以说明,"在建造这一飞机时,有可能可以积累与飞行品质测试问题有关的信息,并可能超出任一现有的信息"。然而,"可能性"并未完全描述出这些情形。如我们将看到的,沃纳同时也在致力于推动这样的积累。根据 NACA 稍后的报告,沃纳为了得到他的规范,咨询了"相当多的航空公司飞行员,运营和制造公司的相关工程师,以及包括 N. A. C. A. 成员在内研究人员"。不幸的是,这一咨询记录似乎没有被保存下来。[62]

　　规范相当的详细,但由于缺乏知识而在限定条件上有所限制。它们就各种飞行速度、载荷分布,以及在襟翼和起落架伸缩的情况下讨论了纵向和横向特性。关于纵向特性,规范要求松杆和握杆的定性静稳定性(如负杆力和升降舵偏转角的梯度各自所表明的那样)。不过,它们规定稳定性的程度应该是"低"的。为了避免过度杆力,沃纳还设置了杆力梯度绝对值的定量上限(负数的绝对值就是删除负号后的数值)。在上述各项中,他没有提到力矩曲线斜率。关于纵向动稳定性,沃纳同意当时把定量要求着眼于长周期振荡的阻尼和周期上的看法,他没有提到短周期。关于在机动飞行中升降舵的有效性,规范要求升降舵应能在低速范围中

[82]

图 3- 5　沃纳（1894—1958）（资料来源：National Air and Space Museum, Smithsonian Institution. ）

用 1. 5 秒使飞机倾斜角度上升或下降 5°，以及这样做或使飞机在 140mph 下倾斜 45°所需的杆力不应超过 75 磅。在定常水平转弯中倾斜飞机要使机翼升力朝内弯处倾斜。为了维持平衡重量所需的垂直分量，就同时要求加大升力。在稳定的飞机上，这一增加就要求升降舵向上偏转并推动驾驶杆。

　　沃纳的规范毫无疑问比由现有知识支撑的规范更加详细。当然，如我们所看到的，他们以从未有过的方式使注意力集中在飞行品质上。这一论题成为了当时重要的关注，这一点可由这样的事实来加以说明，在做出前面所引的陈述后，米利肯在他与利连索尔学会的谈话中对沃纳的规范继续做了大量的报道。[33]

　　如上文所暗示的，沃纳（图 3-5）在许多方面都产生了影响。1926 年他辞去麻省理工学院的职位，其后做了三年的海军航空首席秘书助理，五年的《航空学》（Aviation）杂志编辑和一年的联邦航空委员会（Federal Aviation Commission）副主席。他还是从 1929 – 1945 年 NACA 主要委员会成员，以及 1919 – 1941 年 NACA 气动力学委员会（NACA Committee on Aerodynamics）成员，并在 1935 年担任该委员会的主席。最后的职位使他对 NACA 的飞行品质研究起了关键的影响，其实他在与联合航空及道格拉斯公司咨询中就已经敏锐地意识到飞行品质研究的重要性。[64]

在沃纳强有力领导的推动下,气动力学委员会于 1935 年 11 月 9 日,发布了兰利实验室的官方研究授权书,题为"大型运输机操纵性要求的初步研究"(Preliminary Study of Control Requirements for Large Transport Airplanes)。这一授权的目的是为了"获得决定大型运输机飞行品质要求的数据,尤其是在机动性和稳定性方面,并逐步发展出测试这些品质的技术"。在接下来的研究中,沃纳充当了航空公司、飞机工业与兰利基地(他会定期巡视)的 NACA 研究共同体之间的某种实际意义的联系纽带。他为休·埃特肯所谓的社会子系统(或共同体)之间的"翻译者"提供了标准的范例。埃特肯认为这样的人起到了关键的作用,他们把"在一个共同体内产生的信息转换成其他共同体的参与者可理解的形式,并组织起他们之间的资源流动"。[65] [84]

尽管有沃纳的推动,但委员会给予兰利基地研究者的权力只是让他们积极地朝着其研究想要使他们继续的方向努力。如苏莱和他的直属上司汤普森在 1936 年春所规划的那样,所需的计划由三个步骤组成:(1)初步识别出能够用来在定量上规定飞行品质,而且能够在飞行中得到合理测量的要素,再加上这一测量程序的概要;(2)测试一或两架飞机来评估这一计划的可行性;(3)积累数据和飞行员对现有飞机的意见,以为将来设计的定量规范提供基础。他们料想,第二和第三个步骤的经验将会要求修正第一步所规定的要求和程序。[66]

为做到第一步,汤普森在 1936 年夏天期间制订了一份名为"大型多引擎飞机飞行品质的建议要求"(Suggested Requirements for Flying Qualities of Large Multi-Engined Airplanes)的计划表。他的这些要求在很多方面仿照沃纳的要求,因为沃纳的规范对于汤普森来说是适用的。然而,汤普森的要求在某些方面还是有所不同,而且大体上没有那么详细。没那么详细的原因在于沃纳的要求是针对特定飞机,相反汤普森的要求则是打算作为广泛研究的基础。在准备他的计划表时,汤普森只限于那些能够由 NACA 现有仪器或者很容易设计和开发的仪器可测量的要素。至于纵向要求,汤普森像沃纳一样,需要定常飞行中握杆和松杆稳定性,但略

[85]

图 3-6　兰利基地用于测试的斯廷森 SR－8E 飞机［资料来源：H. A. Soule，
"Preliminary Investigation of Flying Qualities of Airplanes," Report No. 700，NACA，
Washington，D. C.，1940，fig. 2（a）.］

去了沃纳关于稳定性程度应当是小的规定。虽然他还略去了沃纳为杆力梯度绝对
值设定的定量上限，但他引入一个更低的范围以确保控制力至少足以克服操纵系
统中的摩擦力。令人奇怪的是，尽管苏莱不久前对长周期振荡的重要性有了一些
负面的发现，但汤普森仍继续为那一模式的周期和阻尼设置要求，而没有提及短周
期。也许兰利基地的人们还没有意识到他们的发现结果所隐含的意义，或者可能
是很难消除旧的习惯。同沃纳工作的最显著的差别出现在机动飞行中的杆力要求
上，对这一性质还没有普遍认可的标准。在沃纳为倾斜转弯所需杆力设定出上限
的地方，汤普森则从一个规定的俯冲中为拉杆所必需的杆力设定了上限和下限，此
时使用的机翼升力为结构上的最大设计值0.8。汤普森基本上把他的计划表看作
是一个思想演练，以"澄清哪些条项是重要，并表明对各条项而言在哪里缺少定量
值的数据"。他在计划表中附加了"总计划测试"，其中概述了检验是否遵照要求
所需的飞行程序（flight routines）。[67]

　　下一步是在飞行中评价来这些要求和程序。为此，苏莱亲自监督了测试，他用
了斯廷森 SR－8E（Stinson SR－8E）单引擎高单翼机（图 3-6），该机属于 NACA 且
易于获得。至于飞机不是大型多引擎飞行器并没有关系，因为测试是只打算确保
汤姆森计划表中的条项能得到精确测量，以及它们与预定的飞行品质是相关的。
研究者使用了两组可供选择的仪器：（1）NACA 自身的记录仪，记录控制力的杆式

感应器则由一个适合于斯廷森操纵轮的装置所替代;(2)通常运输机上都有的标
准指示仪(加上秒表、针对操纵装置的适当的力与位置指示仪)。标准仪器组合在
飞机仪表板上,由一个小型的运动摄影机来拍摄。这组装置表明,那些想测量飞行
品质但没有 NACA 仪器的飞机制造商和其他机构也可以进行测试。在 1936—
1937 年冬,测试在超过三个月的时间里进行了大约 20 小时的飞行。苏莱在 1937
年 9 月报告了测试结果,并在美国飞行器共同体内有限发行。[⑧]

苏莱的报告按顺序接纳了汤普森提议的 17 个要求,8 个是纵向品质要求,9 个
是横向品质要求。在每一情形下,他列出了要求(通常有许多细分),展示相关的
飞行程序,并描述和讨论了结果。为了帮助其他可能想做同样的测试的人,他也描
述了试验中遇到的困难。例如,在拍摄秒表时出现的问题是由于一个不清楚的仪
表盘,这是因为"白脸是带着黑面具而不是黑脸带着白面具"。这样琐碎的事情可
能是物理测量中成败的关键。苏莱得出的结论是,汤普森的要求列表只需做极小
的修改就可以作为测试其他飞机的基础,并且"飞行品质的初步计划表和飞行测
试基本上是令人满意的"。所建议的极少修改包括删除长周期振荡的阻尼(而非
周期)条件。对动稳定性的重新评估使进展相当缓慢。[⑧]

关于苏莱报告的一个间接说明极有启发。1938 年 2 月,东哈特福德(East
Hardford)的钱斯 - 沃特飞机公司(Chance Vought Aircraft)工程师收到了这个报告,
他们对在水平尾翼固定部分的不同角度配置下,升降舵偏转角与速度的关系曲线
在表面上的不一致感到困惑。钱斯 - 沃特公司的麦卡锡(C. J. McCarthy)写信询
问,NACA 假定的"升降舵偏转角"是否是根据操纵轮的位置来评定的(从报告来
看,这点在任一方面都不清楚)。如果是这样,就可以基于连接操纵轮和升降舵的
电缆拉伸来解释这一不一致,可以料想这样的拉伸有可能随操纵轮进而是升降舵
偏转角而变化,而这一变化可能会影响名义上的升降舵偏转角曲线形状。在苏莱
转到风洞的研究后不久,一位年轻的工程师罗伯特·吉尔鲁斯(Robert R. Gilruth)
接管了飞行品质计划,他在外加静载下测量了拉伸状况,认为钱斯 - 沃特工程师的
推测事实上是正确的。不受限制获得的苏莱报告版本在 1940 年发表,它提出了表

[87]　　面的升降舵偏转角和实际的升降舵偏转角,前者是在操纵轮上测量得到的,影响了飞行员关于稳定性的印象,后者(更确切地说,前述数值做了电缆拉伸的校正)揭示了真正的稳定性。在后来的飞机测试中,升降舵偏转角直接在升降舵上来测量。回想起来,这样的事情看起来是显而易见的,但它们必须以某种方式才能被认识到。①

　　随着在斯廷森 SR – 8E 飞机上的成功,兰利团队渴望在更大型的多引擎飞机上尝试他们的仪表设备和方法。为此,NACA 在 1937 年中期筹到了为期两个月的贷款来测试马丁 B – 10B 双引擎轰炸机。飞行测试在 6 月进行,当时苏莱正在准备关于斯廷森的报告,汤普森在稍后的备忘录中总结了这一结果。如斯廷森 SR – 8E 一样,计划表中的飞行品质和飞行程序令人满意地通过了测试,汤普森认为"这一程序已经相当地完善"。吉尔鲁斯写了一份完工报告,在 1938 年 1 月以机密的形式交给了陆军航空队。②

　　沃纳在气动力学委员会担任主席期间,很快听说了两家航空公司的研究结果。虽然测试主要是评估 NACA 的技术,但定量结果促使他重新考虑最初关于 DC – 4E 的规范。为了帮助指导继初次飞行后始于 1938 年 6 月 7 日的飞机测试,沃纳在 7 月修改了规范以"指出什么看起来是合乎需要的,并且是在目前技术状态下可合理获得的"。在整个修改中,他删去了原稿中许多的限定条件。他依照 NACA 的结果改变了一些定量范围,在不同程度重写了一些要求,并解释了在每一情形下他为什么这么做。例如,关于杆力梯度,他增加了由汤普森建议的下限来为摩擦力留下余地。对于机动飞行中所需的杆力,沃纳接受了汤普森的观点但在细节上有所不同,他在倾斜转弯方面放弃了相关要求,并用获得额定载荷拉杆所需的力的限制来取代这一要求。然而,由于军方的保密级别他不能引用 B – 10B 中的研究结果,但他通过诉诸斯廷森 SR – 8E 的结果来为许多修改提供了证据。正如沃纳在敦促 NACA 的工作中所预想的那样,在他的最初规范下指导的研究反馈到了规范的改进中。如斯蒂芬·克兰(Stephen Kline)所强调的,这种在研究和实践中的反复的相互作用是工程知识发展中的一个基本特征。②

兰利团队不仅研究了飞机也研究了飞行员,虽然后一工作并不是核心计划的一部
分。在 1936 年早期,甚至在飞行品质研究工作开始进行之前,高夫和保罗·比尔
德(A. Paul Beard)就写了一篇题为"施力于飞机操纵装置中的飞行员局限性"
(Limitations of the Pilot in Applying Forces in Airplane Controls)的报告。比尔德是一
名工程师,高夫则是高级试飞员并在飞行品质计划中发挥了关键作用(虽然高夫
拥有工程学学位,但他的观点主要是基于飞行员的角度)。高夫和比尔德建造了
一个具有代表性的驾驶舱,在那里操纵杆和方向舵脚蹬可根据座椅来相应调整,并
可以对飞行员施加的最大力进行测量。这个驾驶舱还能旋转,因此可以在飞行员
上方、侧面和下方进行测试。除了定量结果的曲线图外,报告包括了一般结论,如
"拉升降舵的力比推升降舵的力大","对于飞行员所施加的同等力,作用于副翼、
升降舵和方向舵所需的力的比率应大体上为 1∶3∶10"。次年,也是高级试飞员的
麦卡沃伊将研究结果拓展到轮式操纵装置上。这些研究的结果帮助确立了飞行品
质要求所需的控制力范围。[73]

　　几个不太重要的事件加在一起还说明了工程研究人员的一般作用:(1)1937
年 10 月 7 日,高夫在航空母舰"约克城"号(Yorktown)上对两个中队的飞行员做
了一个关于"从飞行员角度看现代飞机的驾驶特点"(The handling Characteristics of
Modern Airplanes from the Pilot's Standpoint)的演讲。借鉴 NACA 的累积研究经验,
他告诫海军飞行员,从飞机到高性能低单翼机这一即将到来的转变中他们可能遇
到的飞行品质问题。(2)1938 年 3 月,现今在航空商务局(Bureau of Air
Commerce)的劳伦斯·克贝尔(Lawrence Kerber),就 1937 年末兰利基地进行的道
格拉斯 DC－3 飞机的失速(stalling)测试给 NACA 写了一封信。克贝尔在信中提
出了关于失速行为和纵向稳定性之间的关系的一般问题。苏莱准备了一个详细的
回复,基于兰利的飞行品质经验回答了一些问题,并说其他的问题"正是如今在研
究的问题"。(3)这个月的晚些时候,海军航空局的迪尔参观了兰利基地,询问了
研究者对暂定的飞行品质规范的意见,航空局准备让联合飞机公司根据这一规范
来建造一架四引擎水上飞机。在沃纳为 DC－4E 制定出规范后,海军中校迪尔为

这些规范做了建模。在答复中,苏莱和汤普森基于他们在斯廷森和 B－10B 上的经验做了评论并介绍了其中的变化。他们(特别)质疑迪尔对长周期动态运动的完全稳定性要求。[34]

[89]　　　这些发生的事情说明工程研究通常是如何在实际需求的情境下发生的。由于需求通常是不能坐等的,在知识仍处于形成阶段时,通常要求研究工程师们给出建议。这样做就要求他们做出清晰的说明,有时要改变和完善正在发展的观点。工程知识在建议者和使用者之间的富有建设性的交流是学习过程中的一个基本因素。它形成了上述提及的研究和实践之间交互式相互作用的另一方面。

　　　兰利研究团队在继斯廷森和 B－10B 的成功后,继续进行计划的第三步——收集数据和对大量现有飞机的看法。从 1938 年到 1941 年初,当吉尔鲁斯准备总报告的时候,16 架飞机接受了全面测试,还对许多其他飞机也做了部分的研究。图 3-7 展示了 15 架接受全面测试的飞机,从总重 65000 磅的波音 XB－1565 四引擎机(第一个)到两架总重 1000 磅的小型单引擎机(第 14、15 个)。大部分飞机来自军方,但有一些是应民用航空局的要求由私人公司提供的。偶尔会有一架飞机为了解决一些具体的气动力学问题被送到兰利基地,在问题得到解决后,就有机会对飞行品质进行一般测试。测试遵循了由斯廷森和 B－10B 所证明的程序,并根据可从经验中获得的进展与改进来做了修改。使用的测试设备是 NACA 的记录装置,它们也在发展和改进,如有更长的记录时间以及用于测量迎角和偏离角的新仪器。[35]在整个计划中,横向飞行品质(我没有深入研究)在概念和试验上被证明比纵向品质更难于处理。

　　　有趣的是,1938 年批准的第二个研究只涵盖了第三个步骤中所提到的"各种飞机",而 1935 年批准的最初研究题目提到的则是"大型运输飞机"(汤普森计划表中提到的是"大型多引擎机")。[36]这就引出了问题,即人们是否在一开始就期望同样的标准可适用于所有类型的飞机,还是根本没有这样说过? 或他们在测试过程中拓展了他们的想法吗? 例如,在两个不相似的飞机像斯廷森和 B－10B 上得到的结果是不是使他们看到了做出进一步概括的可能性?

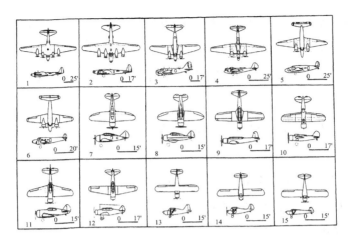

[90]

图 3-7　1938—1941 年进行测试的飞机素描。这些飞机并未在 NACA 的报告中加以确认,但差不多可以作出如下判断:1. boeing XB－15;2. Boeing B－17;3. Douglas B－18;4. Martin B－18;5. Lockheed 14－H;6. Lockheed 12－A;7. Republic P－43;8. Seversky P－35;9. Vought -Sikorsky SB2U－1;10. Brewster XSBA－11;Curtiss P－36;12. North American BT－9B;13. Stinson 105;14. Aeronca 65－C;15. Taylorcragt BC－65. From R. R. Gilruth and M. D. White,"Analysis and Prediction of Longitudinal Stability of Airplanes," Report No. 711,NACA, Washington, D. C. ,1941, fig. 1.

在这点上我没能找到证据。当然,无论何时出现这一想法都必须在实践中加以检验。图 3-7 中各种类型的飞机(每一类型的例子不止一个)说明了研究者就是这样做的。照事情的结果来看,飞行品质可以被看做是一个可获得广泛适用性的规范的一般问题。在工程知识中,就像在所有的知识中一样,思想的概括通常都发生在知识增长的过程中。⑰

[91]

　　兰利的飞行品质团队从小的起点开始,在测试阶段中迅速成长。莫里斯·怀特(Maurice D. White)在 1938 年 6 月加入到吉尔鲁斯的工作中并组建起工程师团队,他记得到了 1941 年,全职人员已经增加到有六名工程师,三四名试飞员、两三名仪器专家和一些可以让飞机飞起来的操作人员。对仪器发展的支持也来自实验室的一般测试团队。据怀特说,吉尔鲁斯几乎"掌控了全局"并且记录了全部的图片。对许多单个问题的解答来自"战壕中的人们",他们专注于手头的工作没有机会了解整个的计划。管理部门很少在细节上进行监督,不过生产率很高,而且都是自发的。像通常在任一学习过程中一样，发生了许多"处理不当和令人头痛的事情"。这一情形例示了，当天才的技术人员加入到他们认为是高难度的、有价值的任务中时，个人与团队的抱负和兴趣就会富有成效地融合在一起。这就是整体大于部分之和。

飞行员的观点来自工程师和飞行员之间未被记录的谈话，特别是吉尔鲁斯与该计划的首席飞行员高夫之间的谈话（正式的飞行员评估量表和方法在今天已成为标准，但在当时还没有被设计出来）。最后公布的要求建立在飞行员的判断的基础上，但这个一过程没有出现在记录中。吉尔鲁斯和高夫之间的职业关系由前者在一次采访中做了如下描述：

> 高夫对处理飞行品质非常感兴趣。虽然他对飞机为什么能做所做之事了解不多，但他知道他喜欢什么。他常常让我接着干，并向我展示飞机能做什么。当他碰上行为反常的飞机时，他说"我希望你马上来，因为我想让你看看它。也许你能告诉我你是如何校准它的"。因此我们在一起做了许多飞行。事实上我们甚至在单座机上飞过一次。我把脚放在一个脚蹬上，他则放在另一个上。

结合吉尔鲁斯的看法可得到这样的结论：吉尔鲁斯十分了解工程的标准，而高夫则了解自己及其飞行员同事的看法。

随着计划的推进，在一份保密级别的报告中出现了针对每架飞机的结果和分析。

[92]　吉尔鲁斯和高夫关于洛克希德 14－H 双引擎机（一架大众化的运输机，图3-7第五个）的报告是典型的。应航空安全局（Air Safety Board）的要求该飞机在1939年初进行测试，显示出其升降舵偏转角和控制力梯度虽然很小，但处于"正确的"（即稳定的）范围中。不过，从作者的观点来看，"纵向稳定性程度……在很多方面被认为是不够的。操纵位置和力的变化太小以致不能让飞行员看出速度的改变，尤其是在低速发动的时候"。低于一般阻尼的短周期振荡在动力学上也被

证明"在遭遇强风时是极其不受欢迎的"。这一振荡似乎来自飞机固有的俯仰运动与升降舵在其铰链周围的振荡运动之间的耦合(coupling)(来自作用于升降舵上的气动力与操纵系统灵活性的相互作用)。因为周期非常短(大概一秒钟),因而飞行员不能有效做出反应去控制这一运动。作者怀疑,14 - H 飞机起飞时由于撞击轮子而过早升空所导致的同类振荡,应当纳入到航空业中所报道的事故中去。除了关于特定飞机的报告外,高夫也对项目进展做了至少两次公开报告。在这两个报告中,他表达了与洛克希德公司的研究结果相一致的观点,即当前低单翼机的纵向静稳定性对飞行员的恰当"感觉"而言基本上是不足够的。[30]

到了 1941 年,累积的信息和经验使吉尔鲁斯能公布一组修正的要求。为获得他的结果,吉尔鲁斯复核了大量的飞行数据和飞行员意见,以了解何种测量特性是重要的。他还考虑了对飞机及其设计者来说什么是合理的。那一年的 4 月,要求以机密形式出版,不受限制发行则在 1943 年。作为第一份被普遍认可的飞行品质要求,该工作在这一领域中被奉为里程碑。这一要求基本提到了与汤普森和苏莱提及的相同条项,但形式上要更为简明,逻辑上更有条理,在具体内容上也有相当多的变化(参见下文)。45 年后,吉尔鲁斯回忆说:"我把那一想法概括成一组要求,使它简单明了且易于理解。这些要求又可以直接回到你所能设计的那些东西中。"由于大量的测试,现在确实可以为设计师制定定量范围。可是,一个看起来显著的结果即同样的要求可以应用到(只有极少的例外)现在所有型号和尺寸的飞机上,并没有被明确提到。如果任何人曾经对这一点有争论,现在看起来都被认为是理所当然的了。[31]

吉尔鲁斯的要求广泛涵盖了纵向稳定性和操纵(有七个子部分)、横向稳定性和操纵(九个子部分)以及失速特性。每一子部分通常分多个部分来规定一个要求,简单解释了这样做的原因,还简要讨论了实现设计必须考虑的因素。在纵向稳定性和操纵下,除了我曾提到三个基本子部分外(静稳定性、动稳定性和机动性),他为飞机起降中的升降舵操纵,发动机功率和襟翼的作用,纵向配平(trimming)装

[93]

置(在理想飞行速度上用来调整零杆力的气动装置)设置了要求。⑧如以往一样,我将只讨论三个子部分。为了更具描述性,吉尔鲁斯给它们都加了标题:(1)定常飞行中的升降舵操纵;(2)不可操纵的纵向运动;(3)加速飞行中的升降舵操纵。

(1)如在汤普森的初步计划表中那样,定常飞行中的升降舵操纵——升降舵偏转角梯度、杆力与速度的关系——都要求具有静稳定性(如为负值)。不过,吉尔鲁斯觉得更为定量化是合理的,虽然在其他地方的定量化多于在要求自身中。在1941年的一份单个出版物中(吉尔鲁斯曾在飞行品质要求中引用过),吉尔鲁斯和怀特考察了对纵向稳定性的分析和预测。在这个研究中,作者推荐了滑翔(如关闭发动机)飞行中降舵偏转角梯度绝对值的定量下限。根据飞行经验,可以料想得到高于这一下限的绝对值就能保证足够的静稳定性,而且飞行员感觉处于发动机开动的状况下,在这里动力作用倾向于不稳定。这一建议显然是由(尽管吉尔鲁斯和怀特没有这样说)现有飞机的不充分造成的,高夫在他的谈话中对此曾有所抱怨。至于杆力梯度绝对值,无论是要求还是吉尔鲁斯－怀特的报告都没有推荐飞行员能力范围内的控制力的上限。在该要求中,加速飞行(参见下文)中的升降舵要求被规定得更为严格。然而,为克服摩擦力和并使飞行员感觉合适,该要求确实包括了一个最小力的规定。其中一些定量要求陈述像在其他地方那样,并不太精确,如怀特所回忆的,毕竟数字和推论远未严格到足以交付发表。然而,吉尔鲁斯和其他研究人员与去兰利基地寻求特定设计建议的设计师们曾对此坦率地做过讨论。⑧

[94]　　(2)不可操纵的纵向运动要求(如动稳定性)同过去相比有了明显的突破。吉尔鲁斯完全不再考虑长周期振荡,原因在于苏莱1936年的研究结果表明它与飞行员的看法并不相关,而且"接下来的测试并没有改变这一结论"。⑧相反,他规定在松开升降舵时任一短周期振荡应当在一个周期后衰减至消失。

推测为何需要规定这种要求,至少要回到琼斯在1937年对阿瑟·梅特卡夫(Arthur Metcalf)论文的回应信。这件事证明琼斯对短周期模式重要性的看法是正确的,但其原因他在当时并未预见到。虽然这一事实在很大程度上未被注意到,不像静稳定性理论,动态运动理论几乎完全集中于固定操纵装置的研究。然而,兰利基地对包括洛克希德 14 – H 在内的许多飞机的测试都给出了明显的证据,表明严重的扰动气流振荡伴随着升降舵的不可操纵活动(又与操纵系统的弹性拉伸关联起来)。为了理解这个令人烦扰的行为,琼斯与多里斯·科恩(Doris Cohen)合作,把动稳定性理论拓展到自由操纵装置的详细研究上。研究结果作为吉尔鲁斯的保密报告于同年发表,揭示了两个而非一个短周期振荡,它们比升降舵固定下的单个短周期振荡模式要短。其中一个振荡有极短的周期和高阻尼,是所观察到的振荡中未被识别的。另一个振荡则有较长的周期,涉及由升降舵的抖动而增强的俯仰运动,可能会导致边缘阻尼或甚至是不稳定性。这一振荡与在飞行中所观察到的那些振荡相关,它与吉尔鲁斯要求所指出的方向相反(幸运的是,琼斯 – 科恩的分析还是指导了设计者如何去满足这些要求)。最终,短周期取代了长周期并成为设计师的关注的中心。这两种模式的重要性完全颠倒过来了。这一扭转的背景(即航空共同体被对长周期振荡的关注所蒙蔽的 25 年)提供了一个具有警戒性的例子,即对数学理论先入为主的、不加批判的使用会在实践误入歧途。标准的传统所导致的障碍必须大力消除。其后的研究表明,出于某种微妙的原因,完全不考虑长周期振荡并未得到真正的辩护,而且需要为该模式的阻尼设置最低要求。[65]

(3)为了详细规定加速(或机动)飞行中的升降舵操纵,吉尔鲁斯采纳了那一时期通用的标准:"每 g 驾驶杆力"(stick – force per g),g 表示重力加速度(参见下文)。这是知觉上的选择,从第二次世界大战时广泛的测试来看,它很快被证明在飞行员的意见中是最有意义的。这个标准似乎是由吉尔鲁斯和英国皇家航空研究院(Britain's Royal Aircraft Establishment)的西德尼·盖茨(Sidney B. Gates) 独立地、并且几乎是同时提出的。在吉尔鲁斯的要求中,他是在没有理论根据的情况下使用了这一标准,而盖茨则在 1942 年发表的报告中解释了他的推论。[66]

盖茨的论证基于精致的理论推导,大致可归结如下:逻辑上可以认为,机动性标准是飞行员的动作与随之得到的机动飞行的重要效果之间的某一比率。盖茨考虑了一些替代性的选择。对于飞行员的动作,他赞同使用杆力(习惯上用磅来表

[95]

示），"因为飞行员的力量是对于机动性和安全性是至为重要"。[⑮]至于效果，他采用了简单的曲线机动飞行中如稳定转弯或小角度俯冲时拉起中的法向加速度（normal acceleration，垂直于航迹方向的加速度）。法向加速度是重要的，因为正是这一朝着航迹曲率中心的加速度导致了航迹偏离直线。这样的加速度源于机翼升力的增加，并因此受制于机翼所能承受的最大负载，这同时与飞行器的结构强度相关。飞行过程中的加速度习惯上以重力加速度 g 的倍数来作为量度，即垂直加速度指的是物体在真空中机体自由下落的速度。[⑯]杆力与随之得到的 g 倍加速度的比率——每 g 驾驶杆力——对于机动性来说是一个合理的标准。尽管它是从简单的稳定状态下的机动飞行中推导得到的，但它具有普遍的最终形式的优点。与沃纳和汤普森只就特定的飞行程序来规定的标准不同，该标准在一般语境下仍然有意义。

吉尔鲁斯很好地应用了新的标准。为了避免大量操纵和飞行员的疲倦，他在测试的基础上，规定战斗机类的飞机在稳定转弯中每 g 驾驶杆力不低于 6 磅。对于不需要持续机动飞行的轰炸机和运输机，则允许高达 50 磅的杆力值。[⑰]他还在可比较的条件下，基于物理学的基础认为，定常飞行中的杆力要低于加速飞行中的杆力，这就必须单独为加速的情形设置上限。为避免两类飞机因为小的动作而导致不当结构过载，吉尔鲁斯增加了一个最重要的要求：要达到结构设计所能承受的最大 gs 值，就要求不低于 30 磅的稳定拉起（战斗机的值要高于轰炸机和运输机）。

[96]

今天的航空工程师对曾存在的任一机动性标准（除了每 g 驾驶杆力外），以及这种观点经历了如此长的时间来发展，感到吃惊。他们认为从表面看这些是显而易见的。然而，事实上航空共同体用了五年的时间才来抓住这个问题并找出答案。不管现在它看起来有多么的简单，解决这一问题无疑需要有能力研究它的人们进行大量的分析与试验。这显然就是第一章中斯特格纳用多普勒效应所做的那一类比。

前述三个子部分是典型的。在作为整体要求的方面，吉尔鲁斯写到，它们"有赖于那些对合理地安全、有效驾驶飞机而言至关重要的特性。它们尽可能朝着目

前设计方法所允许的理想特性方向发展。遵从规范就应当基于当前的标准来确保获得令人满意的飞行品质".⑩

　　吉尔鲁斯的要求很快吸引了众人的关注。在接到保密级别报告后不久,航空局的官员就前述提及的书面备忘录做了交流,商议改写他们现有的稳定性和操作性规范。对是否应该这样做在经过一段时间的分歧后,海军中校迪尔起草了一份"所有应当被纳入的 NACA 要求"的规范提议。多年后,吉尔鲁斯也回忆道,当英国接到他的报告时(当时和我们密切合作),英国人"认为这是一个了不起的报告,并专门派了一个代表团到美国就此和我进行了交谈。他们还用了我们许多的标准"。同样,美国的设计师认为这些要求是有用的。当时北美航空公司(North American Aviation)的设计工程师欧文·阿什克纳斯(Irving Ashkenas)写道:"设计者自己可以回忆起在 B‒25 副翼的尺寸制定上的问题……以及发现自己的问题可以用吉尔鲁斯令人满意的飞行品质要求来解决时是多么高兴。"可是接受这些要求也不是没有质疑。当时在沃特‒西科斯基飞机公司(Vought‒Sikorsky)(钱斯‒沃特公司的前身)工作的一位年轻工程师瓦尔德玛·布罗伊豪斯(Waldemar Breuhaus)记得他当时的部门领导保罗·贝克(Paul Baker)对着桌上迪尔的草案生气地说道,"读读看我们是否能够容忍它,如果用了它我们将要永远地忍受这该死的东西"。⑪

　　吉尔鲁斯的 NACA"要求"并不具备法定的效力。在海军航空局(1942 年)和 [97] 陆军航空部队(1943 年)把它们纳入其稳定性和操纵性规范时,要求中的许多要素才对军用飞机具有强制力。这些机构之前曾颁布过稳定性与操纵性规范,但这是第一次对飞行品质要求做出如此广泛的考虑。军方的规范互不相同,而且在组织和细节方面也与 NACA 要求不同,可是,他们遵照了吉尔鲁斯的方法,并且采纳了他的许多规定。比如,他们接受把短周期模式作为动稳定性的关注的重点,把每 g 驾驶杆力作为升降舵操纵的标准。⑫

　　政府监管部门制定的民用运输机条例较少受到吉尔鲁斯工作的影响。相对于军用飞机,机动性对于民用飞机显得不那么重要,因为前者的战斗性能也许要求做出具有迅速的攻击或躲避动作。因而,民用飞机通常只限于安全所必需的最小值,而飞行品质的细节则交由操作者和设计者来判断。例如,民用航空局1946年的适航性要求虽然相当强调接近失速速度时的纵向操纵,以及襟翼和起落架的伸展,但没有提到加速飞行中的每g驾驶杆力。航空公司可以而且确实为飞机制造商详细规定了非安全相关的飞行品质(就像沃纳以及航空公司为道格拉斯公司所做的那样),但这有待于他们来做出决定。⑧

这样到了20世纪40年代早期飞行品质问题尽管还未完全得到解决,但至少是定义明确的。从1918年就已认识到而定义不明确的问题开始的发展之路是漫长且复杂的。飞行员的主观倾向可以体现在客观设计要求中,这一看法本身是15年学习的结晶,它是通过产生出完成那一工作的系列要求而被确认的。从这开始,飞行品质问题在概念上就完全不同了。现在的研究工程师可以满怀信心地投入到完善和扩展在观念上是有用的规范要求的工作。同时,设计师越来越清楚地了解到什么是飞行品质以及致力于此的明确规范需要什么。当然,他们不一定能成功,了解如何就给定的要求去进行设计还有待进一步研究,例如,DC-4E上的控制力起初被证明是"过重的"。⑨然而,现在他们主要面对的问题是飞机设计(如均衡比例),而不是为谁设计。这样20世纪40年代早期就成为了飞行品质问题发展的一个转折点。贝克最后几段带有怀疑的陈述表明了那个时代的人们意识到正在发生着某些重要的、不可逆转的事情。

[98]

此后几年,飞行品质及其规范的研究工作大有进展。在第二次世界大战的压力下,兰利基地与NACA从1939年到1949年对所有类型的约60种飞机进行了测试。基于其中得到的经验以及后来的来源,军方定期修正他们的规范,以应付日益提高的飞机性能对飞行品质的影响,以及飞机构造和飞行员任务对飞行品质的改变。各种新的研究工具又促进了这一工作:(1)稳定性可变飞机,其响应特性可以就各种人—机互动的系统研究(依靠动力操纵系统和计算机电子器件)适时改变;(2)地面模拟装置,可在实验室中达到同样目标;(3)把飞机和飞行员作为一个动态的闭环系统进行概念化和分析,包括对飞行员的数学建模;(4)针对研究型飞行员和工程师的标准术语和定义,以及飞行员意见标准的定量化评级量表。在20世纪 40 年代晚期,布法罗科内尔航空实验室(Cornell Aeronautical Laboratory)和加利福尼亚州莫菲特基地(Moffett Field)的 NACA 埃姆斯航空实验室开创了稳定性可变飞机,该机具有极其罕见的影响。基于上述研究工具,军方的规范在范围上有了极大的扩展,在飞行阶段和遵从的可接受程度上也有极大的差别。四类飞机原来借助型号现在借助许多地方上的差别,还是可以区分出来。现在,改进仍在继续,飞行品质问题仍是很活跃的研究领域。⑤由工程师和飞行员共同体于 20 世纪 20 年代和 20 世纪 30 年代获得的最初规范指明了发展的方向。

规范,共同体与实践传统

飞行品质规范的叙述表明了工程师共同体是如何把一个未定型的定性设计问题转化为一个明确的定量问题。在这一意义上,我把前一个问题称之为"定义不明确的",后一个则为"定义明确的"。"定义不明确的"问题和规范使问题得到明确定义,但二者并不全都是同一类。

如果我们对 DC－4E 规范中的性能和飞行品质部分加以比较,情况就变得非常清晰了。前者以"性能保障"为标题,对如总重、有用负载、燃料性能以及在各种动力条件下的速度、爬升速度和最大飞行高度给出了定量要求。例如,对于所提到的最后一类的一般要求为:一架总重 54000 磅的飞机"应当能够"在 1000 英尺高度上和 1800 马力条件下以每小时 175 英里的速度航行。性能要求反映出联合航空和其他参与的航空公司有时在需求分歧上的折中。沃纳在解决这些分歧中起了重要而艰难的作用。当然,性能规范并不像飞行品质要求那样是他工作的重点。⑥　　　　[99]

性能规范像飞行品质规范一样,指引了道格拉斯的工程师面向什么设计,而如何达到规范要求这一问题则留给了设计师。通过指明方向,每一套规范都以定义明确的形式包含了最初定义不明确的目标。联合航空的总裁威廉·帕特森(William A. Patterson)和他的董事会在寻求一架四引擎机中开始了对性能规范的研究,该机能够解决 20 世纪 30 年代末出现的日益严重的交通问题而且将使公司

"以一定的成本开发乘客和特快业务,借此我们希望可以使我们比今天更少地依赖于某一特定收益来源"。⑰当然,这一飞机必须与公司路线结构中的航程和机场标高相匹配。联合航空的工作人员,亨塞克－米德研究小组,最后是沃纳和来自不同的合作航空公司的工程师们把这些定性的商业目标转化成定量的性能要求。这一过程需要咨询道格拉斯公司的工程师,吸取过去的经验,根据近期和预期的技术进步预测什么是可以合理期望的。就第一章所展示的设计层级来说,这一个过程属于"工程定义"。沃纳意识到了这一需要而且时机也已成熟,于是添加了飞行品质规范。如我们所看到的,他在这里还利用了现有的理解,包括他自己的和所咨询过的飞行员和工程师的理解。最后,两套规范在设备方面为设计师制定了定量要求。凭借最初的定义不明确的目标(一种情况是在商业上可行的飞机,另一种则是轻松、精确、自信的驾驶)得到了定义明确的客观手段,由这些手段组成的要求都是可实现的。只有假定规范要求实际上是可满足的,两套规范才有效用。这样的假定是所有工程实用规范得到系统表述的基础。⑱

[100]　　尽管有这些相似之处,但这两套规范还是有重要的差别。可在要求方面给出这些不同之处,性能规范给出了精确的数字(在某种功率和高度下以达到某种速度),飞行品质规范只设置了范围(每 g 驾驶杆力不可高于或少于某某值)。这一对照反映出这样的事实,即性能参数和标准相对是简单、明显的,可以相当直接地与操作成本进而是航空公司的客观经济(如账本底线)目标关联起来。一旦在给定的情形中规定出这种关系,就可以为设计者制定出精确的规范。也可以对军用飞机的性能规范做出类似的但没有那么明确的讨论。对于飞行品质来说,其参数和标准是复杂和不确定的,不可如此直接地与主观的飞行员反应联系起来。这里,不可以保证能制定出明确的要求,因而要诉诸设计师可以自由工作的范围。因此,飞行品质规范尽管写为规范,但它们所具有的是对设计师的空中指导而不是不可更改的要求。

　　性能规范不容更改的性质有着重要的蕴涵。尽管这些规范是达到客户目的的手段,但满足客户的客观、精确表述的要求最终还是成为了设计师的目的。规范可否得到满足的最终测试可在飞行中对速度、功率、高度等进行明确的测量。正如航空公司和道格拉斯达成一致那样,双方都把这种规范称作"性能保障"。尽管是否符合定量飞行品质规范可以在飞行中得到测量,但最终的测试还包含了飞行员的主观反应。飞行品质规范的功能是设计指南的手段而不是其目标。用一位资深飞行品质工程师的话说:"我们还没有高明到相信严格遵守飞行品质规范就会确保飞机'良好'运行。"⑳因此,对于设计师来说,性能规范所确定的数值本身就是客观目的,而飞行品质规范所规定的数值则是与主观目的相联系的客观手段。

还存在着其他相关的差别。性能规范是高度精确的,只特别适用于特定的飞机或设计竞争中的几种飞机(如角逐给定军方订单的两种不同的战斗机设计);而飞行品质规范则完全不同,它们对于给定类型(如教练机、战斗机、轰炸机和运输机)的飞机基本通用。出于同样的原因,性能规范还随着时间推移有较大的变化, [101] 比如20世纪70年代油价剧涨使商用飞机忽然增加了对燃料节约的重视。飞行品质规范同样随飞行任务和飞机构型的变化而有所不同,但由于飞行员意见是主观不精确的,而且主要构型的变化是一个缓慢过程,因而这里的变化往往是渐进的修改。最后,性能规范凭借其作为设计目的的地位,无疑在测试和评估新飞机时要强制执行。在用到飞行品质规范时,情况就不会如此明朗。尽管飞行品质规范的表述相对零散,但一旦写出来就会诱使人们去把它们看做是像性能数值那样的客观目的,并期望被相应地强制执行。这种观点与飞行品质问题含糊的性质以及其最初的主观目标相矛盾。这一张力可能会造成客户和设计师之间的问题。在前面提到的飞行品质工程师看来,"如果允许规范的要求凌驾于飞行员所考虑的意见之上,这将会是糟糕的事情"。㉑

前一段提到的构型问题值得特别一提。如图3-7所示,使吉尔鲁斯得出其规范的飞机全都有横向对称的平直翼,在尾部都有水平垂直的尾翼。数据和飞行员的意见仅限于这一常规构型。可以料想随之得到的规范无疑只适用于没有实质性偏离这一布局的设计。对于作为实现装置某种品质的手段,以及基于这种装置横截面的经验证据之上任一规范来说,这类局限是根本性的。当飞行品质规范被应用到 20 世纪 40 年代和 50 年代的后掠翼飞机上时,就必须对它们做出重新评估和修订。为响应其他的构型变化,也进行了类似的重新评估。这种情况一直持续到 20 世纪 80 年代中期(必然要借助地面模拟装置),这是由于对所提出的横向不对称的设计来说,关于这种飞机的飞行经验仍然十分有限。

不仅飞行品质规范的性质如此复杂,而且它们的获得也同样如此的。在详尽的历史中,我们至少可以区分出七种对叙述全都至关重要的相互作用的因素,它们全都展示出学习过程中的复杂的认识论结构。我将列出这些因素并做简要地讨论。虽然它们应当是显而易见的,但在我们的历史研究中它们并不是顺序出现的或与部分研究只有简单的关系。有些因素显然必须先于其他因素而出现,但在整个历史中,它们大部分同时地、反复地相互作用。这些因素如下所示(标注黑体的语词将为接下来的讨论提供一个可识别的简要词组):

[102]

1. **熟悉**装置和认识**问题**。

2. **识别**基本变量和推导分析性概念**与标准**。

3. 发展用于飞行测量的**仪器**和飞行驾驶**技术**。

4. **增加**和修正飞行员对理想飞行品质的**意见**。

5. 组合来自 2、3 和 4 的部分结果以形成飞行品质**研究**的精细、实用的**计划**。

6. **测量**飞机横截面的相关飞行**特性**。

7. 根据飞行员的意见**评价**飞行特性的**结果**和资料以得到普遍规范。

在一些所需的例子中,这些因素以及彼此相互关系始终受到初始问题的定义不明确的、主观性质的限制。它们所具有的意义超出了目前的研究。

在 1918 年以前的事件中熟悉问题是显而易见的,尽管在那之后仍持续增长。早期的飞行员与设计师的活动,包括第一次世界大战时大量的飞行经验,为学习"飞机的真实性质"[30]提供了重要的基础。飞行员(有时是不幸地)发现有些飞机可以驾驶,而有的则不能。在这一点上,飞行员的观点很关键。虽然利连索尔和莱特无疑对飞行品质有一些看法,但在解决问题所需的广泛的累积活动开始之前,这一问题必须得到相当大的共同体范围的明确认识。事实上,"飞行品质"这个术语曾作为标题出现在施罗德1918年的测试报告中,这暗示着在那时这一认识已经是很寻常了。

　　标准的识别、仪器和技术的发展、意见的增加分别提供了基本的分析、经验和评价能力。标准的识别包括:把杆力、升降舵偏转角等作为恰当的变量,把长周期和短周期模式作为动稳定性的概念,把每g驾驶杆力作为一个操纵性标准。这里的问题是如何用工程术语来定量地表示飞行品质。智力因素在整个叙述中都与经验因素反复互动着,动态模式出现在早期,每g驾驶杆力直到快结束时才出现。在这些相互作用的基础上可以决定哪些变量、概念、标准可以作为重要的东西保存下来。具有同样重要性的仪器和技术的发展在20世纪20年代早期快速进行,但提 [103] 高与改进贯穿始终。在一般的飞行共同体内超过三四十年的时间里,观点的增长是渐进地、某种程度上是潜意识出现的。飞行员渐渐意识到他们的自信,并且对他们所驾驶的飞机有所了解,因此任一艾伦或高夫迟早会"知道他喜欢什么"并且能够这样说。

　　标准的识别、工具和技术的发展以及观点的增长,尽管在一开始就以特别的方式相互影响,却是在20世纪30年代中期兰利基地的一份深思熟虑的研究方案中聚到一起的。这一计划始于汤普森关于要求和测试程序的初步计划表,部分受到沃纳关于DC-4E规范的尝试的启发,重要的确认和修正来自苏莱和汤普森对斯廷森号和B-10B所做的评定(在兰利的总体规划中计划表和评定分别由第一和第二步组成)。这一分析的、方法上的综合为接下来有组织的研究提供了基本的工具。

　　特性的测量和结果的评定主要是在那一研究中完成的,尽管有时候进行得没有那么有条理。相关飞行特性的测量自20世纪20年代早期就不断在研究机构、军方和工业机构中进行着,但吉尔鲁斯的计划(兰利计划中的第三步)最先收集到了一致的、综合的数据。这种收集几乎不是常规的,以洛克希德14-H的短周期振荡为例,它阐明了在标准识别下一些知识修订的现象。结果的评定,特别怎样的飞机能使飞行员有信心或易于理解,是在兰利基地关于特性测量加上不断累积的意见增长的数据之上,进而在吉尔鲁斯的要求中达到了顶峰。在沃纳提出他的 DC – 4E 规范时(仍然是较早前的,且更无组织),以及在 20 世纪 20 年代航空共同体就稳定性和操纵性的平衡达成了一致时,这种评估就已经在试探性地进行着了。

[104]　　　性能规范的早期系统表述可能显示出不同的结构,但我不打算详加考察。基本的性能变量如重量、速度、高度等,对最早的设计者们来说应当是显而易见的,而且无须像在飞行品质中那样要去发现复杂的概念和标准。此外,不用围绕着相当于飞行员意见那样的东西,军方官员、主管和工程师们要把军方和飞机公司的定义不明确的要求转换成定义明确的规范,就必须做出判断,但其中的主观成分比飞行品质所涉及的要更少、更有条理。出于这些(也许还有其他的)原因,航空共同体学习着去编写性能规范,但并不需要像飞行品质那样的漫长经历和精致研究。

　　产生飞行品质规范的过程,在概念上、分析上和经验上来说都是复杂的。它需要大量因素之间的复杂交互作用,这些因素既有客观成分又有主观成分。尽管后者通常在幕后的某些地方,但它显然进入了飞行员感知觉所涉及的范围(上文中的熟悉问题、意见增长以及评定结果)。在整个叙述中,飞行品质问题的性质及其解决手段同时显现出来,而且总是伴随着实际设计需要的迫切情形。用唐纳德·舍恩(Donald Schön)关于设计进程的话来说,航空共同体在 25 年来致力于"与各种材料进行深思熟虑的交谈"。⑳

　　可以料想得到其他的人工操作装置所需的类似方法。在这里观察到的大部分要素都可以找到对应要素,如自动操纵性质的研究也追随了飞行器的经验并受其影响。这一相似性并不局限于交通工具。操作员肌肉神经感知觉会影响静态装置的设计,诸如用于敌对环境下远程操纵的动力电子操纵器,以及通常不被认为是一个机械装置的钢琴。像莫扎特这样的音乐钢琴家(可证实的)以及无数名不知名的钢琴调音师和技师们(只是推测)都向钢琴设计者表达了他们的想法(虽然没有提出形式化的规范),进而影响了他们的设计。在所有这些情形中,与装置被知觉到的响应有关的操纵装置的力和运动,会使操纵者察觉到执行所要求任务的难易。对这种问题的处理是过去 40 年就开始被称为人类工程学(或工效学)的逻辑组成部分,它包括了人与复杂技术系统交互作用的所有方面。然而,这里的事例很大程度上是出现在那一领域外的明显的活动中。[⑩]

如一开始所提到的,我们叙述中社会层面的复杂性质也说明了康斯坦特所讨论的"技术—逻辑实践者共同体"的复杂结构。随着时间的推移,出现了一个松散但显然可识别的共同体,它由针对飞行品质问题的专业委员的人们以某种方式组成的,彼此之间相互交流、相互依赖。根据康斯坦特所指出的分等级、重叠的模式,这一飞行品质共同体是另一个更大的稳定性与操纵性共同体的子集,而该共同体本身大体上被包含在一个更大的气动力学实践者共同体中。飞行品质共同体相应地包含了至少四个功能不同的子共同体(其中大多数成员也同时致力于其他问题的研究)。其中的三个子共同体即工程研究、仪器开发和飞行测试共同体明显出现在叙述中,第四个设计共同体并不是特别明显,如沃纳在联合航空和道格拉斯公司所涉及的工程组织,设计工程师如给杂志社写文章的赫斯特德和柯尔文－克鲁科夫斯基,以及军方的设计监管者如航空局的迪尔。这些子共同体通过不同的方式相互作用,其中包括那些属于不止一个子群体的人们:如沃纳(研究和设计)和高夫(研究和测试飞行)。事实上,整个共同体都积极鼓励后一种组合,这样做,据悉"从工程师转为试飞员比从试飞员转为工程师要更容易"(值得注意的是,莱特兄弟在划分子共同体变得实际可行之前就体现出了上述四种功能)。同时,人们可以看到机构性的共同体和功能性子共同体相互交叉、相互重叠的显而易见的证据。这又涉及各种不同的制造公司、航空公司、研究实验室、大学和军方。在有效关注这些功能性共同体中,本章的工作确认了康斯坦特强调的"作为历史分析主要单元的实践者共同体"的作用。这一确认可纳入对"信息流"(用艾肯特的说法,参见第一章)的叠加关注中。技术史家最好还是更谨慎地关注共同体内与共同体之间的知识产生和迁移。[⑭]

某些人——诺顿、艾伦、苏莱、汤普森、吉尔鲁斯和沃纳——显然在子共同体内与共同体之间都发挥了关键的作用。当然,说如果他们没有做出这些成就别人肯定也会做出,这绝不是在贬低他们的成就。就连作为翻译者的沃纳的活动也要得到

[105]

[106]　很多人的支持。事实上,类似的发展确实同时发生了,而且在英国绝大部分是独立发生的。大体上 20 世纪 20 年代到 30 年代航空发展的情况显然需要整理和规范飞行品质。其中必不可少的是由研究与设计工程师、仪表专家以及试飞员组成的共同体,在那里发生了学习的过程。人们可以想象有着不同角色名单的叙述,但其中却不能没有飞行品质共同体。

　　飞行品质的历史也解释了康斯坦特所谓的技术"实践传统",他将此定义为"完成一项特殊技术任务的常规系统"。这一传统"与体现它的共同体近乎同义,足以用来相互定义"。20 世纪 40 年代,被飞机—设计共同体采用的常规系统很快发展到将飞行品质规范并入其中。事实上,从那一时期的军方和商业规则来看,这一并入是强制的。今天,设计共同体中每个人只是理所当然地认为飞行品质(就像其他东西一样)必须在开始设计一架新飞机之前就必须被规定好。这样,这种规范就成为了不断扩展的飞机设计实践传统的一部分。[100]

　　随着前述发展,出现了另一类传统,它也是康斯坦特技术进步模型中的一个组成。在我们叙述的时期和其后数年中,工程师和飞行员设计出规定的程序并测试飞机以确定它们是否满足飞行品质规范。这些方法对于顾客和飞机设计者都同样重要,并已成为明确建立的验证试验程序的一部分,被整个行业用来评价飞机原型。这一程序成为了康斯坦特的术语"可测性传统"(tradition of testability)的基础。在康斯坦特看来,这种传统构成了"常规系统的渐进改进和替代系统的比较评价的核心机制",其中包含了为技术提供测试的关键评价因素。渐进改进和比较评价都可以由飞行品质测试来提供,尽管这里的比较评价是在特定常规系统(飞机)的变量之间,而非如康斯坦特所想的在明显不同的系统之间。[100]然而,在目前的例子中,主要的目标是附加的,只是要保证特定系统的一个新变量能满足设计规范的要求。无论目标是什么,就飞行品质来说,可测性传统完全处于一个更大的、单个实践传统之下,即飞机设计实践传统。这一关系与康斯坦特关于原动机的

[107]　测功试验的具体例子形成对照,它提供了一个与大量不同的实践传统(水涡轮机、电动机、内燃机等)相分离且不相一致的可测性传统。两类传统显然都是可

能的。[20]

最后是 20 世纪 20 年代对稳定性一致同意的评论,这种一致同意成为了飞行品质工作基本工程性质的缩影。飞机应当是固有稳定的但又不能太稳定这一结论不是由一个人或几个人深思熟虑得出的,而几乎是整个飞行品质共同体在直觉上给出的看法。20 世纪前 30 年逐步得出了这一结论,这是通过把它与关于稳定性和操纵性的不断增长的客观知识与随着飞行任务的扩大同样不断增长的主观驾驶经验关联起来得到的。这一结果是相互冲突(操作性对稳定性)要求之间的平衡或折中,工程师通常认为这种要求是必要的。虽然通常出于经济的原因而做出工程上的折中,但在这里并不会出现这一必要性。其自身也不会来自纯粹的理论要求,它之所以形成是因为实际的需求和人类飞行员的局限性。因此,只停留在纯粹的智力基础上而没有大量的飞行经验,这种平衡是很难达到了。这可以归结为,一类实用的设计判断(在这种情形下是基于主观意见之上)在工程中是难以避免的。得出这样的看法——而且这些评论同样适用于整个飞行品质工作——包含着可能被认为是科学的因素(如应用数学家对动态响应的分析)。然而,除了科学知识和原理的应用外,它还需要其他大量的因素。它要求智力要素和经验要素的相互作用,这些因素可以对实际设计所需的情境做出反应并继续发展。如果仍需要证据的话,那么这里的"大量的因素"就为应用科学和工程学在认识论上的差别提供了证据。[10]

借助工程特有的活动,工程共同体就这样了解了如何将工程设计中的概括和定义不明确的问题转换成定义相对明确的问题。初始问题包含了一个至关重要的、人的主观的成分,这一问题产生于飞机设计者和飞行员互不相同但又相互关联的需要。25 年的学习进程既在技术上也在社会层面是复杂的,其中涉及无数的心智和实践的要素,以及一个不断发展的飞行品质共同体内大量子共同体的相互作用。最后,飞行品质规范的概念(即飞行员理想的主观目的可以通过设计师的客观要求来获得的观点)带来了飞机工业的这一规范。这些规范以及支持它们所需的测试程序已经被纳入到飞机设计的实践传统中。本章关于飞机品质的叙述也许比在其他任一本书中都要多,它表明了工程知识在心智和实践上的丰富性。

[108]

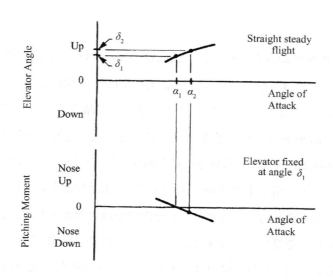

图 3- 8   握杆稳定性标准示意图

附录:握杆与松杆的纵向静稳定性标准

握杆稳定性:假定一架飞机,所测升降舵偏转角的变化可作为定常直线飞行中迎角的函数,如图 3-8 的上半部所示。如文本所指出的,飞行速度随迎角的增大而降低。因而,图 3-8 的横轴与图 3-3 的正好相反。我们不知道在这点上所给的变化是否稳定。

假定飞机以迎角 α_1 稳定飞行,升降舵锁定(握杆)在相应的升降舵偏转角 δ_1 上。进一步假定,由于某种可能性、短暂的干扰如向上强风,迎角突然增加到一个略高的值 α_2。现在飞行员的决定不是让飞机在锁定操纵装置下自己做出反应而是在新的迎角 α_2 上建立定常飞行。要做到这一点,他或她必须(根据图示)释放升降舵并使它上升到相应的升降舵偏转角 δ_2,这就要在尾翼上施加向下的气动力负载,使飞机产生机头上仰的俯仰力矩。这意味着,为了在新的迎角下建立定常飞行,正被抵消的固定升降舵力矩一定会使机头朝下,也就是说,当升降舵固定在 δ_1 时,飞机的俯仰力矩曲线应当如图 3-8 中下半部分所示。可是,我们从图 3-1 已经

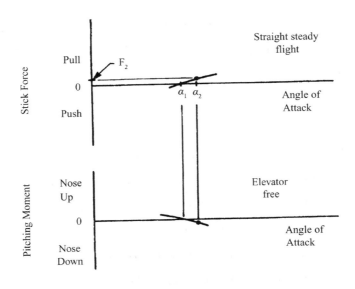

图 3-9 松杆稳定性标准示意图

知道,具有这类力矩曲线(如斜率是负的)的飞机是静稳定的。由此可见,图 3-8 中上半部分所测的变化就是固定升降舵或握杆稳定性的变化。反转图 3-8 中上半部分的横轴就可以绘制出升降舵偏转角与速度的关系曲线,我们在图 3-3 上半部分就可得到标记为"稳定的"的情况。可以用类似的推论来得到标记为"不稳定的"情况。

松杆稳定性:假定一架飞机,所测升降舵偏转角的变化可作为定常直线飞行中迎角的函数,如图 3-9 的上半部所示。我们也不知道这一变化是否稳定。

假定驾驶员将飞机调整为以迎角 α_1 进行定常飞行,现在把手松开(松杆),此时为零杆力。再假定迎角由于受到干扰而增加到 α_2。为了在新的迎角上建立定常飞行,飞行员现在必须抓紧驾驶杆,并施加拉力 F_2,但是拉力的存在就意味着升降舵已经提升到了其另外的自由后缘角的位置之上。像以前一样,这样的向上旋转会在尾翼上产生向下的负载以及使机头上仰的俯仰力矩。因此,正被抵消的升降舵力矩一定会使机头下俯,即在松开升降舵时,飞机的力矩曲线应当有如图 3-9 下半部分所示的倾斜(这一力矩曲线在量上与图 3-8 中的有所不同)。这还是稳 [111]

定的力矩曲线,而且所测的杆力变化与迎角的关系也是稳定的。反转这一变化的横轴,我们就得到图3-3的下半部分所示的"稳定"情况。类似的推论将得到标记为"不稳定的"情况。

注　释

本章的部分摘录发表在"How Did it Become 'Obvious' that an Airplane Should Be the Stable?" *American Heritage of Invention Technology* 4(Spring/Summer 1988): 50 – 56. 除了要感谢在注释中列出的人物外,我还感谢下面一些人的慷慨帮助:Roger Bilstein, Waldemar Breuhaus, Arthur Bryson, Edward Constant, George Cooper, Virginia Dawson, Warren Dickinson, Robert Gilruth, Richard Hallion, James Hansen, Robert Jones, Barry Katz, Stephen Kline, Ilan Kroo, Edwin Layton, William Milliken, Jim Papadopoulos, Courtland Perkins, William Phillips, William Rifkin, Russell Robison, Paul Seaver, Richard Shevell, Richard Smith, Maurice White, Howard Wolko, Robert Woodcock. 这一主题是来自与斯坦福大学工程学同事 Holt Ashley 的讨论。

① L. Wade, "Performance Test of Morane Saulnier Type A. R. Airplane with Two Sets of Wings Equipped With 80 – H. P. Le Rhone Engine," *Air Service Information Circular* 3, no. 285, October 1, 1912, p. 3.

② 这里所采用的区分不同于在人工智能研究中所做的区分。对于"定义明确"的问题,必须有明确的初始陈述,可得到解决方案的一系列明确规定的行动步骤,已知的、特有的目标状态。根据这一定义,所有实际生活中的设计问题都是"定义不明确的"(或不良结构),在人工智能中就是如此认为的;J. M. Garroll, J. C. Thomas, A. Malhotra, "Presentation and Representation in Design Problem – Solving," *British Journal of Psychology* 71 (1980): 143 – 153. 还可参见 H. A. Simon, "The Structure of Ill Structure Problems," *Artificial Intelligence* 4(1973):181 – 201. 关于工程师如何在定义不明确的状态下(这里所使用的含义)来设定和解决问题的分析与例子,参见 D. A. Schön, *The Relective Practitioner*, NewYork, 1983, pp. 168 – 203.

③ E. W. Constant, *The Origins of the Turbojet Revolution*, Baltimore, 1980, pp. 8 – 10, passim.

④ 本章所讨论的时期内,飞行品质是公认的术语。在当今时代,有时用的是操纵品质(handling qualities)。

⑤ B. Markham, *West with the Night*, San Francisco, 1983, p. 16. Joyce Vincenti 使我注意到这一段。

⑥ 读者也许注意到一个含混的使用。在标准术语中,稳定性一词既可表示包含了不稳定性的一般论题(如在"稳定性和操纵性"的词组中),也可表示与不稳定性相对的特定状态。可以很快就学会容忍这一含混模糊性。从语境上来看,其意义通常是清晰的。

⑦ 这一部分的叙述虽然多少有所扩充,但仍必然是过于简化的,可是我相信这基本上是正确的。一些问题的详细情况可以在接下来给工程学听众的讲座中找到,它们为我提供了最初的方向,即定位于这一部分以及随后的历史章节的事件上:1970 年 C. D. Perkinsr 在冯·卡门论坛的演讲,"Development of Airplane Stability and Control Technology," *Journal of Aircraft* 7(July – August 1970):290 – 301;1984 年 R. P. Harper, Jr;G. E. Copper 在莱特兄弟论坛上的演讲,"Handling Qualities and Pilot Evaluation," *Journal of Guidance control and dynamics* 9(September – October 1986): 515 – 529. 我还得益于 W. F. Milliken, Jr, "Progress in Dynamic Stability and Control Resaearch," *Journal of the Aeronautical Sciences* 14(September 1947):493 – 519,其中的历史记录;以及以下的历史章节:D. McRuer, I. Ashkenas and D. Graham, "Aircraft Dynamics and Automatic Control," Princeton,1973, pp. 21 – 42.

⑧ *Fourth Annual Report of the National Advisory Committee for Aeronautics*, 1918, Washington, D. C., 1920, pp. 42 – 43. 关于国家航空咨询委员会的历史,参见 A. Roland, *Model Research*: *The National Advisory Committee for Aeronautics*, 1915 – 1958, 2vols, Washington, D. C., 1985;关于委员会的长官参见第 2 卷,第 394 页;关于委员会的成员参见第 2 卷,第 431—435 页;还可参见 J. C. Hausaker, "Forty Years of Aeronautical Research," *Annual Report of the Board of Regents of the Smithsonian Institution*, *Years ended June 30*, 1955, Washington, D. C.,1956, pp. 241 – 271.

⑨ H. D. Flower, "Stability in General," *Aerial Age Weekly*, December 17, 1917, pp. 606 – 607, 617,引文参见第606 页;J. B. Rathbum, *Aeroplane Construction and Operation*, New

York，1918，pp. 312 – 313.

⑩ G. C. Turner，*Aerial Navigation of Today*，London，1910，p. 118. 自动的通常用于描述自动操纵机制的稳定性，如早前所提及的。从语境上来看，特纳显然指的是我们的术语中的"固有的"的意思。

⑪ 下面三段中的这些术语、看法和事实主要来自：Gibbs – Smith，*The Aeroplane：An Historical Survey of Its Origins and Development*，London，1960，*The Invention of the Aeroplanes* (1799 – 1909)，New York，1966，*Aviation：An Historical Survey from Its Origins to the End of World War* Ⅱ，London，1970. 关于汽车司机派和飞行员派的区分，可特别参见 *Aviation*，p. 58.

⑫ Gibbs – Smith，Aeroplane，p. 20；Aviation，pp. 68 – 69，126；Invention，chaps. 1 – 3. 引文见 Perkins（n. 7 above），p. 290.

⑬ Gibbs – Smith（*Invention*，p. 35）说莱特谨慎选择不稳定性；Perkins（n. 7，p. 291）从对他们的作品研究中总结出："他们不明白稳定性的真正意义。"这些观点中没有一种能分清纵向和横向的特征。在一个目前对莱特的飞机制造的工程分析中，Frederich E. G. Culick 和 Henry R. Jex 表明内在的横向不稳定性在很大程度上是复杂的。然而，与提及到的有更多争论的纵向情况相比，在谨慎的理性思考后，他们总结出"这些制造者不会理解我们现在做的稳定性的准确意义"，没有这些理解，"与平衡相比，他们不能表达准确的稳定性思想"。同时，"无论他们的飞行器是稳定的还是不稳定的都是一个附属的问题"。然而，在相同的文集中，联系到他的纵向动力学分析，Frederich J. Hooven 表明制造者是"完全熟悉静态稳定性因为他们知晓 Penaud 的工作以及他们已经做出且试飞过许多的模型"。同时他也判断出"他们有意地做出（纵向）稳定性的选择"。我发现 Culick – Jex 的分析更加具说服力，F. E. C. Culick，H. R. Jex，Aerodynamics，Stability，and Control of the 1903 Wright Flyerand F. J. Hooven，"Longitudinal Dynamics of the Wright Brothers' Early Flyers，" both in *The Wright Flyer：An engineering Perspective*，ed. H. S. Wolko，Washington，D. C. ，1987，respectively，pp. 19 – 43，esp. 22，31，41，45 – 77，引文见第 58、51 页。Tom D. Crouch 看到一个在自行车中刻意的横向稳定性和侧面稳定性的概念性的关联，随之而来莱特熟悉了脚踏车和自行车的制造者；"How the Bicycle Took Wing，" American Heritage of *Invention & Technology* 2（Summer

1986):11－16.

⑭ Gibbs－smith, *Invention*, Chaps. 6,9－11,13－14,引文见第 58 页；Perkins(n. 7 above),pp. 291－293.

⑮ Gibbs－smith, *Invention*, Chaps. 16,17,43,44. 对于 Ferber 的角色来说,在与大家分享的飞行员精神生活方面,他是不为欧洲人所熟悉的,见 F. E. C. Culick, "Aeronautics, 1898－1909: The French－American Connection"(forthcoming).

⑯ G. H. Bryan,一个航空理论者,现在我们将要看看他的工作情况,在 1911 年(n. 20 below, p.165)他写道:"它不想被否认的那样——某些(存在的,成功的飞机)是不稳定的。"L. Bairstow 等在 1913 年的一个重要的研究报告里则有相反的陈述(n. 21 below, p. 136):"在正常飞行的一般条件下,现在用于一般用途的所有类型飞机是有可能纵向稳定的。"历史学家 Gibbs－smith 回顾历史指出,1909 年 8 月在 Reims 举行的首届国际飞行比赛中飞机设计者设计的飞机,如 the Europeans Louis Bleriot, Gabriel and Charles Voisin, and Henri Farman and the American Glenn Curtiss (实际上,所有的都是来自莱特)是有"相当程度的稳定性"(Invention,chaps. 50－62, p. 2,也参见下一个标注)。

⑰ A. H. Wheeler, Building Aeroplanes for "Those Magnificent Men", Sun Valley, Calif., n. d., esp. p.72, and N. Williams, "On Gossamer Wings," *Flight International* 107(January 1975):45－48, esp.46. 某些的复制品(Antoinette he Bristol Boxkite)与在 Reims 飞行的机器非常相似,所以趋向于与 Gibbs－smith 在早期声明中引用的陈述相矛盾。对于有关飞机飞行员的细节,参见 Mcruer, Ashkenas, and Graham(n. 7 above), p. 29.

⑱ F. W. Lanchester, *Aerodynamics*, London,1907, pp. 231－233, 368－370. 一个典型的享有现代教科书待遇的著作,参见 R. S. Shevell, Fundamentals of Flight, Englewood Cliffs, N. J.,1983, p. 300.

⑲ 一个静态不稳定的机器,就像以前的把振荡建立在其上的静态稳定机器一样,都可被描述为动态不稳定性。

⑳ G. H. Bryan, *Stability in Aviation*, London, 1911. 这本书是 Bryan 和 W. E. Williams 更早期的、有更多局限性作品的产物。"The Longitudinal Stability of Aerial Glider," proceedings of *the Royal Society of London* 73 (1904):100－116. 如此对于稳定性的分析使其

简化为近似值,以致在某些相关的意义上振荡时的振幅是较小的。

㉑ The Aeronautics Staff of the Engineering Department of the National Physical Laboratory, "Method of Experimental Determination of the Forces and Moments on a Model of a Complete Airplane: With the Results of Measurements on a Model of a Monoplane of a Blériot Type," Report of Memoranda No. 75, in Technical Report of the Advisory Committee for Aeronautics, 1912 – 1913, London1914, pp. 128 – 132; L. Bairstow. B. M. Jones, and A. W. H. Thompson, "Investigations into the Stability of an Aeroplane, with an Examination into the Conditions Necessary in Order that the Symmetric and Asymmetric Oscillations Can Be Considered Independently," Reports and Memoranda No. 77, in ibid. , pp. 135 – 171; J. C. Hunsaker, "Experimental Analysis of Inherent Longitudinal Stability for a Typical Biplane," Report No. 1, Part 1, NACA, Washington, D. C, 1915, and "Dynamical Stability of Aeroplanes," *Smithsonian Miscellaneous Collection*, vol. 62, no. 5, Washington, D. C. , June 3, 1916. The MIT work was summarized for nontechonical readers by W. H. Ballou, " The Instability of American Airplanes," *Scientific American* 120 (February 1919): 118 – 119,128.

㉒ 据 1918 年的麦库克基地的航空研究部门的报道(推测也在 MIT 执行过,虽然明显的记录),JN – 2 的辅助测试确实用了一个带有可移动升降机的模型;航空研究部门还说: "Forces in Diving and Looping," *Bulletin of the airplane Engineering Department U. S. A.* 1(June 1918): 89 – 103, esp. 93 – 95. 然而,就像标题说的那样,主要的关注点在于飞机机动方面的推动力而不是机动性本身。这个结论后来被用于 Warner and Norton 他们的对稳定性和控制的先前的飞行数据中。

㉓ Bairstow, Jones, and Thompson (n. 21 above), p. 136. Hunsaker, "Dynamical Stability" (n. 21 above), p.5.

㉔ Bairstow, Jones, and Thompson (n.21 above), p. 137. Fourth Annual Report (n. 8 above), p. 42.

㉕ Perkins (n. 7 above), p.295; for present – day assessment of the JN – 4 and S – 4c by James N. Nissen, restorer and Cooper(n. 7 above), p. 517; for the Camel, see B. Lecomber, "Flying the Sopwith Camel and Fokker Triplane," Flight international 113 (April 1978): 998 –

1001, quotation from 998 – 999; for early evidence on the JN – 4 and the quotation by the design engineer, see respectively Warner and Norton (n. 32 below), pp. 23 – 31 and Korvin – Kroukovsky (n. 41 below), p. 267. Gibbs – Smith 的某些陈述 [e. g. *Aeroplane*(n. 11 above), p. 20]不幸地表明 1913 年后稳定性和控制之间的妥协显然解决地更快更容易。

㉖ Hunsaker, "Dynamical Stability"(n. 21 above), pp. 37 – 38,45.

㉗ Bairstow, Jones, and Thompson (n. 21 above), p. 137; Captain Schroeder's complete report is reproduced, in R. P. Hallion, Test Pilots: The Frontiersmen of Flight, Garden City, 1981, pp. 60 – 61. This reference (pp. 57 – 64) 在麦库克基地给出了有意思的一般解释,在施罗德报告中的形容词"横向的和方向性的"结合起来,我简单称之为"横向的"。可选择性术语后的原因太复杂而且对内容无关紧要。

㉘ "Stability and Balance in Airplanes," Aviation 8 (April 1920):193 – 194, quotation on 193.

㉙ Harper and Cooper (n. 7 above), p. 518.

㉚ Perkins (n. 7 above), p. 296.

㉛ 1920 年英国人的工作,大部分在 the Royal Aircraft Establishment at Farnborough,被 H. Glauert 总结在 "Summary of the Present State of Knowledge with Regard to Stability and Control of Aeroplanes," Reports and Memoranda No. 710, in Technical Report of the Advisory Committee for Aeronautics, 1920 – 1921(Londod,1924), vol. 1, pp. 399 – 351. 关于兰利实验室的历史参见 J. R. Hansen, Engineer in Charge: A History of the Langley Aeronautical Laboratory, 1917 – 1958, Washington, D. C., 1987.

㉜ E. P. Warner and F. H. Norton, "Preliminary Report on Free Flight Tests," Report No. 70, NACA, Washington, D. C., 1920. For a popular account of this and related work at Langley, see Hallion (n. 27 above), pp. 72 – 75.

㉝ Explanation adapted from B. M. Jones, "Dynamics of the Airplane," in Aerodynamic Theory, 6 vols. ed. W. F. Durand, Berlin, 1934 – 1935, vol. 5, pp. 1 – 222, esp. 28.

㉞ 请注意静稳定性与最初对一种暂时性紊乱的反应有关,显示在这两种情况下的控制必要的行动来完成稳定速度的改变,这些关系起初是荒谬的。它来自于事实,隐含在早

期力矩曲线斜率的说明,是对任何微小偏离平衡态的最初反应,把第一近似值认为是作为一连串稳定(或静态)状态。先前指出的飞机对控制变化和短时间干扰的阻力是相似的,这一点是相同的事实的反应。

㉟ 在英国的同一时期,Hermann Glauert 通过将它们与力矩曲线斜率在数学上的关联(分别测量握杆和松杆),推导出握杆和松杆的标准;"The Longitudinal Stability of an Aeroplane," Reports and Memoranda, No. 638, in Technical Report of the Advisory Committee for Aeronautics 1919 – 1920, London, 1923, vol. 2, pp. 439 – 459. Glauert 和美国人反映了相同的需要,各自得出他们的结果。

㊱ E. P. Warner, "Static Longitudinal Stability of Airplanes," Report No. 96, NACA, Washington, D. C. ,1920, and "Balance," Technical Note No. 1, NACA, Washington, D. C. , April 1920, quotation from pp. 2 – 3.

㊲ All reports from NACA, Washington, D. C.; F. H. Norton and E. T . Allen, "Acceleration in Flight," Report No. 99, 1921; Norton and T. Carroll, "The Vertical, Longitudinal , and Lateral Accelerations Experienced by an S. E. 5A Airplane while Maneuvering," Report No. 163, 1923; H. J. E Reid , "A Study of Airplane Maneuvering with Special Reference to Angular Velocities," Report No. 155, 1922; Norton and Allen, " Control in Circling Flight," Report No. 112, 1921; Norton and W. G. Brown, " Controllability and Maneuverability of Airplanes," Report No. 153, 1923; Norton , "Practical Stability and Controllability of Airplanes," Report No. 120,1921; Norton and Brown, " Complete Study of the Longitudinal Oscillation of a VE – 7 Airplane," Report No. 162, 1923; Norton , "A Study of Longitudinal Dynamic Stability in Flight," Report No. 170 , 1923. See also Norton, "The Measurement of the Damping in Roll on a JN4h in Flight," Report No. 167, 1923.

㊳ All reports from NACA, Washington, D. C.; F. H. Norton and E. P. Warner, "Accelerometer Design," Report No. 100, 1921; Norton, "N. A. C. A. Recording Air Speed Meter," Technical Note No. 64(October 1921) and "N. A. C. A. Control Position Recorder," Technical Note No. 117(October 1922); H . J. E Reid , "The N. A. C. A. Three – Component Accelerometer," Technical Note No. 112 (October 1922); W. G. Brown. "The Synchronization of N. A. C. A. Flight Records," Technical Note No. 171 (October 1922) ; K. M. Ronan, "An Instrument for Recording the Position of Airplane Control Surfaces," Technical Note No. 154 (August 1923).

㊳ Warner and Norton (n. 32 above), p. 14 ; R. T. Allen with G. B. Allen, "Tons Aloft: Test Piloting the Transatlantic Clipper," Saturday Evening Post, September 17, 1938, pp. 12 – 1 3, 86, 88, 90 – 91, quotation on 90. See also Hallion (n. 27 above), pp. 72 – 75.

㊵ See the reports of the Committee on Aerodynamics in *Annual Report of the Advisory Committee for Aeronautics*, Washington, D. C., for the years in question.

㊶ C. N. Monteith, Simple Aerodynamics and the Airplane, Dayton, 1924 ; E. P. Warner, Airplane Design – Aerodynamics, New York, 1927 ; B. V. Korvin – Krukovsky, "Stability and Controllability of Airplanes – Parts Ⅰ – Ⅲ," Aviation, March 9, 16, 23, 30, April 6, 13, 20, 1925, pp. 266 – 269, 296 – 297, 320 – 322, 347 – 348, 380 – 381, 411 – 412, 436 – 438 (covering longitudinal problems only; lateral problems appeared in additional articles).

㊷ W. S. Diehl, Engineering Aerodynamics, New York, 1928 ; V. E. Clark, Elements of Aviation, New York, 1928 ; A. Klemin, Simplified Aerodynamics, Chicago, 1930 ; E. A. Stalker, Principles of Flight, New York, 1931 ; C. C. Carter, Simplified Aerodynamics and the Airplane, New York, 1932 ; K. D. Wood, Technical Aerodynamics, Ithaca, 1933.

㊸ Nortorn and Allen. Report No. 112 (n. 37 above), p. 3 ; Korvin – Krukovsky (n. 41 above), p. 267 ; Clark (n. 42 above), p. 49 ; Klemin (n. 42 above), p. 187.

㊹ C. J. Johnson, "Longitudinal stability of Bi – Motor Transport Airplane," Journal of the Aeronautical Sciences 3 (September 1935) : 1 – 6, quotation from 1.

㊺ 关于飞机竞赛的经验,见 Harper and Cooper (n. 7 above), p. 519. 另外的可能影响是自动驾驶在 20 世纪 30 年代的广泛使用。设计自动驾驶仪是为了提供连续和水平飞行,并要求内在稳定的飞机避免配合系统产生不良的搜寻振荡。

㊻ Stalker (n. 42 above), p. 255 – 256 ; Johnson (n. 44 above), p. 2 ; W. S. Doej, EngineeringAerodynamics, Tev. ed. (New York, 1936), p. 186 ; M. M. Munk, "Diehl's Stability Coefficient," Aero Digest 41 (August 1942) : 154, 230 – 237, quotation on 154 ; A. Klemin and

J. G. Berrer, Jr., "Two New Longitudinal Stability Constants," Journal of the Aeronautical Sciences 4(September 1937): 453 – 459. Otto Koppen in his article of 1940(n. 85 above, pp. 136 – 137),清楚地说明了这些自动驾驶仪的目的是证明力矩曲线和可感知的飞行品质之间不存在相关性。Koppen 的文章提供了非常生动的关于设计者实践和飞行员感知之间的差异的描述。

㊼ Nortom, Report No. 170(n. 37 above), pp. 3,9.

㊽ Warner (n. 42 above), pp. 336 – 366; C. H. Zimmerman, "An Analysis of Longitudinal Stability in Power – off Flight with Charts for Use in Design, " Report No. 52, NACA, Washington, D. C. ,1935, and O. C. Koppen, "Trends in Longitudinal Stability," Journal of the Aeronautical Sciences 3 (May 1936): 232 – 233; H. A. Soulé and J. B. Wheatley, "A Comparison between the Theoretical and Measured Longitudinal Stability Characteristics of an Airplane," Report No. 442, NACA, Washington, D. C. ,1932; A. G. B. Metcalf, "Airplane Longitudinal Stability – A Resume," Journal of the Aeronautical Sciences 4(December 1936): 61 – 69.

㊾ J. H. Doolittle, "Accelerations in Flight," Report No. 203, NACA , Washington, D. C. , 1925. For an account of Doolittle's tests, see Hallion (n. 27 above), pp. 82 – 84; Barksdale manual quoted in ibid. , p. 108; W. F. Gerhardt and L. V. Kerber, A Manual of Flight – Test Procedure(Ann Arbor, 1927); Anonymous, "Determination of Stability from Flight Test Stick Force Data," Air Corps Information Circular, August 1,1929.

㊿ All reports from NACA, Washington, D. C. ; C. H. Dearborn and H. W. Kirschbaum, "Maneuverability Investigation of the F6C – 3 Airplane with Special Flight Instruments," Report No. 369, 1930; "Maneuverability Investigation of the F6C – 34 Fighting Airplane," Report No. 457, 1933; F. E. Weick, H. A. Soulé, and M. N. Gough, "A Flight Investigation of the Lateral Control Characteristics of Short Wide Ailerons and Various Spoilers with Different Amounts of Wing Dihedral," Report No. 494, 1934; Soulé and W. H. McAvoy, "A Flight Investigation of the Lateral Control Devices for Use with Full – Span Flaps," Report No. 517, 1935;quoted phrase from Milliken(n. 7 above), p. 515. 关于迎角的简要描述见 Soulé and Wheatley(n. 48 above).

在 20 世纪 30 年代和 40 年代，与 20 年代早期的情况相反（参见 n. 38 above），NACA 停止出版测量技术的细节。从这一时期开始，兰利的工程师说实验室的副主管告诉他们限制是可取的，"因此，业界不得不继承我们较先进的研究成果"（William H. Phillips，personal correspondence）。

(51) S. Flower，M. Gough，R. B. Maloy，and C. S. Trimble，Jr.，"Flight Handling Characteristics of a Modern Transport Airplane – A Symposium，" Aeronautical Engineering Review 7（October 1948）：18 – 31，quoted on 18.

(52) C. A. Lindbergh，the Wartime Journals of Charles A . Lindbergh ，New York，1970，pp. 230 – 231.

(53) Memos，late April 1941，Comdr. J. E. Ostrander，Comdr. W. S. Diehl，and Capt. R. S. Hatcher；in personal files of Gerald C. Kayten.

(54) W. F. Milliken，Jr.，and D. W. Whitcomb，"General Introduction to a Program of Dynamic Research，" Proceedings of the Automobile Division，The Institution of Mechanical Engineers（1956 – 1957）：287 – 309，quotation from 291.

(55) C. B. Millikan，"On the Research of Aerodynamic Research and Their Application to Aircraft Construction，" Journal of the Aeronautical Sciences 4（December 1936）：43 – 53，quotation from 46.

(56) Edward Constant 在私人信件中认为况更好地被 Thomas P. Hughesd 以隐喻的方式描述为"不断扩大的科技前线的相反跳跃"［"The Science – Technology Interaction：The Case of High – Voltage Power Transmission Systems，" Technology and Culture 17（October1976）：646 – 659，passim］。在这种情况下，航空学实践方面的迅速和持续扩大影响了 20 世纪 30 年代的飞机的性能，比如流线型、机翼襟翼、可伸缩起落架、可控螺距螺旋桨等的性能，在整体上把稳定性、控制和飞行品质作为反向的突出需要特别注意。因此，作为扩张的结果，飞行品质成为衡量标准和限制的问题。不否认整体进程中的持久动力学性质（尤其是在技术性能中），在我看来这种解释和表征要承担同样的风险。正如我们所看到的，第一次世界大战后期在性能水平中飞行品质已经成为公认的问题。在 20 世纪问题是否从可靠的证据中建立已经成为重要的严重问题，特别是考虑到问题的主观方面。

57 H. A. Soulé, "Flight Measurements of the Dynamic Longitudinal Stability of Several Airplanes and a Correlation of the Measurements with Pilots' Observations of Handling Characteristics," Report No.578 NACA, Washington, D. C., 1932, quotation from p.5.

58 Metcalf (n.48 above); R. T. Jones, "Letter to the Editor," Journal of the Aeronautical Sciences 4(February 1937):153; Soul (n.57 above), p.5.

59 由于面临着复杂的环境,DC-4E 开始和命运具有包括第一个三轮起落架在内的一些革新的特征,参见 Anonymous, *Corporate and legal History of United Air Lines and Its Predecessors and Subsidiaries*, 1925-1945, Chicago,1953, pp.360-363, 602-605,以及 R. J. Francillon, McDonnell Douglas Aircraft since 1920, London, 1979, pp.277-280. 关于亨塞克-米德团队的发现的半通俗的解释参见 J. C. Hunsaker and G. J. Mead, "Around the Corner in Aviation," *Technology Review* 39(December 1936):1-8. The airlines involved in the project in addition to United were Transcontinental & Western Air, American, Eastern, and Pan American. 出于各种原因,DC-4E 并未证明航空公司的喜好,只是建立了原型。当时飞机只设计了 DC-4,E(根据试验)是为了避免后者的混乱而添加的(1942),更小更成功的是 DC-4 机(C-54 在第二次世界大战时军事上的命名)。

60 *Equipment Agreement*, between Douglas Aircraft Co., Inc., and United Air Line Transport Corp., Transcontinental & Western Air, Inc., American Airlines, Inc., North American Aviation, Inc., and Pan American Aviation Supply Corp., March 23,1936, pp.7-17. Although the agreement is anonymous, it is clear from subsequent revision of the section on flying qualities(n.72 below) that that section was authored by Warner.

61 Flower *et al.* (n.57 above), pp.18-19.

62 Agreement, pp.7-8; Soulé (n.70 below), p.1.

63 Millikan (n.55 above), pp.48-49.

64 Warner(1894—1958)在美国航空界中是一个被忽视但很重要的历史人物。在这里的讨论中,他是民用航空局的副会长,从 1947 年到 1957 年,他是由联合国机构专门设立的负责管理国际民用航空运输的国际民用航空组织的第一任会长。他也写了一些工程学的教科书,并担任一些 NACA 委员会会长或委员。Warner 一生的传记构成了 40 多年来美国航空的形成历史。关于此的简单说明参见 T. P. Wright,"Edward Pearson Warner – An Appreciation,"Journal of the Royal Aeronautical Society 62(October 1958):691 – 703, and R. E. Bilstein,"Edward Pearson Warner,"in Dictionary of AMERICAN Biography, Supplement Six, 1956 – 1960, ed. J. A. Garraty, New York, 1980, pp. 665 – 667.

⑥⑤ Research Authorization No. 509, approved by Committee on Aerodynamics, December 9, 1935, by Executive Committee, NACA, January 14,1936. 虽然要求对研究的批判来自 Langley 本身,Hartley Soulé 认为在这种情况下"Langley 被要求做研究作为 Dr. E. P. Warner 的初创工作的结果"。关于 DC – E; H. Soulé. Synopsis of the History of the Langley Research Center, 1915 – 1939, unpublished ms. 这章引用的这些和其他原始文献在 Langley Research Center of the National Aeronautics and Space Administration. For "Translator," see H. G. Aitken, The Continuous Wave:Technology and American Radio, 1900 – 1932, Princeton, 1985, pp. 16 – 17, 20 – 21, quotation from 17, and Svntony and Spark – The Origins of Radio, New York,1976, pp. 332 – 333. 术语"连接器"和"监护人"也被分别应用于人们学习管理和传播创新。

⑥⑥ 三个阶段在计划的第一份报告中已经陈述(n. 68 below)n. 67 的谈话备忘录,表明在1936 年 5 月 4 日兰利的信中概述了该计划的最初轮廓,这个我无法查找。

⑥⑦ Memo, F. L. Thompson to Engineer – in – Charge, July 14, 1936.

⑥⑧ H. A. Soulé, "Measurements of the Flying Qualities of the Stinson Model SR – 8E Airplane," Confidential Memorandum Report, NACA, Washington, D. C., September 9, 1937, declassified; see also Memo, H. A. Soulé to Engineering – Charge, February 24, 1937. NACA. 20 世纪 30 年代早期之后的报告中提供的政策(有些是政府保密的)限制对象,其次经常在以后的时间,无限制公开(有时是不同的修改)相同材料的补发版本。这一双管齐下的政策,受到双方军事秘密的要求和为了使在开发 NACA 的研究中美国产业界领先外国竞争对手的共同约束,很难从出版记录中追踪 NACA 工作的时间排列顺序,参见 Roland(n. 8 above), vol 2, pp. 551 – 554.

⑥⑨ Soulé(n. 68 above), pp. 12, 43. 从出版记录中看,尽管他们的工作是 NACA 工作中最广泛最有影响力的,在兰利小组这并非单独发展改革飞行品质的方法。Eddie Allen 是这个时候的一个杰出的试飞员提到(n. 39 above, p. 90),当他测试 Sikorsky 公司为海军建造

的四引擎水上飞机时就制定了类似的飞行技术(没有确定,但描述了 1937 年 8 月 13 日 XPBS‑1 的第一次飞行;参见 R. WAGNER, American Combat Planes, 3rd ed. , GAARDEN City, 1982, pp. 314‑315)。尽管多番努力,但我不能找到这些测试的细节。

⑦ Letter, C. J. McCarthy to G. W. Lewis, February 24, 1938; Memo, R. R. GHruth to Chief, Aerodynamics DIVISION, March 23, 1938; H. A. Soulé, "Preliminary Investigation of the Flying Qualities of Airplanes," Report No. 700, NACA, Washington, D. C. , 1940.

⑦ Letter, Maj. F. O. Carroll to G. W. Lewis, March 24. 1937; Memo, F. L. Thompson to Engineer‑in‑Charge, July 14, 1937; R. R. Gilruth, "Measurements of the Flying Qualities of the Martin B‑10B Airplane (A. C. R. 34‑34)," Confidential Memorandum Report for Army Air Corps, NACA, Washington, D. C. , January 11, 1938, declassified.

⑦ Letter, e. p. Warner to G. W. Lewis, July 26, 1938; Warner, "Further Notes on Flying‑Quality Requirements for the DC‑4," August 1938; S. J. Lline, "Innovation Is not a Linear Process," Research Management 28(July‑August 1985): 36‑45, esp. 38‑39. Warner 试图安排 NACA 参与 DC‑4E 的飞行测试,但由于多种原因,努力没有结果;参见 e. g. , Letter, Warner to Lewis, December 28, 1937; Letter, H. J. E. Reid to Lewis, January 24, 1938; Letter, A. E. Raymond to Lewis, February 16, 1938; Memo, Lewis to Langley Laboratory, March 11, 1938; Letter, Lewis to Warner, August 3, 1938.

⑦ M. N. Gough and A. P. Beard, Technical Note No. 550, NACA , Washington, D. C. , January 1936, quotations from p. 11; W. H. McAvoy, "Maximum Forces Applied by Pilots to Wheel‑Type Controls," Technical Note No. 623, NACA, Washington, D. C. , November 11, 1937.

⑦ M. N. Gough, talk given to USS Yorktown squadrons V‑B‑5 and VB‑6, October 7, 1937, unpublished; Letter, L. V. Kerber to G. W. Lewis, March 18, 1938; Memo, H. J. Reid to NACA, March 26, 1938, Memos, H. A. Soulé to Engineer‑in‑Charge, April 2, 1938, and F. L. Thompson to Engineer‑in‑Charge, April 7, 1938.

⑦ 这个时期的实践(n. 50 above),NACA 并未出版这些工具的细节。以 Manual of NACA Flight‑test Instruments 为题的一套全面描述在兰利基地汇编。一份只供实验室工作

人员使用手册的副本,在一个仪表工程师也是贡献者之一的 Isidore Warshawsky 的私人文件中,我很感激 Warshawsky 先生在这方面提供的资料。

⑯ "Flight Investigation of Control and Handling Characteristics of Various Airplanes," Research Authorization No. 608, approved by Committee on Aerodynamics, May 23, 1938, by Executive Committee, NACA, June 21, 1938. 这个给予了一般授权,具体的飞行在不同的、个别的许可下测试。

⑰ 这个问题在这段通过 Edward Constant 为我提供。

⑱ Interview of White by the author, Palo Alto, Calif., October 16. 1985, May. 2, September 15,1986.

⑲ Interview of Robert R. R. Gilruth by James R. Hansen, Kilmarnock, Va., July 10, 1986.

⑳ M. N. Gough and R. R. Gilruth, "Measurements of the Flying Qualities of the Lochjeed 14 – H Airplane(Navy Designation XR40 – 1, Airplane No. 1441)," Confidential Memorandum Report, Washington, D. C., April 22,1939, declassified, quotations from pp. 8,9,12; Gough, "Notes on Stability from the Pilot's Standpoint"(paper presented at Air Transport Meeting of Institute of Aeronautical Sciences, Chicago, November 19,1938), Journal of the Aeronautical Sciences 6(August 1939):395 – 398, and "Safety in Flight – Control and Maneuverability," unpublished paper presented to National Safety Council, Aeronautical Section, New York City, March 29,1939. 洛克希德的飞机测试在介绍高夫的两篇文章中,解释了他为什么起初忽略了短周期振荡,而后被描述为潜在的"非常讨厌",甚至是"不安全的"(p.7)。这一不同的陈述是洛克希德吸取了短周期模式的教训。其他当代飞行员的言论包含在 B. O. Howard, "Desirable Qualities of Transport Airplanes from the Pilot's Point of View," Journal of the Aeronautical Sciences 6(November 1938):15 – 19.

㉑ "Requirements for Satisfactory Flying Qualities of Airplanes," Advance Confidential Report(unnumbered), NACA, Washington, D. C., April 1941, declassified, and Report No. 755, NACA, Washington, D. C.,1943; Gilruth interview(n. 79 above).

㉒ 这种纵向平稳的获得是通过调整水平稳定器的角度(水平尾翼表面的"固定"部分)

或平稳的调整片(升降舵的机翼后缘一个狭窄的可调整表面)。

㊸ R. R. Gilruth and M. D. White, "A NALYSIS AND Prediction of Longitudinal Stability of Airplanes," Report No. 711, NACA, Washington, D. C., 1941; White interviews (n. 78 above)。

㊹ Report No. 7555 (n. 81 above), p. 2.

㊺ R. T. Jones and D. Cohen, "An Analysis of the Stability of an Airplane with Free Controls," Report No. 790, NACA, Washington, D. C., 1941. 这一理论在 W. H. Phillips 的专门设计的飞行试验中被验证, "A Flight Investigation of Short – Period Longitudinal Oscillations of an Airplane with Free Elevator," Wartime Report L – 444, originally Advance Confidential Report(unnumbered), NACA, Washington, D. C., May 1942. 至少其他调查人在 20 世纪 30 年代后期降低了长周期模式的等级, Otto C. Koppen, 一个麻省理工学院的公认的稳定性和控制方面的权威, 1936 年遵循被认可的传统, 通过建议周期的需要以及针对业余飞行员的飞行中的长周期振荡的阻尼的需求("Smart Airplanes for Dumb Pilots," paper presented at Annual Meeting, Society of Automotive Engineers, Detroit, January 13 – 17, 1936)。相反地, 四年后, 由于未详细说明的"经验"的结果和模拟计算机上驾驶飞机系统, 他以惯常的生动风格写道:"长周期纵向振荡阻尼的却反常地被飞行员忽略, 结果是任何驾驶员能够很好地飞行任何看起来像飞机的东西。"["Airplane Stability and Control from a Designer's Point of View," Journal of the Aeronautical Sciences 7 (February 1940):135 – 140, quotation from 138.]然而, Koppen 未对短周期振荡做任何陈述。接下来关于长周期模式的阻尼的需求的利用的资料来源于飞行品质方面的权威布罗伊豪斯, 他在 Cornell Aeronautical Laboratory(现在的 Arvin/Calspan) in Buffalo.

㊻ Perkins (n. 7 above, p. 297) credits Gates with the criterion. Gilruth(私人信件)确信他们都独自达到了。Gates 的出版物("Proposal for an Elevator Maneuverability Criterion," Reports and Memoranda No. 2677, Aeronautical Research Committee, London, June 1942.)引用了 Gilruth 早些年的分类报告(偶然引起了兴趣但未解决的关于分类中的问题)但一方面没有给出想法起源的任何迹象。Gates 推测到达了它在以前的某个时候。

㊼ 同上, 第 3 页。

⑧ 重力加速度的结果和机体的品质等同于机体在重力场的重量。多倍的"g"因而可以方便的测量因为飞机加速而在升起时必须增加的明显的(或虚拟的)增长重量。

⑧ 在不同类型的飞机中只有两个不同地方的需求有不同。另一方面,副翼滚转率标准,需求的陈述依然形式上统一,因为机翼翼展、飞机间的有关差异能被包含在一个规模参数内。结果的有效性以 20 架不同的飞机的相关性为基础。

⑨ Report No. 755(n. 81 above) , p. l.

⑨ Memos(n. 53 above);采访 Robert R. Gilruth 由 Michael D. Kellerat 在 NASA. Mannerd Spacecraft Center. Houston, Tex, June 26, 1967; I. L. Ashkenas, "Twenty – Five Years of Handing Qualities Research," *Journal of Aircraft* 21(May 1984): 289 – 301,引用自第 290 页。一个看起来的不一致出现在 1939—1940 年设计的 B – 25 上 [R. Wagner(n. 69 above) , p. 219] , in an NACA report published in generally available form in 1941. R. R. Gilruth and W. N. Turner, "Lateral Control Required for Satisfactory Flying Qualities Based on Flight Tests of Numerous Airplanes," Report No. 715, NACA , Washington, D. C. ,1941. 与 NACA 的政策一致,这个报告会可能已经用了对于 Ashkenas 早期的限制形式。Gilruth – Turner 的报告不经意地提供一个包括飞行品质需求的很好的例子。滚转率是一个特别的令人烦恼的特征, 28 架飞机被测试是否达到这个发布的标准。至于布罗伊豪斯,参见 n. 85 above。

⑨ "Specification for Stability and Control Characteristics of Airplanes," SR – 119, Bureau of Aeronautics, Navy Department , Washington, D. C. , October 1, 1941; "specification No. C – 1815, Army Air Forces," Dayton, Ohio, August, 1943.

⑨ Civil Aeronautics Authority, "Amendment 56, Civil Air Regulation," Federal Register, June 1, 1940, pp. 2100 – 2103. Civil Aeronautics Board, "Amendment 04 – 0, Airepalne Airworthiness, Transport Categories," ibid. , January 3, 1946, pp. 71 – 102, esp. 74 – 76. 对于另一个飞机规范的例子参见 Flower *et al.* (n. 51 above) , pp. 19 – 21. 军用和民用飞机的规范差异是由 Richard S. Shevell 告诉我的,他有段时间任道格拉斯高级设计长官。

⑨ 由兰利的飞行研究工程师 Richard V. Rhode , Langley 的报告,他在 1938 年 1 月 1 日目击了一个飞机的飞行测试;Memo to Engineer – in – Charge,1938 年 7 月 7 日。

⑨ NACA 的测试数量来自于一个由 W. H. Phillips 做的报告,"Appreciation and

Prediction of Flying Qualities," Report No. 927, Washington, D. C. ,1949, p. 1. 在现在的叙述中,接下来工程调查的发展参见 Harper, Cooper(n. 7 above), pp. 520 – 523; W. H. Philips, "Flying Qualities from Early Airplanes to the Space Shuttle," Journal of Guidance, Control, and Dynamics 12(July – August 1989):449 – 459. 对于飞机的变量—稳定性,参见布罗伊豪斯, "The Variable Stability Airplane, from a Historical Perspective"(现有的)。对于有代表性的军事机的规范,参见"Specifications for Flying Qualities of Piloted Airplanes," NAVAER SR – 119B, Bureau of Aeronautics, Nave Department, Washington, D. C., June 1, 1948, and "Military Specification – Flying Qualities of Piloted Airplanes," MLF – F – 8785C, Department of Defense, Washington, D. C., November 5, 1980; See D. J. Moorhouse, "The History and Future of U. S. Military Flying Qualities Specifications, "Paper No. 79 – 0402, Presented at 17th Aerospace Sciences Meeting of American Institute of Aeronautics and Astronautics, New Orleans, January 15 – 17, 1975.

(96) Equipment Agreement(n. 60 above), pp. 4 – 7,描绘了沃纳作为一个调解人的角色,或者来自个人的同 Warren T. Dicknson,在 DC – 4E 的飞行测试相一致。

(97) W. A. Patterson to executive heads of the four other airlines quoted in Corporate and Legal History of United Air Lines(n. 59 above), p. 360.

(98) 这个和接下来的四段特别有益于同 Ilan Kroo 的讨论。

(99) 很多年前由布罗伊豪斯 (n. 85 above)的提出,他针对飞行品质的军队的规则的改变提出给出一个模糊的叙述。

(100) 同上,这个问题因为 Mr. Breuhas 的引入而引起我的注意,也可参见 Moorhouse(n. 54 above), p. 4.

(101) Milliken and Whitcomb(n. 54 above), p. 292.

(102) Schön (n. 2 above), p. 172.

(103) 就我注意到的而言,自动例子的历史研究还没有进行。1956 年,在 Cornell Aeronautical Laboratory, Inc. 有五篇文章总结了研究项目回顾了工程学状况,参见 Milliken, Whitcomb(n. 4 above), esp. pp. 299 – 301. For telemanipulators, see J. Vertut, P. Coiffet, Teleoperation and Robotics: Evolution and Development, London, 1986, pp. 44 – 45. 关于钢琴

的信息来自于同 Edwin M. Good 的讨论；see also his Giraffes, Black Dragons, and Other Pianos: A Technological History form Cristofori to the Modern Concert Grand, Standfor, 1982, pp. 56 - 58. 对于人类因素工程,参见 G. Salvendy, ed. Handbook of Human Factors, New York, 1987.

⑭ Constant (n. 3, above), quotations from pp. 8, 9; the quotation on test pilots and engineers is from Perkins(n. 7 above), p. 297.

⑮ Constant (n. 3 above), p. 10. See also R. Laudan, "Cognitive Change in Technology and Science," in The Nature of Technological Knowledge: Are Models of Scientific Change Relevant? ed. R. Laudan, Dordrecht, 1984, pp. 83 - 104, esp. 93 - 95 and J. M. Staudenmairer, S. J., Technology's Storytellers: Reweaving the Hume Fabric, Cambridge, Mass. , 1985, pp. 64 - 69.

⑯ 适当的飞机比较测试,Robin Higham 已经写了"很难想象另一个领域,除了可能的自动化工业一个新的设计的命运已经由技能、观察和测试全体的观点决定"。In review of Hallion (n. 27 above), Technology and Culture 24(January 1983):146 - 147,引自第 147 页。

⑰ Constant (n. 3 above), pp. 20 - 24, 41 - 51, quotation from 20 - 21. Constant (p. 220) also mentions the second type in passing.

⑱ 这里的判断描述的是在我们的时代结束的时候或者之后的大部分时间我们坚持怎样的态度,像工程师已经试着确定多少稳定性构成了"太多"已经变得缓和了,当前的理解是飞行员真的想坚持但是没有过多的驾驶杆运动或者功率,并且,这两个需求不是(也许早些的评论建议)必须是彼此独立独一无二的。

第四章
设计的理论工具：控制体积分析
（1912—1953）

［112］ 通常在抽象的意义上有时可以这样说,工程师对他们的问题思考与科学家有所不同。本章找出了那一差别的一个特定事例,追踪了它的历史,并分析其背后的原因。我认为,在目前的情况中,这一差别主要是由科学与工程在物理问题和经济约束上的差异结合起来形成的。研究的结果讲到了与科学有关的工程科学,谈到了工程知识是累积的意义以及工程思维方式的重要性。它们的根本区别在于工程是创造人工制品,科学是对理解的追求,这一点是基本的、决定性的并且贯穿始终。

最引人注目的是,所讨论的例子显示了现代工程学和物理学教科书处理热力学问题的方式,热力学是这两个领域都关注的重要问题。工程学教科书经常谈到所谓的控制体积（control volume）,即一个具有某些特征,为了分析而引入的想象空间体积。这些教科书普遍都是用图（传统上是借助虚线）来表示闭合包围这一体积的想象的"控制面"（control surface）。另一方面,物理学家所用的热力学教科书则基本上不出现这些概念和图示。同样的差别体现在有关流体力学的教科书中,在过去的 50 年里,物理学家至少是在相对有限范围内来关注这一主题。这些文献资料上的不同之处为思考科学和工程之间的差别提供了显而易见的证据。[①]

如前述所示,当我仍关注科学和技术的关系时,本章最初的重点就出现了。这一论题在这里是相关的,因为所考虑的思维方式以及体现这种思维方式的数学的形式体系都直接源于设计的需要。工程师需要分析的工具以进行设计计算,控制 [113] 体积以及与此相匹配的方程可在航空、机械、土木、化学工程师必须处理的各种流体流动装置中起作用(正是对这一关联的作用做出正确判断姗姗来迟才使得我转而去关注设计)。这样的工具如控制体积有时是从现有的科学中得到的。即便如此,科学知识通常必须重新表述才能使之为工程师所用。由此,工程知识即使与科学紧密联系,也会展示出自身的目标和特征。

控制体积分析的性质

图 4-1 和 4-2 是来自两本著名的工程热力学教科书中的典型的控制体积图例。如图所示,控制体积是一个任意选择的固定在空间中的体积,其中有流体流经其中。在每个例子中用封闭虚线来表示想象的控制面,它将控制体积与其环境(即体积之外的每一事物)做出划分。在某些应用中(如图 4-1),热量 Q 还可以流经控制面的某些区域,机械功 W_x 可以依靠转动轴穿过控制面来传递。在其他的应用中(如图 4-2),一些重要的力 F_x(在这一情况中表示为分布压力的合力)可以作用于控制面内的流体。然而,在所有的例子中,流体(液体或气体)必须根据通过控制面某一处(如图 4-1 中控制面与蒸汽管的相交之处,或图 4-2 中控制面横截入口管道之处以及横截喷嘴出口之处)的流量来定义。这个要求源于这样一个事实,控制体积是专门用来分析流体流动问题的,它发生在工程师必须妥善处理的如发动机、火箭、锅炉、叶轮机以及其他各种装置中。

[114]

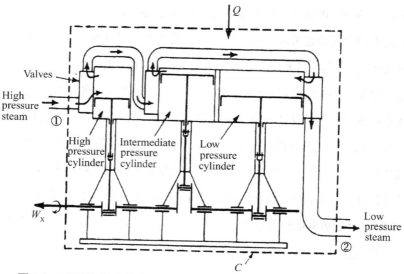

图 4-1　三胀往复式蒸汽机（triple-expansion reciprocating steam engine），控制面为虚线 C。（资料来源：D. B. Spalding and E. H. Cole *Engineering Thermodynamics*，3rd ed.，London，1973，p. 139，经 Edward Arnold 有限公司允许引用。）

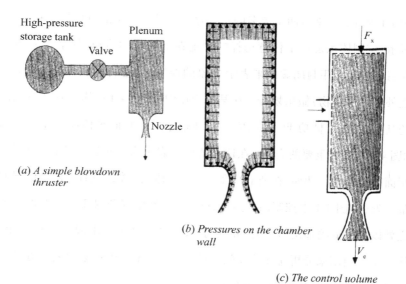

图 4-2　减速推进器（资料来源：W. C. Reynolds and H. C. Perkins，Engineering Thermodynamics，2nd，ed.，New York，1977，p. 348，经 McGraw-Hill 书局允许引用。）

控制体积的重要性在于它为流动装置提供了一个方便的机制,在此机制内可应用支配质量、动量、能量以及(对于偶发问题的)熵的物理定律。这种应用得出了一般的积分方程,这些方程包含体积内的变化、各种流经控制面的量的传输以及作用于体积内物质的力。可以说,这些方程做出了一个规定,即要求对进出控制体积的物理量进行系统分门别类的登记。工程师在给定情形下选择控制体积,既便于方程式的应用,也便于关注他已经知道的和他需要发现的量。根据某一文本的建议,这一边界应该划定在"要么是你知道某种事情的地方,要么是你想要知道某种事物的地方"。[2]选择可以要求具有灵活性,而且可以使控制面独立或紧贴装置的外部轮廓(contour)(分别见图4-1和图4-2)。因此,控制体积分析包括两个要素:(1)控制体积(或控制面)和(2)控制体积方程。有了这两个要素,工程师就有了一套系统明确的方法来考虑一类大型而重要的工程装置并为之展开设计计算。[3]

〔115〕

另一个可在其中应用物理定律的框架是控制质量(control mass),这是给定性质的物体的任意集。[4]根据定义,与控制体积的情形相比,不存在物质、流体或其他东西可以流经区分物体及其环境的想象边界。[5]与控制体积不同,对物理学家以及工程师来说,控制质量是热力学教科书的共同特点。几乎所有令物理学家感兴趣的热力学问题(如物理、化学的和电的物质属性)基本上都不涉及流体流动,这就易于进行控制质量分析。至于像内燃机的压缩和点火冲程这样的一些工程问题,也只是工程问题中的一个较小的部分。如果确实涉及流体流动的问题,那么原则上同样可以依靠控制质量分析来处理。然而,除了最简单的情形外,由于给定特性的大量流体边界会随着流体流动而改变其形状和位置,所以在所有的情形中,这一处理是非常复杂的。一位在历史叙述中占有重要地位的工程师阿舍尔·夏皮罗(Ascher Shapiro)对流体流动状态作了如下特征刻画:"流体完全是流动的,因此很难在持续时间内界定给定质量流体的边界。特别是在涡轮装置内部,在那里出现了复杂的过程,而且流经装置的流体的不同微粒经历着不同的过程。由于流体在运动中,因此,从流体要流经的给定空间体积方面来思考,要比从具有确定特性的流体的特定质量方面来考虑更简单一些。"⑥这一情形就类似于下述情形,如果在大城市的交通工程师试图根据最初的明确分组来长期跟踪车流量,并以此方法来进行记录,他们就会变得不可思议地混乱。相反,他们采用的是简单的步骤来计算通过固定边界的车流率(the rate of flow of cars)。

[116]　　　但是,在思考和分析上的可行性并不是控制体积的唯一优点。另一个同样重要的优势,用历史发展中一位重要人物路德维希·普朗特(Ludwig Prandtl)的话来说:"(控制体积分析)定理的无可置疑的价值在于,它们的应用使人们可以仅仅根据边界条件的知识就能得到物理问题的结果。这就无需对流体的内部或运动机制做出说明。在未能写出运动方程式或至少不能使之整合起来的地方,这些定理通常是有用的,而且在无需详细说明的情况下它们就可以提供一般流体流动的知识。"⑦就是说,工程师通常必须处理的流动问题是如此复杂,以至于在整个流动过程中,基础的物理学都未能完全理解它,或详细描述现象的微分方程未能完全得到求解。在这个情形中,控制体积分析仅仅借助关于边界的信息而忽略内部的物理学,就能提供有限但非常有用的关于总体性质的结果。例如在图4-1中,无需涉及汽缸内部的复杂过程就可以有效地计算出发动机的功率;在图4-2中,无需了解流经喷嘴的复杂细节就可以发现推进器所提供的作用力。当然,忽视内部细节的优点,可以如同在控制体积上应用一样来应用到控制质量的分析中。当然,若是在流动问题中这一优点是至关重要的话,控制体积的更简单的优势就使之成为这种问题的有用选择。

　　　由此,控制体积分析的效用取决于两个必要条件:第一个必要条件是处理流体流动问题的需要。这是基本的要求,因为没有流动,就没有控制体积分析。第二个必要条件是,一旦第一个必要条件得到满足,对总体(相对于具体细节而言)结果的关注就成为必要,这通常是由于问题中存在的一些困难因素。当这些必要条件如通常那样一起出现时,在控制体积的方面来进行思考变得几乎是必不可少的。在这种情形的驱动下,现代工程师把控制体积分析发展成为一种有影响力的、严密的和相当精美的分析方法。由此就引出了历史问题:控制体积分析何时并且通过何种过程成为工程的一个明确、系统的思考方法? 对于它的出现和采用,除了那些已经提到的原因外是否还有其他的原因?

明确的和系统的这两个词对这些问题至关重要。如我们将看到的,在控制体积的观念远未被组织成足以称之为方法之前,它们就在个别问题的特定求解中被不明确地使用过。这一使用显然在一定程度上涉及了控制体积的思考。但是,这样的使用还不足以构成我所定义的以及在当代工程文献中出现的控制体积分析。

在接下来的叙述中,关注热力学和流体力学之间的区别是必要的。热力学始 [117] 于热能和相关能量转换的物理定律,包含了这些定律可从中获得应用的一切问题。流体力学(除了流体静力学中相对较少的领域)试图解决流体运动问题,为此它在既定的情况下运用所必需的任一物理概念和定律。由此可见,这两个学科在流体运动问题上是重叠的,在那里热能及热能定律是必不可少的。这一共有的方面有时使这两个学科看起来似乎是相同的。在我们的叙述中,区别和重叠两者都会起作用。

控制体积分析的发展

作为一种明确和系统方法的控制体积分析似乎起源于 20 世纪早期的流体力学。控制体积分析应当来源于流体力学而不是现在看起来如此明显的热力学,这一看法是可以理解的。直到完全进入 20 世纪以前,科学和工程学关注的热力学问题大部分都不涉及流体流动——控制体积的必要条件。因而控制质量的观念就已足够。另一方面,在流体力学中,近 200 年的时间里都在处理这样的问题,根据定义它们包含了流体流动,这样就引入了控制体积的方法。然而,这些问题只涉及不可压缩流体(如液体或低速气体),它们无需引入热能概念就可加以处理。流体力学因而能够独立于热力学而得到发展,至于能量关系只是局限在机械能各种形式的基础上来考虑。因而,当控制体积分析出现时,流体力学和热力学的区别就非常清楚了,只有在流体力学中才需要控制体积的观念。

　　基于这种需要,18世纪和19世纪的水力学和流体动力学的奠基者和实践者常常诉诸控制体积的思考。他们大多这样做了,但是以一种不太明显的方式用于解决特定的、孤立的问题(一般来说,个别问题的解决是系统概括的首要条件)。这一时期控制体积分析的应用,实际上部分与克利福德·特鲁斯德尔(Clifford Truesdell)所称的“欧拉分割原理”(Euler's cut principle)的产生和应用密切相关,该原理始于18世纪中叶,是连续介质力学的基础。用特鲁斯德尔的话来说,这一原理指出“讨论一个物体运动的方式就是把它分成可想象的两个部分:内部和外部,然后用边界上所定义的场(field)来表示外部对内部的全部作用”。根据特鲁斯德尔的说法,莱昂哈德·欧拉(Leonhard Euler)可能并不是第一个提出这个原理的人,“他反复地越来越灵活、普遍和直接地使用这个原理,以至于他关于水力学的研究在18世纪中叶就彻底地让所有人都有所了解”。⑧但是分割原理自身并不区分控制体积和控制质量。而且,就它只适用于前者而言,20世纪以前这种方法的应用与今天所看到系统分析方法几乎没有相似之处。

[118]

　　关于控制体积的一个明确、单独的例子,虽然还不是控制体积方程,出现在丹尼尔·伯努利(Daniel Bernoulli)1738年的著作《流体动力学》(*Hydrodynamica*)中,该书奠定了这一领域的基础并以此得到命名。在一个分析中表明,垂直撞击一个平板的喷射力等于射流从中流出来的容器所经受的反作用力,就图4-3而言,伯努利这样写道:“可以假定平板 *EF* 被固定到容器上,水流被侧面 *CHDGLM* 所包围,因此可以假定水是通过环形开口 *DEGF* 从容器 *ABCHDEFGLM* 中流出。”⑨想象的控制面 *ABCHDEFGLM*,虽然没有给出它后来的名称或用虚线显示,但却是显而易见的。

　　对伯努利之后的18世纪和19世纪文献的有限研究显示,没有其他人在这一点上有这样的自觉或明确。然而,不难发现在解决个别问题的过程中不明确运用了控制体积的思考(或其对应物)。举一些显著的例子就足够了:如欧拉在1754年首创的对反动式涡轮机(reaction turbine)的论述,吉恩·查理·德·博尔达

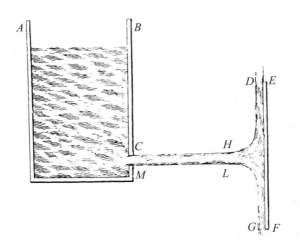

图4-3 来自容器的液体喷射流,它撞击到一个平板上(资料来源:D. Bernoulli, *Hydrodynamica*, Strasbourg, 1738, fig. 84.)

(Jean Charles de Borda)在1766年对通过某类排气管,即所谓的博尔达管嘴喷射出容器的射流的压缩作用分析,罗伯特·弗劳德(Robert Froude)在1889年第一次对船用螺旋桨动量理论的正确推导。[①]这些问题的解决积累起来,使控制体积的观念逐步为水力学和流体力学工作者意识到,虽然是以一种没有条理和不太明确的方式。通过18世纪和19世纪的流体力学的文献追寻这种积累的过程是我从未尝试过的一件艰巨的任务。

　　幸好这对当前的目的来说并不重要。重要的是控制体积的观念在20世纪初期含蓄地出现在技术文献中,出现了一系列运用该观念来提供解决方案的实践问题。而且,这些解决方案出现在当时的工程学教科书中。典型的案例就是美国的亨利·博维(Henry Bovey)(1895)和英国的F. C. 利(F. C. Lea)(1911)关于水力学的文献。[①]这些著作包含了已提及的大部分问题——射流反应、射流冲击、反动式涡轮机和博尔达管嘴——此外还增加了一些问题,如流管突然扩张中的能量损失以及流体流经管道弯头时施加的力。与具体结果相对照,这些问题都涉及总体结果。它们的共同特征还包括它们的解决主要取决于关于动量的定律应用,正是详细考虑流体流动动量变化的需求推动了控制体积观念的形成。出现在博维和利的

[119]

著作中的能量定律,结合隐含的控制体积观念,只是为了推导出伯努利方程(Bernoulli equation),但这是一个重要且直接的应用,它把沿流线(流体微元所遵循的路径)的无摩擦流能量的各种形式连接起来。两位作者根据问题而非根据(至今仍未清晰的)方法来对他们的解决方案做出了分类,其结果是这一论述分散于书中各处,任一作者都未尝试做出统一的论述或提出一般方程。博维也在他的一些解决方案中运用了控制质量而非控制体积的观念,但并没有意识到它们之间的区别。[12]各种问题被单个论述而没有归集为一种常用方法。

[120]

综合成一种常用的方法最早明确地出现在 20 世纪 10 与 20 年代普朗特在德国的工作。普朗特(图 4-4)是一位工程师,在慕尼黑工业大学(Technical University of Munich)获得博士学位。他于 1904—1946 年在哥廷根大学(University of Göttingen)的研究和教学使他成为现代流体力学的重要贡献者之一。他最杰出的学生西奥多·冯·卡门(Theodore von Kármán)认为,他"对物理现象具有得天独厚的难得的慧眼,并且具有将之变成相对简单的数学形式的非凡能力"。[13]也许他已经把"组织有序"加到了"简单"之上,普朗特对控制体积观念的整理正显示出了这样的特征。

相当有趣的是,哥廷根关于控制体积方法的第一本著作并非出自普朗特之手,而是来自卡门 1912 年著名的关于涡列的理论研究,涡列出现在钝体(bluff body)后(即卡门旋涡尾迹,Kármán vortex trail)。1909 年,卡门从普朗特那里获得博士学位,1912 年他成为普朗特的研究生助理,他清晰而熟练地运用控制体积和动量因素把物体阻力、漩涡间距和移动速度联系起来。同年,卡门和一位博士研究生鲁巴赫(H. Rubach)共同撰写了一篇更为概括的论文,在文中,控制面在其中一个图中被明确描绘出来,虽然作者并未用到控制体积或控制面这样的术语。在具体问题上的超前的、特定的运用表明了自觉使用控制体积的观念正是哥廷根的学术氛围。[14]

当然这在普朗特的思想中同样存在。他于次年发表在《自然科学词典》(Handwörterbuch der Naturwissenschaften)中的流体运动的文章,给了我关于将控制体积概念系统地运用于一系列问题的第一个例子。普朗特开始探讨进入和离开任

图 4- 4　路德维希·普朗特（1875—1953）（资料来源：National Air and Space Museum, Smithsonian Institution.）

意长度的流管（一个有点小的想象的流管，环绕一个流线，并且可设想流体流经其中）流体的动量一般处理方法，并给出计算相应反作用力的一般数学过程。在一个定义了控制体积并引入了最终成为标准的术语和惯例的陈述中，他写道："为了正确地应用这个动量程序，流体的质量必须用一个合适的封闭面包围起来，这个封闭面我们称之为……'控制面'（Kontrollflläche）（在接下来的一些图中用虚线来标示），并且所有进入和离开流管所产生的反应必须予以计算。"在此基础上，他把这个一般程序相继应用到像博维和利的著作中的五个问题上，以及额外的问题上，（如由直升机施加的）重负载的气动上升。其中一幅图可见图 4-5。然而，在这篇文章中，普朗特没有在任何地方明确地写下支配动量的控制体积方程，而这种处理也使控制体积概念的系统表述有待改善。其主要的贡献是以一般方式明确且恰当地确立了控制体积的概念，而且把大量的问题归集到同一个理论框架之下。其后40 年，普朗特在一系列有影响力的德语和英语出版物中再现了同样的资料，但没有实质性的变化。[15]

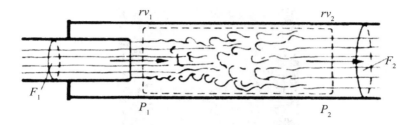

图 4 - 5　　在突然扩张的管道内的流动〔资料来源：Ludwig Prandtl Gesammelte
Abhandlungen，3vols.，Berlin，1961，vol. 3，p. 1441，经施普林格出版集团(Springer –
Verlag)允许复制。〕

　　普朗特在 20 世纪一二十年代的出版物和讲授中更加清晰地运用控制体积的
观念。1917 年，在他的两个同事关于飞机螺旋桨实用讨论的附录中，他清晰地阐
述了螺旋桨的动量理论，将两个不同的控制体积用于分析的不同部分(图 4 - 6)。
1925 年，他用控制体积方法，通过分析管内所谓半体(half body)阻力(图 4 - 7)来修
正了另一个作者著作中的错误。更重要的是，他在课程讲授中对这些问题连同
《自然科学词典》(Handwörterbuch)中的问题作了改进，这次讲课被他助手奥斯
卡·蒂金斯(Oskar Tietjens)记录下来并在 1929 年和 1931 年分两册出版。在 1934
年出版的英译本第一卷的专门一章中，普朗特和蒂金斯通过从控制质量到控制体
积的数学转换来推衍出支配动量的一般控制体积方程(牛顿的动量定律用给定特
性的质量来表述，对严格的推导来说，这一转换在逻辑上是必要的)。这些材料所
提供的表述比以前控制体积概念要更完善，更令人满意。接着，作者在同一章中把
一般方程组运用到六个问题上，其中五个问题曾在《词典》中出现过。在第二卷
中，他们利用同样的方程来讨论半体和卡门涡迹，以及其他两个问题，即在理想流
体中(所谓的达朗贝尔佯谬)运动的任意形状物体的零阻力以及在实际流体中根
据物体后尾迹流动的测量对物体阻力的计算。通过对这十个不同问题的系统化论
述，控制体积分析的影响力和严密性是显而易见的。现在，学生和实践工程师在处
理其他问题时就有了可遵循的明确方法和例子。⑯

[123]

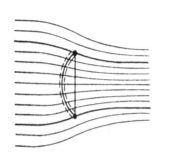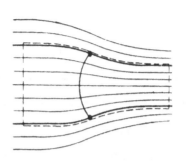

图 4-6 螺旋桨动量理论的控制体积。相对于螺旋桨,观察者是静止的,流动为从左到右。螺旋桨的有效桨盘为凹进右边的曲线。(资料来源:Ludwig Prandtl Gesammelte Abhandlungen, 3vols., Berlin, 1961, vol.1, p.303,经施普林格出版集团允许复制。)

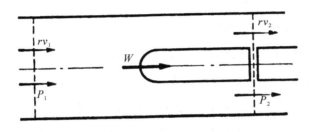

图 4-7 管道内"半体"。(资料来源:Ludwig Prandtl Gesammelte Abhandlungen, 3vols.,Berlin, 1961, vol.2, p.618,经施普林格出版集团允许复制。)

在此,我们可能会问,是什么使得普朗特做出这个综合呢?尽管有一些影响因素可以考查,但是我们确实不知道答案。普朗特在慕尼黑的博士奥古斯特·弗普尔(August Föppl)教授,被人们认为在把理论应用到德国一般工程设计方面有着重要影响。虽然他的畅销书《力学技术讲座》(Vorlesungen über technische Mechanik)在1897—1910 年分六卷出版,但所包含的控制体积方法甚至比博维和利的著作还要少。涉及水动力学技术的教科书在普朗特时期的德国数目众多,但是这些著作的内容表明他对其他作者的影响远大于其他作者对他的影响。[①]激励 20 世纪初期水力学众多发展的一个有影响的因素是来自航空学对流经周围流体物体的力的分析要求(与管、孔、喷嘴和涡轮内的早期水动力学问题相对比)。来自于这方面的影响明显地体现在普朗特和卡门应用该方法所要解决的一些新问题当中,如直升机

[124]

的升力、螺旋桨的推力和各种运动物体的阻力。而且,伴随着这些新的问题加上其他人所积累的问题,这些资料几乎都需要综合的处理。另外,这种综合处理同普朗特学院的亨特·劳斯(Hunter Rouse)和西蒙·因斯(Simon Ince)在《水力学史》(*History of Hydraulics*)著作中的一系列贡献完全一致,"分析方法既不是数学的抽象也不是经验公式,而是对可理解的物理推理的实际应用"。[18]凭借其普遍性和组织力,控制体积分析为这些推理提供了有用的理论框架。但是,除了普朗特之外,动机和环境的同样的复杂性也影响了其他人。我在讨论中对这些影响会回到一般性考虑。最后,如果控制体积分析必须加以系统化,那么发展无疑迟早会出现,而必须有人提供必要的洞察力和综合。不论出于何种直接的原因(我知道在这方面并没有任何自传材料),普朗特就是那个人。

虽然普朗特的课程讲授标志着控制体积分析作为一种系统的方法的出现,但他的论述仅仅针对不可压缩流动并且只关注控制动量的方程式。他对能量定律的关注仅限于机械能量。这些对不可压缩流动的限制因素,同样作用于液体,而且对很低速度气体而言是一个可接受的近似值。如果要把普朗特的论述拓展到可压缩气体(即高速气体)上,还必须考虑涉及能量的范围更广泛的因素,可以从热力学中引入热能概念。控制体积分析在第二次世界大战后一般概括为以下两个影响因素:(1)随着航空飞行速度的提高,不可以再忽略可压缩性对气动力的作用;(2)分[125]析冲击波和其他发生在原子爆炸和弹道发射流中的固有压缩现象的不断增长的需要。这些影响产生了流体力学和热力学的交叉学科:气体动力学(gas dynamics)。

在概括可压缩流动的时候,控制体积分析作为一种系统的方法还没有出现在热力学本身或将热力学应用到热能工程的范围内。[19]在这里,我们只考虑工程热力学,因为控制体积至今还没有出现在物理学家的热力学研究中。1905年普朗特在《数学百科全书》(*Encyklopädie der mathematischen Wissenschaften*)提交了一篇关于专门的热力学的文章,尽管他论述了流体流动,但是他觉得没有必要在热力学讨论的问题中引入控制体积观念。更令人惊讶的是,在所提到的德国文献资料中显然没有出现来自奥雷尔·斯托多拉(Aurel Stodola)从1903年到1924年著作中关于在蒸汽和燃气涡轮机的先进工作中关于控制体积的分析。斯托多拉是苏黎世联邦理工大学(Federal Technical University)的教授,他在完成其较晚的著作时无疑就知道普朗特的工作进展,而且控制体积对他来说应该是一个有用的概念。不过,在他的基本热力学方法中并没有出现这一概念。在美国,直到 20 世纪 40 年代工程热力学的教科书中才不明确地——有时还是以相当好奇和怀疑的方式——运用控制体积的观念来推导流管内的定常流动(steady flow)能量方程,其他的就鲜有出现。保罗·基弗(Paul Kiefer)和密尔顿·斯图亚特(Milton Stuart)在他们的《工程热力学原理》(Principles of Engineering Thermodynamics)中(20 世纪 30 年代标准的美国文本),表明了在能量(当然,包括热能)的一般控制体积方法中什么是有效的。然而,他们并没有继续拓展和推导出相关的方程。麻省理工学院的约瑟夫·基南(Joseph Keenan)在 1941 年出版的《热力学》(Thermodynamics)中包含了对控制体积(虽然不是以此来命名)的明确和详细的运用并且推导出了定常流动的能量方程,该书一度成为当时关于这一主题最有影响力的工程学文本。但是,基南的推导是对吉莱斯皮(L. J. Gillespie)和科(J. R. Coe)于 1933 年发表的化学热力学方法的拓展,这一方法与普朗特的控制质量的转换相比,含混且不容易处理。放眼看去,热力学中关于流动状况的分析水平相对于普朗特在流体力学的综合来说还是落后的。尽管热力学为气体动力学提供了重要的思想,但其中并不包括控制体积分析。[20]

　　到此为止,叙述主要是关于德国状况的讨论。接下来我将只限于对美国的考察。尽管同样的概括发生在德国,在美国的详细情况对我想要表明的观点已经足够。[21]　　　　　[126]

　　在美国,将控制体积分析概括为完整的形式来自麻省理工学院的工程学教授的工作。它首先出现于 1947 年杰罗姆·亨塞克(Jerome Hunsaker)和布兰登·赖特迈尔(Brandon Rightmire)导论性的水力学的文本中。亨塞克是航空工程学教授,赖特迈尔是机械工程教授,他们的著作展示了在这两个研究领域中的影响。不久之后,1953 年他们的同事夏皮罗在其著作中的第一册中出版了关于可压缩流动更为完整形式的版本。夏皮罗与基南在 1946 年获得了麻省理工学院的机械工程博士学位,并在担任机械工程专业的教授期间出版了他的著作。尽管他的著作与机械工程可以明确区分,但同样受到了航空学的影响。亨塞克、赖特迈尔以及夏皮罗的著作以相同的方式把控制质量转化成控制体积,并且推导出关于质量、(线性或者三角)动量、能量以及所有可压缩流动的控制体积方程。夏皮罗首先记录了控制体积与熵的关系。这些著作都使用了"控制体积"和"控制面"这些术语,并按照普朗特的惯例用虚线来表示后者。这些文本不仅给出了在特定问题上的一般应用,而且还构成了一类训练,要求学生在新的和不熟悉的情形下应用这些概念。由此,控制体积分析已经基本具备了完整的形式并出现在现代工程学文本中。②

关于麻省理工学院活动的进一步证据是戴维·穆尼(David Mooney)的《机械工程热力学》(*Mechanical Engineering Thermodynamcis*)教科书,类似于夏皮罗在 1953 年的工作。穆尼是波士顿杰克森 - 莫兰(Jackson & Moreland)咨询公司的一名工程师,曾在 1945—1952 年间担任麻省理工学院机械工程学的助理教授。他对控制体积的论述虽然清晰明确,但与亨塞克、赖特迈尔特别是夏皮罗的工作相比,缺少了严谨性和广泛性,他的书只涵盖了能量。虽然并非十分明确,但穆尼的书表明了在麻省理工学院控制体积分析的概念是如何贯穿始终的。㉓

对麻省理工学院发展的产生更多影响的是来自普朗特在德国的工作,而非他早先在美国的工作。在 20 世纪 30 年代的美国,一些流体力学作者开始初步尝试控制体积分析,奥布赖恩(M. P. O'Brien)和希科克斯(G. H. Hickox)做出的论述最[127]令人满意,他们的著作可参见亨塞克和赖特迈尔文本中的参考文献。但这些尝试与普朗特工作的相比,充其量是粗糙的和不完整的。夏皮罗记得,在亨塞克和赖特迈尔的著作出现的时候,他关于控制体积的观点"已经具有相当好的结构,并做了很大完善",而且它们"无疑几乎都是出自同一来源,即这一概念在德国的发展"。海瑞克·彼得斯(Heinrich Peters)曾在哥廷根担任过助理,1931—1940 年担任麻省理工学院的教员,夏皮罗清晰地记得听他讲过关于动量的控制体积方程的课程。亨塞克和赖特迈尔在书的序言中承认他们在流体力学的课程不仅受益于彼得斯,而且得到一位从 1939 年开始就成为哈佛大学教员的理查德·冯·米泽斯(Richard von Mises)的帮助。米泽斯在 1920—1933 年担任柏林大学(University of Berlin)应用力学专业的教授,他与普朗特保持了长时间的通信,肯定知道他关于控制体积的工作。1941 年暑假,他在布朗大学做演讲时谨慎地使用了控制面一词,并以此来称呼它。夏皮罗还说,就普朗特和蒂金斯在英译本中对控制体积的说明而言,他的版本是"在这一点上是翻阅无数的文本"。这样,就有无数的渠道将普朗特的观念传播到麻省理工学院。夏皮罗回想当时的情况,认为他的书"是在有可能将控制体积概念以连贯的统一的方式同时应用到流体力学和热力学时出现的"。然而,把可能变成现实的推动力来源于航空学和弹道学需求的变化。[24]

来自麻省理工学院的控制体积分析迅速地在美国传播。亨塞克、赖特迈尔、夏皮罗以及穆尼的书都有助于普及这一概念。在其他学校教书的麻省理工学院的毕业生在他们的课程中使用它,转而在他们自己的教科书中再现这个概念。像斯坦福这样的大学就成为了同一传播过程中的间接来源。[25]在这些段落中讨论的过程当然并不是工程所特有的,它代表了所有学术知识的传播。

借助上述事件,在流动状况起到重要的作用的当代工程领域——机械、航空、土木和化学等专业——就为一系列广泛的问题提供了有力的分析方法和思维模式。[26]更重要的是,这一方法不只局限于它所发展而来的以及在文本中再次出现的少数问题,它同样可以用来解决新出现的问题。这样的应用通常地出现在工程研究和设计的文献中。[27]控制体积也出现在涉及工程专业标准问题的出版物中,如美[128]国机械工程师学会(America Society of Mechanical Engineers)为燃气涡轮发电厂的测试所确立的规范。[28]

自 20 世纪 50 年代中期以来,控制体积分析不仅在其起源的流体力学中也在工程热力学中变得明显起来了。由此,现在的情形与 20 世纪 40 年代以前的情形截然不同了,在那个时候,这些思想虽然在普朗特关于流体动力学的著作中占主导地位,但在热力学文献中几乎不为人知。这一变化部分是因为两个领域的结合,工程热力学越来越关注难于处理的流动问题,而流体力学则越来越多地讨论可压缩流动的问题。第二个原因是工程师们研究热力学时很快认识到使用一种明确界定的控制体积有助于在复杂的系统中跟踪能流，即使流体流动仍是基本的方面。而且，对热力学系统边界的明确和详细规定具有实际的价值，基于此，这种来自控制体积的经验已经被工程师拓展到非流动问题的控制质量分析中。在明确运用控制体积和控制质量方面，斯波尔丁（D. B. Spalding）和科尔（E. H. Cole）在他们的工程热力学书中说到"就它们有助于思想分类和区分相关与不相关的范围而言，只有教授热力学而又不被责成将交互的流变、边界上的相互作用与其中的变化联系起来的人，才能体会到这一点"。[②]出于这个原因，今天，在一般情况下我们运用明确的有界区域，而在特别的情况下运用控制体积。更有可能的是，这一运用更多地体现在热力学而不是在流体力学的工程文本中。

回想起来，控制体积分析的发展可以分为四个阶段，大致作如下划分：1740—1910 年，通过不明确地使用控制体积的观念，积累了不可压缩流动力学的单个问题的特定解决方案；1910—1945 年，先是通过普朗特然后是其他人，综合与传播不可压缩流动的明确的控制体积方法；1945—1955 年，通过扩展到可压缩流动，对控制体积分析进行概括和完善，其中包括引入热力学的概念；1955 年至今，在流体力学和热力学的工程学教育和实践中普及控制体积方法。正如我们所看到的，第二和第三阶段的推动力很大程度上来自航空学，就像那个时候许多工程进展一样。第三和第四阶段是发生在机械和航空工程中流体力学和热力学的综合汇聚的一部分。

[129]

作用，目标与工程科学

对工程师而言，控制体积分析显然起到了有益的作用。如一开始所论述的，对物理学家们来说它似乎没有起到令人信服的作用。不可能追溯历史上的物理学情形，因为它不可能写下历史上从未发生过的事。然而，马克·泽曼斯基（Mark Zemansky）在热力学中对系列体积的广泛使用很好地体现出了近几十年的情形，他在 1925—1966 年间担任纽约城市大学的物理学教授。泽曼斯基的早期著作(如1943 年)尽管既可为物理学家所用也可为工程师所用,但它只有两页是关于流动过程的,而且只是一个对控制体积简单和隐晦的应用。后来(1966 年),泽曼斯基和亨德里克·范·内斯(Hendrick Van Ness)合作完成了一个衍生读本,根据书中序言,该书是特别为"用于……工程学课程"而设计的。在这一著作中,作者将流动问题的论述扩展到一章,并以"热力学在工程系统中的应用"(Applications of Thermodynamic to Engineering Systems)为标题。在这里,他们论述到"在推演定常流动过程的能量方程时,我们发现引入控制体积的概念是有用的"。两年后泽曼斯基作为唯一作者重新修订了他早期的著作,现在只在还记得该书的物理学家那里还有读者。与工程师的读本相比,这些读本没有考虑所有有关的流动过程,也没有控制体积思想的证据。无论是不明确或明确的,工程和物理学之间在思维上所存在的差别是再清楚不过了。[②]

如我对控制体积分析的最初描述所表明的那样,这一差别的来源基本在于工程师和物理学家所面对的不同问题。为了更详细地理解这些问题如何不同,为什么不同,我们必须回到前面提到的使用控制体积分析的两个要求:(1)需要处理流体流动;(2)考虑到这一需要,应关注总体而不是详细的结果。

对物理学家来说,这两个要求不论在热力学或是流体动力学中都很少同时出现,但是在两个专业领域中,理由是不一样的。对于一般物理科学家而言,物理学家的基本目标是物理世界的知识,但是在以上两种情况下这个目标有不同的表现。在物理学家对热力学的使用中,他们大部分对理解和预测物质的性质更感兴趣。这个事实可用泽曼斯基针对物理学家一册书中应用的那一章的标题来加以说明,其中包括了如相变、顺磁性和超导电性这样的现象。[③]这些现象不在任何实质意义上涉及流体流动,可以忽略控制体积的基本要求。通过考察可看作是在时空上统一的一定量的物质就很容易对它们做出分析,由此只要控制面就充分了。另一方面,在流体力学中,物理学家必须根据定义来处理流体流动。然而,所有独特的流动都会随时间或空间或随两者而变化,物理学家为了获得特有的知识,就需要了解

[130]

这一变化中的逐点的详细情况。为达到这样的目的，控制体积分析的总体结果是不充分的。因而，研究流体力学的物理学家关注动力学微分方程的求解，很少需要或根本不需要控制体积的观念。在偶然的情况下这种需要出现了，他们可用特定的方式来继续，而无需工程师的形式化方法。

在工程中，情况截然不同。工程师不像物理学家，他们寻找有用的人工物，而且必须预测出他们所设计对象的性能。许多人工物，如涡轮、螺旋桨和飞机机翼都涉及流体流动，这一事实无论是来自热力学还是流体力学，对分析而言都十分重要。而且，出现的问题经常呈现出在基本物理学或微分方程的求解中的严重困难，因此仅仅有总体上的结果并不可行。[⑧]在前面提到的问题中，突然扩张的管道内的湍流流动属于前者，飞机螺旋桨属于后者。在一些问题中，总体结果可能是工程师设计所需的，陷入细节可能会浪费时间和金钱，在这里，计算支撑弯头的结构对流体力的阻碍就是一个明显的例子。基于此种原因，控制体积的两个要求在机械的、航空的和水利工程上仍有大量问题。这种普遍性的要求值得工程师把控制体积思想发展成为条理化的方法。

工程问题的直接要求还不足以完全说明工程师们发展和接受控制体积分析的热切希望。毕竟，当有需要的时候，他们会以特定的方式继续运用控制体积思想，就像 20 世纪早期博维和利的著作以及今天物理学家偶然的实践一样，问题自身并没有必要发展出一套条理化的方法。这就是说，问题的要求组成一个必要条件而非充分条件。普朗特和他的继承者觉得有必要发展这个方法是因为他们有其他的考虑。

[131]　　一系列可能在于普朗特和概括他的工作的人们既是工程师，又是教师。尽管工程研究和实践产生了相关问题，但是教学强有力地推动了改进方式的研究，并组织藉此而产生的知识。对教师而言，在如普朗特所发展起来的共同的理论框架下组织起不同的流动问题来，显然优于根据更早期的作者所运用的问题来分散处理。首先，可能的问题不胜枚举而且变化多端，然而体现在控制体积分析方程中的物理定律又是如此之少且独特。因此，根据控制体积概念来组织不仅更简单，而且可以更清楚地理解在完全不同情况下的共有的物理原理。此外，这样的组织，有时对基

本物理定理的含混应用可能是一劳永逸的,因此,就目前情形来说剩下的问题就是专门化了。控制体积分析的这些性质大大有助于教师向新一代的工程学的学生传授知识和增进理解。正如我所指出的,知识的组织同样有助于工程师的实践。当然,教师更有可能察觉出这一需要并促进发展。[③]

不论教育的需要在控制体积分析的起源中起到什么样的作用,这一需要无疑在它的传播中是重要的。每年有相当数量的学生被授予工程学学士学位,如美国1975 年授予了 47303 个工程学士学位,相比起来物理学学位仅 3655 个。[④]工程学基础课程如流体力学和热力学的班级一般都比较大,学生的气质和能力也相应有较大的偏差。这种情况下更要重视知识的条理性和清晰性。读者的规模几乎不会对普朗特最初的综合产生任何影响,因为他在哥廷根的班级都很小。他的兴趣大概更多地是放在了教学方法本身。可是,近几十年在流体力学和热力学大批工程读本中,随着控制体积分析的激增,听众规模就成为了一个明显的因素。[⑤]

知识的组织和教学法的清晰对物理学家和工程师来说都具有同样的价值。如果物理学家的问题需要控制体积分析的话,它们可能也会对物理学家产生同样的影响。像工程师,即使他们的问题对此没有要求,但还是可以质疑是否只有知识的组织本身是具有决定性的。

最后,对支持控制体积分析具有全局影响的要求在于工程师的目标或任务,即设计和生产有用的人工物。相比之下,科学家的工作则是追求知识和理解自然的运作。这种差异在实际中并不总是清晰鲜明的,常常是优先而不是排他性的,但毫无疑问是真实的。如我们所看到的,它在现实情况中转为工程师和物理学家所面对问题的重要差别。在工程中,这一差别至少导致了另外两个至关重要的要求。 [132]

第一个考虑的因素是经济。工程师,因为他们是在有限的世界中制造已定购的产品,经常承受有限的精力、财力和人力的重大压力。工程既是技术活动,还是经济活动,而且,工程师不像物理学家,他们工作在成本限制至关重要的环境中,因而工程师在使用资源时被训练得比较节约,如果他们不这样的话,他们工厂的雇主也会让他们变成这样。因此,实践工程师总是寻找更有效的工具来思考和试验。

控制体积分析符合在解决各种流体流动问题上节省工程师的时间的要求。当遇到不熟悉的情形时,按照物理定律而不是已知的问题来组织知识有助于认识到控制体积的问题。通过一次性地把物理定律应用到概括的体积上,可以在把问题转换为数学时节省了时间。更重要的是,通过提供一个明确的概念框架,可以有利于更清晰地考虑流体流动的复杂性。(这一优点也同样出现在前面所引述的斯波尔丁和科尔的话中。)因此,一位眼光敏锐的机械工程师总结了这样的情况:"我使用控制体积分析是因为它节省了大量的时间,还因为它澄清我对问题中什么是重要的认识。但是,即使是在后者中,我主要关注迅速和精确的认识,因为它容许我耗费较少的资源做更好的工作。"⑤一个物理学家不太可能以这样的语气来写作。

第二个考虑是避免错误,它可能被包含于经济之下,但就其自身而言值得一提。用一位有经验的土木工程师塞缪尔·弗洛尔曼(Samuel Florman)的话来说:"人类的错误,缺乏想象,以及盲目无知。工程师的大部分实践就是努力避免因为这些原因而犯错误。"⑥控制体积分析是这种努力的武器,但却不是物理学家需要的武器。这不是说物理学家比工程师少犯错误,只不过工程师为错误付出的代价是很昂贵的。在物理学的大部分领域,其自身并不需要延伸到工程研究(如高能物理学中的粒子加速器),来自错误设计的试验失败会导致一定量的时间和金钱的损失,也许还包括名誉的损失。而工程项目的失败,除了极度损害工程师(及其雇主)的专业地位之外,可能导致时间和金钱的大量损失以及相当多的生命丧失。因此,就像注册会计师一样,工程师们必须在思维和实践上采取标准程序来保护他们自己,即在一开始就使人为错误的机会降到最低点,并利于后来的检查。控制体积分析通过为各种流量建立了一套明确的簿记方法,为许多涉及流动机械装置的工程师提供了这样程序。当然这并不能成为普朗特最初工作的原因,但毋庸置疑这是工程学教学和实践中采纳这种方法的一个因素。

工程学问题的特殊性质、工程教师组织知识的需要以及工程学对经济和精确的要求,都是相互关联的。尽管我将它们分开讨论,但对任何一个的讨论都会援引到另一个或其他两个要求。它们共同为控制体积分析的起源和发展提供了充分的

[133]

理由。把问题和对经济、精确的要求两者作为基础去设计和制造有用的人工制品,这就是工程师的任务。

这些要求还共同表明了思维方式在工程中的根本作用。尽管工程活动是积极生产人工制品,但是构思和分析这些人工制品需要人们心智中的思想。这些思想越清晰,人工制品就越有可能成功。控制体积分析之所以有用,正是因为它为很多出现在工程设计中经常含混不清的问题提供了思考的框架和方法。这可能会让人疑惑,工程知识的其他方面可能就没有这样的重要性了吧。⑧

控制体积分析作为工程知识的一个例子,从其历史来看,它显然具有独特的性质,即独立于任何特定的发明物。尽管根据定义,它是用于解决流动问题,在这个限制内,它可以应用到更广泛的物体中,既可用于家用电冰箱又可用于喷气发动机。换言之,与其说控制体积分析提供了特定装置的信息,不如说它为一类问题提供了一般的方法。因而它与许多历史研究中的技术知识有所不同,那些知识只针对某种特定的机器、材料或过程。在这个意义上,控制体积分析是"纯正的"技术知识的例子。它提供了审视这种知识的机会,使其避免因伴随一种特定的应用而带来的复杂化问题。⑨

控制体积分析还提供了考察被称之为"工程科学"那部分工程知识的机会。即使普朗特和麻省理工学院的教授们并没有产生任何可被视为根本意义上的新科学,这一陈述也决不会影响他们成果的重要性。他们所使用的基本定律,牛顿的动量定律以及热力学中能量和熵的定律,早已在科学研究中被确立了。他们所运用的从控制质量(其中科学定律对此已经做出表述)到控制体积的关键转变是众所周知的数学过程,即用可变界限来辨识整体。虽然他们在物理学语境中把它重新推导出来,然而,有组织、有目的地把这些因素整合起来绝非平庸之事,它们形成了一个对工程师非常重要的新的连贯知识体。这种科学知识专业化和扩展符合工程师的需要,是工程科学的一个重要方面。⑩ [134]

一般来说工程科学与科学本身既相似又有区别,在当前语境下进一步探究它们的关系是有益的。首先,关于相似性:

（1）工程科学和科学遵循同样的自然定律，尽管前者表面上是涉及人工制品，后者涉及自然界。这一事实在控制体积分析上几乎非常明显，控制体积方程仅仅是物理学基本定律的转述。工程科学进一步从基本原理当中剥离出来，这个事实虽然没有那么明显但无疑是真实的。[41]

（2）工程科学和科学通过同样的机制传播。在我们的叙述中这些机制是明显的：教科书、百科全书文章、期刊、教室和研究教学，以及人员从一个研究机构到另一个研究机构的流动，在任何科学知识的增长的研究中都可以发现同样的因素。莱顿所看到的发生在 19 世纪的依据科学形象来展开的工程体制改制在这个领域已经完成。[42]

（3）工程科学像科学一样，就一项知识是建立在或来源于另一项知识的意义上，它是一个积累过程。控制体积分析的发展阶段说明了这个积累的过程：普朗特以先前特定解决方案为基础，麻省理工学院的人们又以普朗特的工作为基础，现今文本的作者以麻省理工学院的成果为基础。在科学史上存在大量这样类似的情形。正如莱顿所指出的，"正是因为作为活动的科学的最终产品通常是知识的增加"而且"知识以知识为基础"，积累的过程在科学中是非常清楚的。另一方面，工[135]程的最终产品是人工制品，它的积累性质是值得商榷的。"除了以心智为媒介之外，人工制品不能以人工制品为基础。"然而，作为工程子活动的工程科学的直接产品也是知识，由此积累的过程又变得清晰了。[43]在控制体积分析中尤其明显，正如已经指出的那样，这是因为其中并不涉及特定的人工制品。

尽管有共同的特征，但工程科学和科学之间仍然存在差异，工程师发展了控制体积分析并应用它，物理学家没有发展也没有运用它。就像控制体积出现的原因一样，这种差异源于目的的不同。在科学知识中，目的是理解自然；在工程科学中，最终的目标（所谓最终，是与上述讨论过的知识的直接产品相比较而言）是创造人工制品。[44]在目前所讨论的情形中，人工制品涉及流体流动，而控制体积分析则应它们的设计和分析做出调整，如果可能，其次才是帮助理解它们是如何工作的。就如工程知识的许多方面一样，在工程科学中设计的目的是决定性的。在控制体积分析所充当的设计问题的起源中,在设计工程师对总体结果的侧重点中以及在设计过程中对经济和精确的要求中,这一影响是明显的。特别是总体的结果,尽管科学家对此毫无兴趣,但这也许就是工程师的成败之别。这类内容使作为知识体的工程科学不同于"兼具形式和实质"的科学。它们显示出知识适用的问题、知识系统表述的方式、知识所涵盖的现象的种类和范围以及知识为设计所提供的细节程度。[45]对外部的人来说这些差异也许是模糊的,知识体出现基本是相同的。虽然工程师和科学家很少有意识地去思考,可是他们在日常工作中,或如我们所看到的,在教科书的内容上,就很容易做出区分。

这一讨论的观点也说到了工程科学积累的目标和方向。在控制体积分析发展中,一件事物显然是建于另一事物的基础上,但这种积累不只是信息的简单堆砌。1910—1955 年的综合和概括产生了控制体积分析,所得到的绝不是把单个解决方案添加到已有积累之上。实际上,这个结果是一种有组织的思维模式,使工程师比尚未具备这种方式时更有效地解决流体流动装置的设计问题,即在日益广泛的范围之上(如关于可压缩以及不可压缩流动),对相关参数和原理具备更清晰的定义,而且可以更节省时间和更少犯错。他们也能够更有效地把这一能力传递给后面的工程师。在我看来,提高问题解决的有效性就明确指出了工程科学以及一般工程知识的积累方向。亨里克·斯科利莫夫斯基(Henryk Skolimowski)就把技术过程大体上视为"在生产给定类型的对象中追求有效性"。[46]无论事实大体如何,这一观点在工程知识的范围内看起来是有充分根据的。 [136]

可以一如既往地提出反对。即使是在工程科学中,我的例子无疑并不是干净、清晰的。可是,也许简单性在提供某些稳固的基础上有其自身的优点。在某种社会意义上,工程知识积累的方向是否朝着"更好"的解决方案来发展,与普朗特及其追随者为什么迫切地追求这种累积,这都是我没有提及的文化问题。[47]这里,我的工作提供了另一个可能很少被认识到的例子,即技术人员如何"发展出几乎是系统化的知识体系来满足实际的需要"。[48]我认为,它表明了在这一语境中的知识应当要包含的思维方式。

注　释

这一章出现在"Control – Volume Analysis：A Difference in Thinking between Engineering and Physics，"*Technology and Culture*（April 1982）：145 – 174，但略有不同。我特别感谢 Robert Dean，Paul Hanle，Hoseph Keller and Ascher Shapiro. 标题的观点来自与我的斯坦福大学的工程学同事 Stephen Kline 的讨论。

① 如果考察的不是物理学的文献而是化学方面的文献，这一差别依然存在，只是限定更少一些而已。当然，为简单起见，我把我们的讨论限定在物理学的范围内。关于描述这些差别的例子与工程文本，参见 R. E. Sonntag and G. J. van Wylen，*Introduction to Thermodynamics：Classical and Statistical*，New York，1971；D. B. Spalding and E. H. Cole，*Engineering Thermodynamics*，3rd ed.，London，1973；W. C. Reynolds and H. C. Perkins，*Engineering Thermodynamics*，2nd ed.，New York，1977；K. Brenkert，Jr.，*Elementary Theoretical Fluild Mechanics*，New York，1960；J. K. Vennard and R. L. Street，*Elementary Fluid Mechanics*，5th ed.，New York，1975；R. W. Fox and A. T. McDonald，*Introduction to Fluid Mechanics*，2nd ed.，New York，1978；R. K. Pefley and R. I. Murray，*Thermofluid Mechanics*，New York，1966；For physics texts，see M. W. Zemansky，*Heat and Thermodynamics*，5th ed.，New York，1968；C. J. Adkins，*Equilibrium Thermodynamics*，London，1968；D. Elwell and A. J. Pointon，*Classical Thermodynamics*，*Harmondsworth*，1972；L. D. Landau and E. M. Lifshitz，*Fluid Mechanics*，trans. J. B. Sykes and W. H. Reid，London，1959；D. J. Tritton，*Physical Fluid Dynamics*，New York，1977；L. C. Woods，*The Thermodynamics of Fluid Systems*，Oxford，1975.

② Reynolds and Perkins（n. 1 above），p. 486. 这一引文还给出了一个应用控制体积分析的逐步法的范例，以及控制体积方程的一个方便的列表。控制面，这一在英文中广为接受的词汇，实际上是最初对德文 Kontrollflache 的字面直译。然而，Kontroll 在德文中不仅仅是"规则"的意思，在簿记方面还有"审计"的意思。出于显而易见的原因，英文作者们会很自然地把控制体积分析描述成对流体流动问题的簿记。看来路德维希·普朗特在选择德文语词时多半也是考虑到了这个意思（n. 15 below）。

③ 仅仅用控制体积来推导一般适用的流体流动方程并不能构成本章所描述的工程学意义上的控制体积分析。一个突出的例子是,在许多针对物理学家和工程师的流体力学的教科书中,假想的无限小的控制体积被作为标准的平均值来推导流体运动的微分方程。很少的文本使用有限大小的控制体积作为推导的替代形式中的一个步骤。在以上的任何一种情形中,一旦推导出来,控制体积就会被遗忘,而得到的微分方程式则被用于解决流动问题。相反,在控制体积分析中,控制体积(通常是有限尺寸的)被相应设定,并重新作为每一解决方案中的必不可少的部分,而控制体积方程(通常为积分而非微分方程)则被应用在这一特殊的体积中。这样在控制体积分析中,控制体积是用作问题解决的直接而非间接的工具。

④ 多数作者会选用系统或固定质量。控制质量是最近由 W. C. Reyhold 在 *Thermodynamics*(New York, 1965)的工程文本中引入的,看起来要更为一致,而且更多是描述性的。物理学家往往是在语词系统下来明确地引入这一概念,尽管他们有时并不言明。相比起工程师来说,他们通常不会用图表来描述它。

⑤ 从更广泛的角度来看,控制体积和控制质量都是一般的、运动的控制区域的特例。这一区域以任意指定的方式运动,这样它就可能是定态的而且可以作为控制体积,或者伴随着流体运动而且包含了控制质量。据我所知,与这一区域有关的物理公式至少曾在物理学的专门研究文献中出现过一次,那是由一位应用数学家所写的论文[J. B. Keller, "Geometrical Acostics 1. The Theory of weak Shock Waves," *Journal of Applied Physics* 25 (1954):938 – 947]。到目前为止,它们并未被在物理学或工程学上作为问题解决的一种标准的基础来教授或使用。如果有,那么我描述的以上情形将需要做出修正。

⑥ A. H. Shapiro, *The Dynamics and Thermodynamics of Compressible Fluid Flow*, 2 vols., New York, 1953, vol. 1, p. 12.

⑦ L. Prandtl and O. G. Tietjens, *Fundamentals of Hydro – and Aeromechanics*, trans. L. Rosehead, New York, 1934, vol. 1, p. 233.

⑧ C. Truesdell, *Essays in the History of Mechanics*, Berlin, 1968, p. 193. 特鲁斯德尔也说到了分割原理,即"该原理所表达的概念在被提炼成清晰的语词之前,它就已经被探索、被认识、被处理并确实被加以应用"。这一表述恰当地描述了许多其他概念包括控制体积

分析的历史。

⑨ D. Bernoulli, *Hydrodynamics*, trans. T. Carmody and H. Kobus, New York, 1968, pp. 327 – 328.

⑩ L. Euler, "Theorie plus complete des machines qui sont mises en movement par la reaction de Ieau," in Euleri Opera omnia, ed. J. Ackeret, ser. 2, Lausanne, 1957, vol. 15, pp. 157 – 218; see also editor's preface, pp. xlii – xlvi; J. C. de Borda, "Memoire sur Iecoulement des fluids par les orifices des vases," *Histoire de I'Academie Royale des Sciences* 1766, Paris, 1967, pp. 579 – 607; R. E. Froude, "On the Part Played in Propulsion by Differences of Fluid Pressure," *Transactions of the Institution of Naval Architects* 30(1889): 390 – 405.

⑪ H. T. Bovey, A Trealise on Hydraulics, New York, 1895, pp. 186 – 208, 283 – 298; F. C. Lea, Hydraulics, 2nd ed., London, 1911, pp. 39 – 41, 67 – 69, 72 – 73, 166 – 168, 273 – 275, 277 – 278. 这些书服务于实践工程师,在同一时期的 Horace Lamb 的经典著作 (Hydrodynamics, 3nd ed., Cambridge, 1960)也很有意义,该书主要是为那些对流体力学有数学兴趣的人们而写的,但没有用到控制体积。某些类似于今天我们观察到的工程师与物理学家的二分的东西似乎在流体力学中已经存在了一段时间。

⑫ *Bovey*, *Treatise*, pp. 6 – 8, 32 – 45.

⑬ T von *Kármán*, *Aerodynamics*, Ithaca, N. Y., 1954, p. 50.

⑭ T von *Kármán*, "Uber den Mechanismus des Widerstandes, den ein Bewegter Korper in einer Flussigkeit Erfahrt," *Nachrichten der K. Gesellschaft der Wissenschaften* zu Göttingen, 1912, pp. 547 – 556; *Kármán* and H. Rubach, "Uber den Mechanismus des Flussigkeit – und Luftwiderstandes," *Physikalische Zeitschrift*, 13(1912): 49 – 59. 两篇文章重印在 *Theodore von Kármán*, 4 vols., London, 1956, vol. 1, pp. 331 – 358.

⑮ L. Prandtl, "Flussigkeitsbewegung," *Handworterbuch der Naturwissenschaften*, 10 vols., Jena, 1913, vol. 4, pp. 112 – 114; reprinted in *Ludwig Praudtl Gesammetle Abhandlungen*, ed. W. Tolmien, H. Schlichting, and H. Gortler, 3 vols., Berlin, 1961, vol. 3, pp. 1438 – 1441. 引文译自后面第 1439 页。关于普朗特对使用术语 Kontrollflache 可能原因(n. 2 above)。该材料最经典的再版在 *Fuhrer durch die Stromungslehre* (Braunschweig,

1942，pp. 72 – 80，201 – 204)，一书中，并做了一定程度的扩展。这本书的第三版翻译成 *Essentials of Fluid Dynamics* (New York，1952)，在该译书中作者在前言简单地介绍了各种版本的情况。

⑯ L. Prandtl，" Allgemeiner Nachweis der Grundgleichung des Wirkungsgrades，" *Technische Berichte von der Flugzeugmeisterei der Inspektion der Fliegertruppen*，3 vols.，Charlottenburg，1917，vol. 2，pp. 78 – 80；reprinted in Prandtl Abhandlungen，vol. 1，pp. 302 – 304，并以英文的形式转载在 *Translated Abstracts of Technische Berichte*，1917，2，vols.，London，1925，vol. 2，pp. 193 – 195. " Bemerkung zu dem Aufsatz von D. Thoma，" *Zeitschrift fur Flugentechnik und Motorluftschiffahrt* 16(1925)：208 – 209；reprinted in *Prandtl Abhandlungen*，vol. 2，pp. 617 – 619. L. Prandtl and O. G. Tietjens，*Hydro—and Aeromechanics*，trans. L. Rosenhead，and *Applied Hydro—and Aeromechanics*，trans. J. P. Den Hartog，New York，1934；see esp. *Fundamentals*，pp. 233 – 250，and *Applied*，pp. 118 – 136.

⑰ A. Foppl，*Vorlesungen uber technische Mechanik*，Leipzig，1897 – 1910，see esp. vol. 1 and 6. 关于其他的德文著作，如参见 Ph. Forchheimer，" Hydraulik，" *Encyklopadie der mathematischen Wissenschaften*，Leipzig，1901 – 1908，bd. 4，t. 3，pp. 327 – 472. H. lorenz，Technische Hydromechanik，Munich，1910；F. Prasil，*Technische Hydrodynamik*，2nd ed. ，Berlin，1926. W. Kaufmann，*Angewandte Hydrodynamik*，2 vols. ，Berlin，1931，1934.

⑱ H. Rouse and S. Ince，*History of Hydraulics*，Ames，Iowa，1957，p. 231.

⑲ 整章中对热力学的陈述，我都谨记古典热力学。Paul Hanle 向我指出像控制体积的想法在第一次世界大战之前就出现在与统计热力学密切相关的物理学领域中，关于他对由于胶体粒子的布朗运动引起的密度波动的重要分析中，波兰物理学家 Marian von Smoluchowski 介绍了一种控制体积，检查了流动中的粒子以及它对在内粒子密度的影响。虽然粒子运动是可能的而不是有针对性的，该体积的性质和使用都与这里所描述的相类似。然而，即使 Smolochouwski 在物理学中的应用特别孤立，但我没有找到证据说明它能在我们的文章中产生作用。关于 Smoluchowski 的情况分析阐述：M. von Smoluchowski，" Studien uber Molekularstatistik von Emulsionen und deren Zusammenhang mit der Brown'schen Bewegung，" *Sitzungsberichte der Akademie der Wissenschaften*，Wien – Mathematisch –

naturwissenschaftlichen Klasse 123, ser. 2a（1914）: 2381 – 2405, esp. 2386 – 2399. 关于 Smoluchowski 理论的一个清晰的说明, 参见 S. Chandrasekhar, "Stochastic Problems in Physics and Astronomy," *Reviews of Modern Physics* 15（1943）: 1 – 89, esp. 44 – 46.

⑳ M. SchrÖter and L. Prandtl, "Technische Thermodynamik," *Encyklopadie der mathematischen Wissenschaften*, Leipzig, 1903 – 1921, bd. 5, t. 1, pp. 243 – 319; the third section（"StrÖmende Bewegung der Gase und Dämpfe," pp. 287 – 319）is by Prandtl; A. Stodola, *Die Dampfturbinen und Aussichten der Warmekraftmaschinen*（Berlin, 1903）, and Dampf – und Gas – Turbinen, 6th ed.（Berlin, 1924）, in English as *steam and Gas Turbines*, trans. L. C. Loewenstein, New York, 1927; P. J. Kiefer and M. C. Stuart, *Principles of Engineering Thermodynamics*, New York, 1930, pp. 44 – 57; J. H. Keenan, *Thermodynamics*, New Your, 1941, pp. 32 – 35; L. J. Gillespie and J. R. Coe, Jr., "The head of Expansion of a Gas of Varying Mass," *Journal of Chemical Physics* 1（1933）: 103 – 113.

㉑ 有关德国发展的迹象出现在 Klaus Oswatitsch 所写的一书 [*Gasdynamik*（Wien, 1952）, in English as *Gas Dynamics*, trans. G. Kuerti（New York, 1956）] 中, 其中第四章和第五章详细、完整地阐述了关于质量、动量和能量的控制体积分析, 其中包含大量的应用。Oswatitsch 是斯德哥尔库皇家工学院的一名讲师, 他在普朗特任职期间一直是哥廷根的成员。这个扩展很显然是单独发生在美国, 我没有试图追溯它。

㉒ J. C. Hunsaker and B. G. Rightmire, *Engineering Applications of Fluid Mechanic*, New York, 1947, Chaps. 3, 5, 6; Shapiro（n. 6 above）, vol. 1, chaps. 1, 2. Shapvio 是第一个（至少在美国）清晰、系统地将控制体积方程这个术语用来分析不稳定流动（如流动随时间变化的模式）的人。Hunsaber 和 Rightmire 对他们推导中的方程式作了临时的暗示, 但是清楚地限制了他们对定常流动的最终方程, 除了对非定常流动中的能量的阐述, 他们只关注定常流动。

㉓ D. A. Mooney, *Mechanical Engineering Thermodynamics*, Englewood Cliffs, N. J., 1953, Chap. 6.

㉔ M. P. O'Brien and G. H. Hickox, *Applied Fluid Mechanics*, New York, 1937, Chap. 3. [甚至像 *Hydraulics*（R. L. Daugherty, 4th ed., New York, 1937）这样一本受欢迎和流行的

书也没有一直使用控制体积。]关于米泽斯(Mises)的讲座可参见 R. von Mises and K. O. Friedrichs, *Fluid Dynamics*, Providence, R. I., 1942, pp. 23 - 26. 米泽斯与普朗特的信件部分保存在哈佛大学米泽斯的文件中,夏皮罗的引用来自作者私人的信件。

㉕夏皮罗(个人信件)讲述到在他的毕业课程涉及可压缩流,"我对于控制体积的值感到很大压力",1948 年中期的转动卡显示了几个老师的名字(包括 G. J. Van Wylen; see n. 1 above)。在此期间他为该课程准备了一张图,里面系统地总结了控制体积和控制质量的方程式,并且"多年来我收到许多人要求用这张图复印件的要求,这样它可以在其他院校使用"。Fred Landis,Robert Eustis 和 Stephen Kline 都在麻省理工学院取得了机械工程博士学位,他们将控制体积方法引入斯坦福,在那里,他们在教学中强调它的重要性,凡获得斯坦福研究生学位的作者,他们撰写的关于控制体积分析都包含在 W. C. Reynolds, H. C. Perkins, K. Brenkert, Jr., R. W. Fox, R. K. Peflry, and R. J. Murray 方程式中(n. 1 above)。

㉖ G. K. Batchelor, *An Introduction to fluid Mechanics*, Cambridge, 1967, pp. 138, 372 - 376,386 - 398. 应用数学家至少在一个文本中强调把控制体积分析运用于动量方程。Batchlor 是剑桥大学的一名应用数学教授,他一直与有数学头脑的工程师保持联系,并说到他从工程文本中获得了控制体积分析的方法。这些证据表明了非工程专业的团体可能开始运用控制体积构想的优势(see also n. 5 above)。

㉗ 如参见 J. P. Johnston and R. C. Dean, Jr., " Losses in Vaneless Diffusers of Centrifugal Compressors and Pumps," *Journal of Engineering for Power* 88 (1966): 49 - 62, and C. T. Crowe, M. P. Sharma, and D. E. Stock, "The Particle - Source - in Cell (PSI - CELL) modle for Gas Droplet Flows," *Journal of fluids Engineering* 991(1977): 325 - 332. 第二个例子表明有更多的使用控制体积分析来表达项目,用电子计算机解决流动问题。

㉘ *Power test Code PTC* 22 - 1966, *Gas Turbine Power Plants*, New York, 1966, p.33.

㉙ Spalding and Cole(n.1 above), p. 167.

㉚ M. W. Zemansky, *Heat and Thermodynamics*, 2d ed., New York, 1943, pp. 214 - 216; M. W. Zemansky and H. C. Van Ness, *Basic Engineering Thermodynamics*, New York, 1966, chap.13; M. W. Zemansky, *Heat and Thermodynamics*, 5th ed., New York, 1968.

㉛ The chapter titles are "Pure Substances"; "Phase Transitions – Liquid and Solid Helium"; "Paramagnetism, Cryogenics, Negative Temperatures, and the third Law"; "Superfluidity and Superconductivity"; "Chemical Equilibrium".

㉜ 在获得总体结果的情况下,虽然缺乏对基本物理学、控制体积分析的理解,像第五章试验参数变化的方法,使工程师可以绕过科学知识的缺乏,因而它能提供一种方法,尽管这里是一种理论方法而不是一种试验方法,在不完全科学理解的情况下能够很好地做好技术工作。

㉝ 正如 17 世纪法国 Arnold Pacey 在工程学校所发现并指出的那样,"使机械设计过程合理化的需求在将工程知识向学生们传授时显得十分紧迫"(*The Maze of Ingenuity*,London, 1974, p. 223)。在普朗特由于考虑到质量积累问题仍旧过小,以及从航空学衍生出的严格理论尚未出现等现状,控制体积分析的提出时机尚未成熟之前,虽然身为教师,博维和利仍不知道进行控制体积分析。

㉞ *Statistical Abstract of the United State* 1977, Washington, D. C., 1977, p. 161.

㉟ 鉴于控制体积分析在物理学上的应用极少,物理教师都认为这些不值得作为一种技术来占用时间去讲授。

㊱ Robert. Deam,见其私人信函中提到过本章的早期手稿。本段的这一想法大体上得益于 Deam 博士的评论。

㊲ S. C. Florman, The Existential Pleasures of Engineering, New York, 1976, p. 33.

㊳ 关于其他的例子,参见第五章关于"推进效率"中讨论,以及 N. Rosenberg and W. G. Vincenti, *The Britannia Bridge*: *The Generation and Diffusion of Technological Knowledge*, Cambridge, Mass., 1978, pp. 38 – 39.

㊴ 作为一种工具,它并不是针对特定设计,控制体积分析类似于第五章所述的参数变化与模型测试的方法。

㊵ E. T. Layton, Jr., "Mirror – Image Twins: The communities of Science and Technology in 19th – Century America," *Technology and Culture* 12 (October 1971): 562 – 580, and "Scientific Technology, 1845 – 1900: The Hydraulic Turbine and the Origins of American Industrial Research," *Technology and Culture* 20 (January 1979): 64 – 89, esp. 88 – 89.

㊶ F. Rapp, "Technology and Natural Science - a Methodological Investigation," in *Contributions to a Philosophy of Technology* ed. F. Rapp, Boston, 1974, pp. 93 - 114, esp. 93 - 97.

㊷ Layton, "*Mirror - Image Twins*" (n. 40 above). 当然,技术中的知识扩散即使在现代都是一个更为复杂的论题;参见 E. T. Layton, Jr., "Technology as Cumulative Knowledge," paper presented at the Conference on Critical Issues in the History of Technology, Roanoke, Virginia, August 14 - 18, 1978. See also C. W. Pursell, Jr., "The Roanoke Conference, I. Sunnary," *Technology and Culture* 21 (October 1980): 617 - 620.

㊸ Layton 在"Technology as Cumulative Knowledge"中持更广泛的主张,认为技术一般来说(在某种未具体说明的意义上)是累积的,并且这种累积的性质最好从技术知识方面来解释。

㊹ 工程科学认为知识产生的活动包括在大量的问题解决的活动中。

㊺ 还可参见 E. T. Layton, Jr., "American Ideologies of Science and Engineering," *Technology and Culture* 17(October 1976): 688 - 701,所引段落来自第 695 页。

㊻ H. Skolimowski, "The structure of Thinking in Technology," *Technology and Culture* 17 (Summer 1996): 371 - 383,引文见第 376 页。Skolimowski 的意思是"有效性",然而,它是比在这里用的意思还广泛,并不仅仅包括设计的过程也包括人造物的特征。

㊼ 莱顿在罗阿诺克(Roanoke)会议上提交了论文(n. 42 above),随后对大体上可以认为技术发展为一个累积的过程的意义展开了活跃的讨论,如莱顿所做的,在何种意义上说"今天一名普通工程师能比达·芬奇设计出更好的机器"是有效的? Nathan Sivin 对这一讨论的评论使我注意到与技术积累有关的有效性概念,N. Sivin, "The RoanokeConference, II. Concluding Remarks on Conference," *Technology and Culture* 21(October 1980): 621 - 632.

㊽ E. T. Layton, Jr., review of *Philosophers and Machines*, ed. O. Mayr, *Technology and Culture* 18(January 1977): 89 - 91,引文见第 89 页。

第五章

设计数据:杜兰德与莱斯利的空气螺旋桨试验(1916—1926)

1916—1926 年,斯坦福大学机械工程学教授威廉·F. 杜兰德(William F. Durand)与埃弗雷特·P. 莱斯利(Everett P. Lesley)进行了空气螺旋桨的研究,被誉为"公开发表的研究中最精致和最全面的研究"。①这一主要是试验的研究为 20 世纪 20 年代的飞机设计师们给他们的新设计选择最好的螺旋桨提供了许多有用的数据。同时它帮助确立了第二次世界大战前数十年间美国航空研究的性质。因而在航空史上,这一研究具有重要的意义。更为重要的是,杜兰德与莱斯利的工作综合使用了一种被工程师们普遍运用而史学家们却很少关注的方法。从方法论上来考察这一工作,可以为我们提供关于工程知识众多基本问题的丰富证据。为了展示这一方法,本章首先详细考察这一研究的背景、相关事件和试验过程,然后根据这些证据来分析其方法,并探讨工程知识的基本问题。

在这些基本问题中,最突出的是设计数据的作用以及对获得这些数据方法的要求。为了进行计算,设计工程师不仅需要理论工具,也需要数量信息。最后完整的设计图被送到工厂，然而要将其变成现实也需要丰富的各类数据。通常这些数据涉及的是理论不足以解释时一些装置、工艺或材料的性能。当出现这种情况时，这里所描述的试验性方法就是必要的。正如第一章所指出的，"知道如何"获得知识本身就是一种知识。

以上这些基本问题连同设计的其他方面，无疑都体现在杜兰德与莱斯利的工作中。特定的设计要求显然制约着杜兰德与莱斯利所探寻的知识——他们测量了飞机设计师们需要知道的数据，并以有效的形式呈现出来。设计师所从事的以及知识所服务的活动显然是常规设计——在 20 世纪 40 年代喷气式飞机出现之前，选择螺旋桨是所有飞机设计的惯例。同时，这些活动属于一个典型的多层级问题——在飞机这一较大系统中，螺旋桨是其主要的构成——而且，数据的性质和使用都受到这一事实的影响。在所有这些方面，数据的目的和形式跟设计密切关联。 [138]

像前一研究那样，当我主要关注的问题是科学与技术的关系时，就产生了本章的主题。因而，探究工程研究方法的特征，以及工程研究与自然科学研究的差别是合理的。在本章中这些论题是相关的。我们需要了解是否存在着工程特有的方法，如果有的话，那就要了解它们的性质是什么，以及创造出这些方法是为了满足什么样的目的。对这些问题所做的有限考虑大部分是理论的、抽象的，[②] 而杜兰德与莱斯利的研究为具体的事件分析提供了机会。我们再次发现工程方法与自然科学在形式与目的上明显不同。

还出现了大量引申出的相关论题。它们包括不同工程领域（特别是航海和航空工程领域）中知识与方法的融合，以及工程进展中（与不连续的、引人注目的发明相反的）渐进的、不引人注意的变化的作用。[③]

背景与方法论内容

工程方法的第一个显著例子清楚地显示在英国工业革命早期约翰·斯米顿（John Smeaton）的工作中。1759 年，他向英国皇家学会（Royal Society）呈交了关于水车与风车性能的极富影响的研究,其中包括两个主要的方法论组成部分:系统的试验方法和工作比例模型(working scale model)的使用。④这些问题的完整历史未被记录下来,也几乎不可能在本章中加以叙述,然而,简要的评述有助于确立下文所需的观点。自斯米顿年代以来,这两个方法论组成部分通常共同(并不一定)构成了工程研究自主传统的基础。

[139] 　　以斯米顿的水车模型试验为例,他的试验方法是分别改变水车的工作条件(水的流速、流量以及水轮转速)并测量其输出功率。斯米顿遵循了今天所谓的参数变化(parameter variation)方法,⑤它可定义为:在系统地改变(界定研究对象或其工作条件的)参数时反复测定某些材料、工艺或装置性能的这样一种程序。这一方法除了可能在科学中较早使用过之外,在工程中的使用至少可追溯到古希腊弹弩的设计者,他们"通过系统改变弹弩各部分的尺寸并试验其结果"⑥来确定实际尺寸弹弩的最好比例。除水车与风车的试验之外,斯米顿还运用参数变化方法得到了用于建造埃迪斯通灯塔(Eddystone Lighthouse)水泥的最好合成比例,并改进了蒸汽机的性能。许多著名的工程师追随斯米顿的传统,有效地使用了这一方法:19世纪40年代威廉·费尔贝恩(William Fairbairn)和伊顿·霍奇金森(Eaton Hodgkinson)研究了薄壁管屈曲问题,1880—1906年弗雷德里克·泰勒(Frederick Taylor)彻底改良了金属切削,1901年莱特兄弟获得了机翼的重要数据——延长这一名单轻而易举。⑦更为重要的是成千上万无名的工程师们继续使用参数变化的方法,对他们来说,这一方法现在是如此熟悉似乎只是常识而已。

　　斯米顿将工作比例模型作为使用参数变化的一种便利手段,这一革新性的使用却有些顾此失彼。⑧如第二章所讨论的,比例模型的一个核心问题——它与参数变化的使用方法截然不同——是从模型中获得的数据未经调整不能精确地用在全尺寸原型上。在任一流体流动装置如水车、风车或螺旋桨中,显然需要就"尺度效应"(scale effects)加以调整,因为只要受流体影响的表面积增加,流体对固体表面的作用力就会随之增加。然而,简单的面积效应只是问题的开端。必须考虑到其他更细微的影响,如模型与原型之间运动轨迹的差异,不同比例下各种流体性质

(密度、黏性、可压缩性)作用的差异。鉴于在斯米顿的年代这些问题相当复杂且理论知识也不充分,因而他不可能处理这些二阶的困难。尽管斯米顿的结果对可以凭借判断来应用它们的设计师来说非常宝贵,但他还是强调"不能完全确定机械装置的最好结构,却可以在做成合适尺寸的装置上对它们进行测试"。⑨

一个多世纪后,直到威廉·弗劳德(William Froude)为英国海军部(British Admiralty)进行了船体阻力试验(1868—1874年),模型数据才开始得到合理的应 [140] 用。这一应用需要相似理论(theoretical law of similitude),当时这一知识发展缓慢。相似律一般表述如下:假定一个装置的工作条件随尺寸而如此这般变化,那么其性能也将随着尺寸而如此这般变化。对于不同的装置与不同的使用情况,该表述在数学上的细节也有所不同。根据这一表述,只要知道模型的工作条件以及由此测定的性能,设计师就能计算出原型的工作条件与性能的所谓对应值。⑩威廉·弗劳德用模型的测量结果与适当的相似律来计算英国海军巡洋舰"灰猎犬号"(HMS Greyhound)的船体阻力,证明了这一做法的有效性。如此计算得到的阻力与船体测量得到的阻力相一致,这使该方法的合理性很少遭到质疑。⑪

相似律的知识及其使用在其后40年发展缓慢。在威廉·弗劳德给出证明后不久,工程师们很快认识到无量纲数群(dimensionless groups)是表达相似律最简单的方式。⑫无量纲数群是两个或多个量组合的数学积,这些量的组合可使它们的量纲(长度、质量与时间,或其中任一组合)相互抵消而剩下一个"纯数"(pure number),即无量纲数。⑬在应用到机械装置上时,通常至少有一个无量纲数群必然包括装置的大小以及规定其工作条件的多个参数。这样,无量纲数群就为计算模型与原型之间对应的工作条件提供了简单的规则:当计算原型与计算模型的无量纲数群的数值相等时,两者的工作条件就是相似的。以类似的方式还可以从其他无量纲数群中得到对应的性能。稍后会出现螺旋桨的具体例子。奥斯本·雷诺(Osborne Reynolds)在他的管内层流—湍流转变的经典试验研究(1883年)中第一次将无量纲数群应用到试验工作上。⑭

通过某种量纲分析(dimensional analysis)的形式可以推导出无量纲数群,进而得到相似律。这一理论使研究者可以从任一物理系统中量的量纲研究来推断出那些量之间可能关系形式上的限制。让·巴普蒂斯·傅立叶（Jean Baptiste Fourier）在关于热理论的一册书中（1807—1822 年）最早系统表述了该论题的原则。然而，直到 19 世纪的最后 25 年，在英格兰瑞利勋爵（Lord Rayleigh）和法国众多研究人员对量纲分析加以拓展并研究了它的应用之后，量纲分析才开始被认真对待。当杜兰德和莱斯利于 1916 年开始他们的工作时，量纲观念仍流行于工程师之中。[15]

[141]

1916 年的螺旋桨知识

要理解杜兰德 – 莱斯利工作的性质与贡献，我们就必须了解"他们"开始工作时螺旋桨的情况及其知识状态。

螺旋桨可以看做是将转动功率变成推进功率以推动飞机前进的能量转换装置。当然，螺旋桨设计师就是致力于设计出能尽可能有效执行这一任务的螺旋桨。可是，螺旋桨问题并不是到此为止。螺旋桨要结合发动机与飞机机架（无发动机与螺旋桨的飞机）来运行，而且它必须与发动机的功率输出特性以及机架的飞行要求相容（从中可看到层级的存在及其蕴含）。这一相容性就要求飞机设计师能够从一系列已具成效的设计中挑选出合适尺寸与形状的螺旋桨，在 1916 年通常是针对单个飞行条件来做出选择。[16]完成选择后，设计师还应能计算出螺旋桨的性能，进而得出在推进装置工作条件范围内的飞机性能。[17]由此，在评价历史情况时，我们必须区分螺旋桨的设计与选择螺旋桨并将其并入飞机的设计。[18]前者需要详尽的知识与螺旋桨工作的经验，以便获得有效的形状。后者则需要多组几何相关的、大概全部都已具备高效形状的螺旋桨在性能方面的全面系统数据。这样的综合数据对飞机设计师而言非常关键，但对螺旋桨设计师虽有帮助但并不重要。获得这些数据需要以参数变化（即参数的系统变化）的使用为先决条件，这些参数规定了螺旋桨的形状及其工作条件。

到了 1916 年，螺旋桨设计所需的知识基本就绪，但几乎不具备飞机设计师所需的系统的螺旋桨数据。在美国，除了莱特兄弟在 1902—1903 年开启的良好开端外，上述提到的任一方面几乎都没有完成。[19]在欧洲，斯特凡·杰维茨基(Stefan Drzewiecki)于 1885 年在俄罗斯继而在法国借助测量的翼型数据发展了计算螺旋桨性能的理论。在 1910 年前后，飞机螺旋桨的试验工作才在英格兰、法国和德国真正展开，1913 年在英格兰对理论与实验的结果进行了比较，表明理论虽然在定量上不可靠，但却为高效螺旋桨设计提供了有用的定性指导。[20]在英格兰和法国进 [142] 行的试验大部分是关于个别的、不相关的螺旋桨，这些试验实际上给出了相当可观的 70% ～80% 的最大效率。[21]然而，系统的性能数据仅限于由法国结构工程师古斯塔夫·埃菲尔(Gustave Eiffel)在巴黎私人实验室得到的少量数据。出于对航空学的极大兴趣，埃菲尔设计了一个新型风洞以进行广泛的航空研究，其中包括于 1914 年报告的模型试验，四组试验中有三组每个都与螺旋桨有关。为了表示出他的研究结果，埃菲尔在 1911 年就已经以无量纲数群为单位，采用了螺旋桨的相似律。[22]到了 1916 年，欧洲获得的知识在美国传播有多广泛就很难说了，但是大部分知识肯定都是已知的。[23]

　　船用螺旋桨与空气螺旋桨有许多相似之处，但是在航海领域的知识状况却极为不同。威廉·弗劳德致力于船舶推进问题的研究，在 1878 年以简略的形式提出了以杰维茨基理论为基础的观念。[24]然而，由于造船工程师并不重视理论，这使威廉·弗劳德取得的领先优势未能保持下去。[25]另一方面，可供船舶设计师使用的螺旋桨模型的系统试验数据非常丰富，而杜兰德就曾是其中的领军人物。在杜兰德身为康奈尔大学教授时，于 1877 年开始对 49 个船用螺旋桨模型进行了船模实验池试验，后来发表于 1905 年，这成为当时关于该类螺旋桨最全面的研究。紧随其后又进行了一系列类似的试验：罗伯特·弗劳德(威廉·弗劳德的儿子)在英格兰的 36 个螺旋桨试验，报告于 1908 年；美国的海军上校(后为上将)大卫·泰勒(David Taylor)的 120 个螺旋桨试验，报告于 1910 年。设计数据的累积反映出参数变化和模型试验的广泛应用。[26]杜兰德的船用螺旋桨试验以及航海领域的传统对他与莱斯利进行空气螺旋桨研究的方式产生了明显的影响。

杜兰德与莱斯利的螺旋桨试验

斯坦福大学的螺旋桨研究是最早获得新成立的国家航空咨询委员会（NACA）资助的项目之一。杜兰德是伍德罗·威尔逊（Woodrow Wilson）总统任命的最初委员会成员之一，他在 1915 年 4 月 23 日 NACA 第一次会议上提议展开该项研究并深受欢迎。尽管美国国会设立 NACA 的初衷是"监督和指导飞行问题的科学研究以解决实际问题"，但是设立该委员会的直接原因是赶超欧洲在航空领域的发展。其成员显然看到飞机螺旋桨的知识除了是飞行问题的基础之外，更是欧洲处于领先地位的一个重要原因。他们还看到美国优势在于"拥有大量船用螺旋桨研究的权威专家，他们为航空螺旋桨的设计奠定了理想的基础"。[27]

[143]

杜兰德（图 5-1）凭借在康奈尔大学的工作成为这些权威专家中的一员。他还是当时杰出的机械、船舶和水力学工程师，在教学与研究、政府工作、专业领导和实践咨询方面拥有丰富的经验。[28]对目前考虑最重要的是，杜兰德是一位训练有素的研究者，善于详尽而系统的研究。虽然在他的工作中思维的独创性非常明显，但他属于刻苦认真的研究者而非才华横溢的创新者。他在必要时会善用理论，但他基本上是从物理学而非数学的角度来进行研究的。[29]

杜兰德交给委员会的提案虽因经费预算问题而有所延迟，但在 1916 年还是授予了斯坦福大学第一份空气螺旋桨的研究合同。合同"兹订立……为建立工程设计数据"，[30]而从斯坦福的工作过程来看，合同显然旨在研究飞机而非螺旋桨设计。杜兰德斯聘请了斯坦福的同僚莱斯利（图 5-2）协助工作。莱斯利拥有造船学的经验，于 1905 年获得康奈尔大学造船学硕士学位，曾跟随海军上校泰勒在美国海军船模实验室（Naval Experimental Towing Tank）工作过两年。[31]他对螺旋桨试验最有价值之处在于他是一位通用型工程师，具有让事物在实验室里运转起来的杰出才能。

图 5 - 1　　威廉·F. 杜兰德
（1859—1958）（ 资 料 来 源: Stanford
University Archives.）

图 5 - 2　　埃弗雷特·P. 莱斯利
（1874—1945）（ 资 料 来 源: Stanford
University Archives.）

11 月,杜兰德在一份呈交给 NACA 秘书海军造船师霍尔登·理查森（Naval Constructor Holden Richardson）的初步报告中,详细提炼出他的计划。[⑪]他特别说明了如何通过螺旋桨模型试验来进行该项研究,试验中设计参数会随当前的实际考虑范围而系统地变化。除了用风洞替代船模实验池外,该研究的哲学思想与方法跟康奈尔大学的船用螺旋桨研究并无区别。其实,空气螺旋桨的试验提供了方法、知识和技能从一个工程领域转移到另一个领域的典型例子。虽然空气螺旋桨的详细问题不同于船用螺旋桨,但其基本原理都一样,因而这一转移也是可能的。[㉝]

杜兰德和莱斯利面临的第一个任务是设计与建造风洞及相关设备,这是欧洲领先于美国的另一个领域。在对风洞的最佳选择达成一致后,杜兰德选定了由埃菲尔首创的那类风洞,因为它最便于螺旋桨试验。这类风洞在密闭洞室内有自由喷射测试流、逐渐变细的入射道与出射道,并且在洞体内有回流（参见图 5-3）。斯坦福风洞的循环测试流直径为 5.5 英尺,最高速度可达 55 英里/小时。由变速电机驱动螺旋桨模型,用测力计测量作用于模型的气动推力和扭矩。用仪表装置来

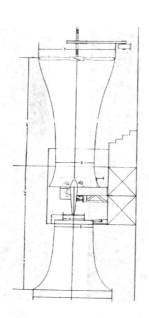

图 5-3　斯坦福的第一个风洞。风洞射流由左至右(资料来源:W. F.
Durand,"Experimental Research on Air Propellers," Report No.14, NACA,
Washington, D. C., 1917, pl. IV.)

测量螺旋桨每秒转速和风洞流速。所有设备设计和建造于 1916—1917 年的秋冬
两季。[38]第一组螺旋桨模型安排在次年的春夏两季进行了测试。4 月,杜兰德以
NACA 时任主席身份前往华盛顿,参与了刚开始的战备工作。在杜兰德离开的近
两年期间,他通过与莱斯利的通信来指导该项研究,莱斯利向他详细报告每周的试
验进展。这些信件现存于国家档案馆(National Archives)NACA 栏,使我们得以直
接追踪当时的工作,而从发表的报告中却无法做到这一点。

　　要理解斯坦福的试验,我们必须详细说明与螺旋桨有关的参数变化。如参数
变化定义指出的那样,螺旋桨性能是两组相当不同参数的函数:螺旋桨的工作条件
与几何性质。前者主要包括前进速度 V[39]和单位时间转速 n,后者由直径 D 以及规
定螺旋桨形状详情的大量比值或数值 $r_1, r_2, \cdots$ 等组成。[40]运用这些符号,上述关于
性能的陈述可以数学方式写成:

$$螺旋桨性能 = F(V, n, D, r_1, r_2, \cdots),\tag{1}$$

简单地说,螺旋桨性能的任一量度——产生的推进功率、所吸收的轴功率、效率

等——都是括号内多个参数的某一函数 F。这种关系是近似的，这是因为它忽略 [148] 了空气的黏性、可压缩性以及螺旋桨弹性弯曲的复杂次级效应，但就实际上这些效应是可忽略的来说，它还是精确的。对于这一精确度，螺旋桨的试验参数变化就由系统改变括号内的参数值以及测量由此引起的螺旋桨性能变化组成。[37]

试验者首先需要选定参数值。经初步试验获得不受有限尺寸风洞测试流气动力影响的模型最大上限后，他们为所有螺旋桨模型选定了 3 英尺的直径。[38]他们还采用了当时作为常规构型的双叶螺旋桨为标准。为了详细说明桨叶的复杂形状，杜兰德使用了 5 个参数，$r_1, \cdots r_5$。其中主要的参数是平均螺距比（mean pitch ratio），即桨叶在某一标准的具有代表性半径处剖面相对于螺旋桨旋转面倾角方向的一种量度。大致上讲，平均螺距比越大，所有叶剖面的倾角就越大。其他参数规定了螺距比沿桨叶的详细分布以及叶剖面的类型。[39]接着，杜兰德选取了 3 个间距相等的平均螺距比值，并为其他 4 个参数各取 2 个值。利用这些值的所有可能的组合，他得到了典型分布于当时通行整个设计领域的 48 个螺旋桨。[40]由太平洋海岸兰伯氏松做成的每个螺旋桨模型是通过在几个前进速度值 V 下的一系列转速值 n 来进行测试（参见图 5-4）。[41]

从莱斯利的每周报告中，我们可以追寻到那些体现了工程研究特征但很少出现在正式叙述中的探索的艰辛与成功的喜悦。在开始制作螺旋桨模型时，莱斯利曾提出了一个改变形状参数的修改方案，但在记录中并没有杜兰德的回复，大概这一方案并不具建设性，而且方案也没有改变。在试验早期，莱斯利遇到了木树脂被向心力甩出模型并使其表面粗糙的问题，两周后，莱斯利在一个中期成功的声明后抱歉地说道："我对被甩出的木树脂仍然很头痛……虽然我正在通过给螺旋桨重新上漆来逐步克服这一困难，但我认为这最终解决不了什么问题。"在他的整个报告中，莱斯利记录下了为新设备获得可接受的精确度而付出的寻常努力，并在某处沮丧地写道："我们只测试了 36 个螺旋桨，但测试数已高达 91 次。"[42]

试验终于完成。1917 年初秋莱斯利启程前往华盛顿，协助杜兰德准备一份报

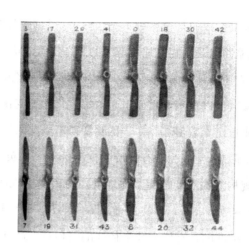

图 5‑4　最初一组试验使用的 48 个螺旋桨模型中的 16 个。上面一行为直叶螺旋桨外形,下面一行为曲叶螺旋桨外形。(资料来源:W. F. Durand, "Experimental Research on Air Propellers," *Report* No. 14, NACA, Washington, D. C., 1917, fig. 27.)

告,后来由 NCAC 以杜兰德名义在 11 月发表。[43]这份长达 56 页并有 37 版图表的报告——杜兰德的风格——详细说明了设备与测试、数据及其表示、基本的相似律。从设计风洞到报告发表,整个计划在短短的 13 个月内就全部完成了。

为使模型结果可用于选择全尺寸螺旋桨,杜兰德需要相应的相似律。在报告中,杜兰德通过把量纲分析应用到类似于方程(1)的关系上来推演出这一定律,这(尤其是)使 V, n, D 可合并到无量纲数群 V/nD 中。这一无量纲数群是螺旋桨前进运动的无量纲量度,曾被埃菲尔使用过。[44]上述方程(1)对性能的表述可转换如下:螺旋桨的性能(由相应的无量纲数群来表达)是被合并到 V/nD 中的螺旋桨工作条件与几何尺寸再加上几何形状特征的函数。如我们可把螺旋桨效率表示为 η,定义为产生的推进功率与所吸收的轴功率之比,由此其自身就是一个无量纲数群,变换后的表述在数学上表示如下:

$$\eta = F(V/n\,D, \; r_1, r_2, \cdots). \tag{2}$$

其中,这一简化关系是杜兰德把量纲分析应用到以方程(1)形式表达的螺旋桨性能关系上得到的其中一个结果。

　　上述结果具有两个相关优势。第一,表示给定形状(r_1,r_2,…等不变)的螺旋桨测量效率,我们不必再用一组繁杂曲线来显示出 η 与相对于 n 和 D 一系列取值下的 V 的函数关系,只要用单一的 η 与 V/nD 函数关系曲线就能提供同样的信息。第二,更重要的是,由于 η 只是 V/nD 的函数(不再分别是 V,n,或 D 的函数),即使 η 与 V/nD 的函数关系的单一曲线是根据直径 D 值大比例缩小的模型所得到的测试点绘制出来的,也可以用这一曲线来求出螺旋桨原型的效率。设计师只需读取与计算得到的原型的 V/nD 值相对应的 η 即可。如,假定设计师需要知道一个直径为 9 英尺的螺旋桨在 $V = 240$ 英尺/秒(fps),$n = 40$ 转/秒(rps)($V/nD = 2/3$)时的效率,他只需直接从一个直径为 3 英尺的模型在 $V = 60fps$,$n = 30rps$(同样也是 $V/nD = 2/3$)时得到的测试点,就能读出原型效率。由此,相似律——特别是相应的工作条件的规则——就这样成了数据无量纲表示法中的组成部分。[45]如果设计师对产生的或所吸收的功率感兴趣,详细的情况会更为复杂,但原则是一样。在使用比例模型的工程分支中,以这种方式来应用相似律相当普遍。

　　杜兰德与莱斯利一开始并不完全了解上述观念。在这一工作过程中,他们知识的增长可作为一个有益例子,显示出工程观念的传播与增长中所出现的复杂性。据杜兰德所知,自威廉·弗劳德时代以来,相似律就以有限的、专门的方式用于船舶研究。[46]杜兰德在船用螺旋桨的研究中,把他的研究结果描述为一个被称为"转差率"(slip)的惯用量的函数,这相当于仍未知的 V/nD 的作用。[47]1916 年 11 月,当杜兰德开始草拟提交给海军造船师理查森的计划时,很自然会详尽地讨论相似律的问题。然而,他并未就这一问题给出定论,而且没有提到基本参数的选择。此后不久,杜兰德似乎获悉了埃菲尔所使用的 V/nD,因为在 1917 年 5 月写给莱斯利的一封信中他提到,"至于用来绘制和研究所得结果的横坐标,我建议你从埃菲尔所用的函数即 V/nD 中来着手"。[48]与此同时,量纲分析作为获得相似律的一种方法终于在工程师当中流行起来。这一趋势在美国主要来源于埃德加·白金汉(Edgar Buckingham)的一系列文章,他在 1914 年为这

[151]

一方法的应用提出了一个有效的基本定理。[49]杜兰德也采用了白金汉的观点,而且在最后的报告中给出了它在螺旋桨上的详细应用,其中包括方程(1)和(2)中忽略的黏性、可压缩性和弹性弯曲的次级效应。[50]他的分析在方法上非常新颖。在这里就如同证据中的其他地方一样,我们可以看到工程知识如何应研究与设计的需要而不断增长和统一。

杜兰德在其报告中把曲线图中螺旋桨数据作为 V/nD 的函数提出来。不管用于模型的 D 值如何大比例减少,只要通过在试验中选取适当的 V 与 n 值,他与莱斯利就能涵盖当时飞机设计师所关心 V/nD 的范围。[51]由此,他们就为设计师提供了在当前实际关注的范围内性能函数 F 的经验表示或图形匹配。报告还包含了令螺旋桨设计师感兴趣的关于螺旋桨性形状对其性能产生详细影响的简要讨论。然而,报告主要还是集中在飞机设计中螺旋桨数据的使用。

杜兰德所报告的试验是斯坦福大学螺旋桨研究 10 年计划的开端。正如研究中通常发生的那样,事情接踵而来:理解的增长就拓宽了研究的视野,新知识指出了进一步知识可能有用的地方,技术的掌握带来了信心的增强。同时,飞机设计的要求也在不断扩展。

最迫切的需要是扩展参数范围以研究其他的可能性,并涵盖实际关注的新领域。杜兰德和莱斯增加了 3 个值来扩大平均螺距比的范围。他们还添加了 3 类以上的螺距分布,6 个桨叶形状,1 个桨叶宽度和 9 个叶剖面。由于需要额外增加 7872 个螺旋桨来涵盖这些(原有的和新增加的)参数的所有组合,有必要采取明智的取样。在初次试验经验的引导下,研究人员增加了 54 个螺旋桨。[52]奇怪的是,其中有 2 个具有极不可能的摆线形桨叶的螺旋桨完全偏离了系统序列。报告只是且是让人干着急地说它们是"用来试验……邓伍迪准将(Brig. Gen. H. H. C. Dunwoody,已退休)提交给委员会的想法"。[53]

[152]

增加的螺旋桨分期进行了试验,并公布在杜兰德和莱斯利于 1919—1921 年期间提交的三份报告中。[54]从 1918 年 1 月到 1919 年 2 月间的部分工作,由于杜兰德为巴黎国家研究委员会(National Research Council)负责战备工作,几乎由莱斯利负责全部的螺旋桨研究。该工作包括建造一个更大的、改进的风洞,其测试流直径为 7.5 英尺,最高风速达到 80 英里/小时,于 1919 年投入使用。[55]从这一时期起的报告显示出试验研究特有的技术的不断完善:提高了测量精度,提供了更便利的数据(创造者用各种形式做了试验),方法与观念不断趋于精致。像量纲分析的应用一样,一个典型的学习过程正在进行着。

到了 1922 年,就试验改进的不同阶段所做的单个报告显然已不足够。理解与技术在不断完善,这就需要加以总结。因此,杜兰德和莱斯利发表了一份综合报告,其中对所有螺旋桨的测试结果重新进行了仔细的审查,检验了令人质疑的数据并通过重复试验加以改进,报告为 88 个模型提供了一致的试验结果集,代表了试验中具有重要实际意义的部分。该报告最终完成了参数变化的研究,完全集中于飞机设计数据的效用,包括解决设计问题的绘图辅助工具(列线图)。[56]

在丰富的数据中,螺距比的作用特别值得关注。根据斯坦福的第一份研究报告,这一参数对效率产生的极大作用集中体现在图 5 - 5。该图表明了三个仅平均螺距比值不同的螺旋桨的 η 与 V/nD 函数关系的实测曲线。[57]飞机设计师所面对的情境是清晰的。在飞行条件不变的情况下优化螺旋桨性能,一个螺距比值就足够了。设计师只要计算出那一条件下的 V/nD 值,并从数据中选择在该值上给出最大效率的螺距比(如必要可在曲线间插值)。然而,飞机并不是在固定条件而是在变化的 V/nD 值下来飞行。要保持最大效率,设计师就期待一个可以取不同螺距比值的螺旋桨,就是说,在飞行条件范围内优化螺旋桨就要求改变它的几何形状。为了对简单实现这一变化的气动力可行性进行测试,杜兰德和莱斯利的第二份报告(1918 年)包括了这样一个模型,通过调整铜毂中木制桨叶的角度就可以使该模型的平均螺距比取不同的值。[58]对模型的测量证实,借助单个机械变化而无需改变整个桨叶就可得到与图 5- 5 基本相同的结果。尽管这获得了成功,但是直到 20 世纪 30 年代,在可靠地解决了飞行中调整螺距的机械问题后,变距螺旋桨(variable - pitch propeller)才成为现实。

[153]

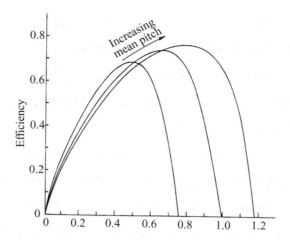

图 5-5　仅平均螺距比值不同的螺旋桨的一般效率曲线(重画的图来源：
W. F. Durand, "Experimental Research on Air Propellers," *Report* No. 14, NACA,
Washington, D. C., 1917, pl. Ⅵ.)

　　尽管参数变化的研究已经完成,但相关经验拓展了杜兰德对需要什么以及什
么是能实现的看法。1918 年 6 月 25 日,在英国皇家航空学会(the Royal
Aeronautical Society)举行的第六届维尔伯·莱特纪念演讲(Wilbur Wright Memorial
Lecture)上,杜兰德对伦敦两千多位观众表述了他的想法。[㉙]演讲题目为"航空学中
[154]　的一些突出问题"(Some Outstanding Problems in Aeronautics),杜兰德详细讨论了三
种获得螺旋桨数据方法的优缺点:(1)用杰维茨基理论进行的理论计算;(2)螺旋
桨模型的风洞试验,加上可把模型结果转换到全尺寸实物上的相似律;(3)全尺寸
螺旋桨的飞行试验。他认为,就所需螺旋桨的数目来说,全尺寸飞行试验太昂贵、
太耗时,以至于不能涵盖设计参数的范围。杜兰德对理论抱有怀疑,原因在于理论
包含了如此多可疑的假设,无论如何都需要大量的实验检验,而这与他的船舶设计
背景是一致的。全面来考虑,他认为在风洞中进行模型的参数变化试验为成功提
供了最佳的机会。这样,他就为正在斯坦福进行的试验提供了一个比以往更广泛
的理论基础。然而,即使有了这些试验,仍缺乏三个方法之间的相关性,因此会阻
碍理论最终是否能合理地应用到全尺寸螺旋桨上。为了克服这些困难,杜兰德扩

展了早期的想法：

> 　　用最终结果来计算这一最后的相关可能最好还是分两步进行。第一步要做的相关分析应包含对方法 1 的计算结果与方法 2 的模型试验结果间关系的详细研究。这一相关允许我们很容易从计算所得结果导出模型试验的可能结果……第二步要做的相关分析应当包含一系列的比较试验,借助应用的充分普遍性来确定适用于模型试验结果修正的特征与数量,以便令人满意地再现全尺寸形式的预期结果,……这绝不要求试验对应于每一模型的全尺寸形式……有理由期待……精心挑选出来的且数量不太多的一系列试验(这些试验按各种不同的形式特征与工作特征作恰当分布)足以给出所期待的相关关系。[60]

　　航空领域的这一特有方法超出了船舶工程惯有的作法。[61]从 1922 年到 1926 年,杜兰德和莱斯利尝试进行这一研究。

　　在一份发表于 1924 年的报告中,他们先考察了理论与模型试验的相关性。[62]杰维茨基理论(今天称为叶素理论,blade - element theory)大致如下：(1)可以沿不同半径把螺旋桨桨叶分成若干微段。每一微段可以设想成以一定速度做直线(而非实际的螺旋形)运动的小翼型,其速度取决于：螺旋桨前进速度、转动微段的切面速度、由螺旋桨自身气动运动产生的次一级诱导流速。(2)从翼型试验数据估计出在相应速度下对每一微段的作用力。(3)合计所有微段上的力就可求出螺旋桨的性能。[63]

[155]

　　主要的困难是要计算出螺旋桨活动产生的次一级诱导流。显然不可能估计出这一诱导流,杜兰德与莱斯利当时唯有忽略它(以及其他复杂效应),他们将性能作为 V/nD 的函数,用叶素理论来计算了 80 个螺旋桨的性能。[64]这样他们是通过理论而非试验来进行参数变化,的确,参数变化的基本观念并没有要求应当使用试验。所得的结果是用理论得到的性能函数 F 的图形映射,可以和试验得到的早期结果进行对比。在对比中,他们发现理论和实验得出了基本相同的趋势。然而,量的不一致却相当大,而且太不稳定以至于不能提供杜兰德和莱斯利所期待的一致相关。因而,杜兰德与莱斯利无法找到一个"很容易从计算所得结果导出模型的可能结果"的经验修正。

在英国同时进行的研究很有启发。从 1913 年开始,英国国家物理实验室(National Physical Laboratory)把工作集中于理论的完善上,主要通过测量螺旋桨附近的流场,以及对比一些代表性模型的计算性能与测量性能。[65]该研究显然是为了得到实验可证实的理论,并在需要时用以计算函数 F 的值。没有证据表明在 1922年以前英国的参数变化(无论是实验的还是理论的)研究为飞机设计师提供了一系列数据。不同于美国的研究,这是由一群缺乏船舶制造经验的人们完成的。因此,在螺旋桨跟发动机、推进装置匹配的问题上,英国研究者不如美国研究者那样令人印象深刻。[66]另一方面,没有航海领域对理论的偏见无疑却是英国研究者的一个优势。1922—1924 年,英国的理论工作事实上已能对杜兰德和莱斯利当时认为不可能估计的诱导流做出了相当精确估量。在理论与试验间的一致方面,研究结果有了明显的改进。[67]尽管如此,英国研究者是在 1922 年才进行了参数变化的测量。[68]实际上,由于理论不足以处理黏性和可压缩性的次一级效应,所以它对精确设计来说,的确始终都是不够精确的。即便在 20 世纪 40 年代,飞机设计师们仍被教导,无论什么时候,只要得到适用的信息,就要根据试验参数数据来选择螺旋桨。[69]

[156]

完成与理论的比较后,杜兰德和莱斯利继续研究模型与全尺寸结果之间的相关性。当时,全尺寸试验只能在飞行中进行。为了得到所需的全尺寸测量数据,1924 年的整个夏天莱斯利都待在弗吉尼亚州兰利基地的 NCAC 新实验室,指导 VE – 7 双翼机的五个海军式(navy – type)螺旋桨试验。虽然在风洞进行的早期模型试验可以忽略模型后面的障碍物(图 5-3),但在飞行中不可避免庞大的发动机与机身,因而不可能如此来试验。于是,杜兰德在斯坦福用飞机的模拟部分进行了风洞的比较试验(参见图 5-6)。这是首次对一组螺旋桨进行飞行与风洞的对应试验。[70]在发表于 1926 年的详细报告中,杜兰德和莱斯利发现飞行数据与模型数据

图 5-6　在斯坦福大学第二个风洞中的设备,用 VE-7 型机身与发动机的模拟部分来试验海军式螺旋桨。(资料来源:Stanford University Archives.)

之间有 6% ~ 10% 的相当一致的差异。[a]他们推测,这是由于试验中的不确定因素以及螺旋桨尺寸跟黏性、可压缩性的次一级效应之间的相互作用共同造成的。其后的知识表明这一判断是正确的。所观察到的差异为设计师把模型结果应用到全尺寸设计上提供了很好的指导。当然,它们的一致性还不足以提供杜兰德在维尔伯·莱特演讲中所期待的具体修正。

当然,相关性研究确实产生了一个重要的概念,这是由必须评价工作在发动机与机身障碍前头的螺旋桨性能得到的。这一障碍产生的一个影响是使螺旋桨周围气流局部减速,致使螺旋桨以低于无障碍物时的有效前进速度工作,因而加大了螺旋桨的推力(thrust)。可是与此同时,螺旋桨后面的滑流(slip - stream)提高了大部分绕过机身的流速,正如其他情况下那样,由此增加了飞行器的阻力。因此出现了如何最好地来评价螺旋桨所做的有用功的问题,其根本不在于如同在原先的风洞试验中那样无障碍的工作,而在于它在飞机上的实际位置。面对这一问题,杜兰德和莱斯利逐渐认识到,由于螺旋桨的运动而增加的机身阻力 ΔD 起到了降低有效推进功的作用,因此这应当归咎于螺旋桨。由此,应归于在出现机身情况下的螺

[158]   旋桨有效推力是螺旋桨的实际轴拉力减去阻力增量 ΔD。他们把据此计算出的减小了的效率称为推进效率(propulsive efficiency)。在回顾中很容易看到,推进效率这一概念像大多数这样的概念一样,在当时并不明显。在斯坦福接连的报告中去看推进效率概念的发展以及对它的解释逐渐变得清晰的过程,这是极富启发性的,可以作为以工程知识为基础的那类智力活动的极好例子。[12]这一观念被证明是持久的,而且推进效率已成为螺旋桨飞机设计的标准理论工具。[13]

在系统阐述推进效率这一概念中,杜兰德与莱斯利也在学习如何思考在飞机设计中使用螺旋桨数据。这一思考方式的发展在整个斯坦福工作中(如在改善数据的表示以便于设计师的工作,以及在讨论如何解决设计问题当中)是明显的。[14]理解如何思考一个问题虽不如设计数据那么切实,但也可作为工程的知识。[15]杜兰德和莱斯利的报告既明确又含蓄地传达了这一知识。

1926 年,杜兰德暂时转到螺旋桨模型的参数研究,并就美国海军部采用的标准叶型的 13 个参数变化发表了报告。[16]这是杜兰德关于空气螺旋桨的最后一份报告,同时也结束了 1915 年他向 NACA 提议发起的研究。莱斯利与其他研究人员继续在斯坦福进行了长达 12 年之久的螺旋桨研究,但其问题对我们所关注的方法来说并不重要。

如杜兰德与 NCAC 所期望的那样,斯坦福的研究成果产生了大量可供飞机设计师使用的优质螺旋桨参数数据。但它没有也不可能对螺旋桨设计师产生明显的影响。1920—1925 年的木制螺旋桨与 1914—1915 年的螺旋桨并没有明显的区别,[17]而且杜兰德与莱斯利的最好模型的峰值效率比之前最好的螺旋桨也只有略微的改进。即使是多年后最先进的金属螺旋桨在这方面也只有微不足道的改进。[18]这也在逐步地表明,最大的潜在效率在早期就已经得到了相当好的研究,几乎不可能再有什么提高。杜兰德与莱斯利的模型数据的真正意义在于,它们大大

提高了飞机设计师在螺旋桨跟发动机和机身匹配方面的能力。可从模型与全尺寸结果对比得到的指引,以及不断发展的思考方式,都极大地增强了这一能力。当时设计师已具备了许多改进飞机性能所需的工具。[27]

我们可以设想设计师们很快就将斯坦福的数据付诸使用。很难找到使用这些数据的直接证据(设计计算很少保存很久),但是在同时代的人们当中并不乏这类证据。[28]此外,这些结果在二次文献中通常是显而易见的。这些数据被广泛引用,如在弗雷德·魏克(Fred Weick)被奉为 20 世纪 30 年代美国该领域圣经的螺旋桨教科书中,而且它们也是沃尔特·迪尔《工程空气动力学》(*Engineering Aerodynamics*)中大量章节的直接或间接来源。它们还是马克斯·蒙克的分析研究以及迪尔与(现任的)海军上将泰勒相关研究的基础。这些出版物通过工程学的文献资料推动了杜兰德和莱斯利数据的传播,使它们可供飞机设计师使用。[31]

斯坦福的工作还有其他的间接影响。它所显示出的理论的不充分,加上无法得到模型结果与全尺寸结果的一致相关,说明了螺旋桨数据最终必须由全尺寸试验获得。全尺寸飞行试验显然也是缓慢且昂贵的,这部分来自于莱斯利在兰利基地的经验。唯一的选择就是建造一个足以容纳全尺寸螺旋桨的风洞。按照这一激进的想法,NACA 从 1925 年到 1927 年在兰利基地建造了第一个可进行全尺寸试验的风洞,即用于螺旋桨研究的风洞(Propeller Research Tunnel,PRT),可以说斯坦福的工作不仅为这一项目提供了动力,而且还提供了技术基础。20 世纪 30 年代与 40 年代设计师使用的螺旋桨数据大部分都来自著名的 PRT。[32]

斯坦福工作的另一个影响则更多来自于推测。自 20 世纪 20 年代中期以来,NACA 的实验室工作就以用参数变化方法进行气动力学问题的综合性经验研究而著称。也许最重要的(但绝不是唯一的)例子就是翼型性能的研究,其性能取决于规定翼型形状的参数(参见第二章),该研究在 NACA 的后续机构 NASA 的实验室中继续进行。杜兰德和莱斯利的工作是在 NACA 资助下运用这一方法的第一个气动力学研究。由于该工作的综合性与定性化,以及出于杜兰德的声望及其在委员会中的成员地位,我们可以认为杜兰德和莱斯利的工作对确立 NACA 研究的经验

[159]

模式产生了重要的影响。如果确实如此,那么斯坦福的螺旋桨工作在方法论上的影响就远远超出了螺旋桨技术的范围。⑱

参数变化,比例模型与技术方法论

[160]　　　杜兰德与莱斯利的螺旋桨研究是以方法为基础的,其中暗含了许多关于方法论的观察资料。在致力于改进技术装置(飞机)时,杜兰德和莱斯利显然起到了工程师的作用。两人所得到的数据和思维方式都是对这一工程目的有用的知识,因而显然可看作是工程知识。但是,凭借怎样的方法来获得知识呢? 我们可以对这些方法做出何种普遍的陈述,如果真有这些方法,那么它们在哪些方面是工程所特有的? 接下来讲到的大部分方法论的观察资料可用杜兰德和莱斯利的工作来加以说明,但绝不能看做是依靠个别事例来得到证明的。其他的方法论的观察资料是由证据提示的而非得到证据支持的,因而所有的方法论的观察资料都可做进一步的研究与讨论。当然,由于这些方法论的观察资料大体上与工程方法论有关,而且看起来绝大部分在其他地方都未曾被提到,因而值得对它们加以讨论和分析。⑲

　　第一组方法论的观察资料涉及参数变化:

　　(1)参数变化可以借助试验或理论的手段来进行。另外,它至少可用于以下两个目的:提供一系列有用的系统设计数据,帮助发展或修改一个理论或理论模型。杜兰德和莱斯利的工作说明了手段与目的四种可能的组合。试验上的参数变化既提供了设计数据,又提供了在尝试确定叶素理论的经验修正值中的一个要素。而理论上的参数变化则提供了在这一尝试中的第二个要素(对于理论和试验之间的相关,显然都必须使用这两种参数变化的手段),如果这一尝试成功的话,那么理论上的参数变化就能用来提供设计数据。⑳

　　(2)试验上的参数变化——我们仅从这点来看——本质上并不是工程所特有的。它也出现在明显属于科学的活动中。一个例子就是汉斯·盖革(Hans Geiger)与厄恩斯特·马斯登(Ernst Marsden)在 1913 年所做的著名实验,通过撞击原子核

产生一连串 α 粒子(双氦电离原子)的散射。[⑯]他们系统地改变偏转角与金属箔的厚度,借助前者可计算出散射粒子数,而后者则提供了散射靶、金属箔的原子重量以及入射粒子的速度,这些都属于参数问题。用他们的话来说,其目的是"检验卢瑟福教授提出的原子理论,该理论的重点是在原子中心存在着一个高密度的密集电荷"。[⑰]现在更常见的例子是化学家对化学反应速率的测量,这一速率取决于温度、反应物浓度以及有无催化剂,其目的是推导出可以解释总体观察结果的化学模型(即称为化学机制的单个反应步骤序列)。很容易举出其他的例子。

[161]

(3)如上述例子所示,物理学家使用试验参数变化的目的和工程师不同。尽管,他们的工作最终也能提供在工程上有用的数据(如化学家的速率数据也可供化学工程师使用),但科学家即使真有兴趣提供设计数据,那也是次一级的兴趣。他们大多把参数变化作为证实理论或理论模型的一个辅助手段。如果反过来对工程师也是如此,则分析会更简单,但事实并不会如此让人如愿以偿。如我们在螺旋桨工作中所看到的,通常工程师不仅对设计数据有着直接的兴趣,而且也长期关注理论的建立。虽然工程师与科学家在理论探索中都共同使用了参数变化,但两者有不同的优先考虑。工程师寻找一个能作实用计算的理论,最终也许包括提供设计的参数数据。为了获得这样一个理论,如有必要他们愿意牺牲普遍性和精确性(这取决于应用要求对精确范围有何种规定),也愿意容忍相当多的现象成分(如在叶素理论中使用翼型的试验数据)。科学家们很有可能是努力检验理论假说(盖革与马斯登)或推导理论模型(物理化学家)。在上述任一情形中,他们的主要目的是解释已知现象或预测新的现象。他们由于自身的缘故而重视普遍性与精确性,而且认为理论或理论模型尽可能接近基本原理是很重要的。在某种意义上,科学家基本上感兴趣的是了解物理世界是如何运行的。当然,这些都是过于简化的说明,因为它们忽略了那些共同追求理论与设计目的而且似乎看起来二者都同等重要的棘手例子。[⑱]但这些区别是明显的,而且与科学家和工程师共同体的看法相一致,这两个共同体具有不同价值观念,前者重视"知",而后者重视"做"。[⑲]

(4)对于我们所讨论的方法是如何为工程所特有的这一问题,就试验上的参数变化而言,上述评论暗示了答案。如上所述,我们不能声称试验上的参数变化本质上是工程方法所特有的。然而,我们可以杜兰德和莱斯利的证据为基础,从该方法在提供设计数据的作用上,认为它对生产工程特有的知识特别重要。试验参数变化可以在工程中(也仅在工程中)用来提供所需的数据以绕过可用的定量理论[162]的缺乏,就是说,在没有准确的或方便的理论知识可用时继续进行工程工作。这或许就是工程中关于参数变化作用最重要的说明了。[⑩]在杜兰德与其他研究者的船用螺旋桨工作中,这样绕过理论正是试验参数变化的功能。在杜兰德把这一方法转到航空领域中去时,他无疑也将这一功能带了过去,在维尔伯·莱特纪念演讲中他明确地指出了这一点,当时他至少是由于理论的暂时不充分而抛开了理论。尽管杜兰德、莱斯利以及英国研究者,特别是后者,做了许多努力,但对飞机设计而言,螺旋桨理论始终是不充分的,而且试验方法也被继续用来避开这一缺点。在其他领域有许多这样的历史事例,而且如今同样大量使用这一方法。[⑪]最近的一个例子是福克斯和克兰用渐扩流道(扩压器)来降低流速的试验,这是在进行试验时没有满意理论的普通工程问题。[⑫]

(5)由于试验上的参数变化在上述方面的效用,以及在许多领域仍然难以确立合用的设计理论,所以它在工程中往往更适于用来提供设计数据而不是发展理论。在理论难于处理的领域中设计通常有着强烈的现实紧迫性,因而该方法的这一主要用途在现代工程中是不可或缺的。在科学中根本就不存在这种不可或缺性,科学对理论的最高兴趣可以用其他方法来得到满足。因此,这一方法在工程活动中无疑要比在科学活动中更为普遍。

(6)缺乏能用于工程应用的理论可能有各种原因,而决定是否用试验上的参数变化来绕过理论的缺乏则涉及诸多的考虑因素。理论的缺乏,若是在来自基本原理的理论不可行或其理论结构不够精致时,也许可归咎于基本的科学理解不足,缺乏关键的现象成分。就螺旋桨的情形来说,科学原理已经得到很好的理解,而叶素理论所需的现象成分可从翼型实验数据中得到。障碍在于即使有可供使用的全尺寸试验数据时,但理论还没有完善到足以替代这一数据的精确程度。

在缺乏适当的理论时,决定究竟是发展理论还是诉诸试验涉及诸多的权衡。　[163]
虽然理论研究法更有问题且经常耗时良久才能成功,但其优势在于能够提供理论
的理解,以及适用于任一条件集的经济的设计方法。试验研究法可以相当迅速地
提供设计数据,相对摆脱了理论所需的假定与简化,而且有助于发现未预见到的问
题,其不足在于需要相当多的试验工作进而成本更高,而且仅限于可加以测量的无
量纲数群的范围。美国与英国的研究者对这些权衡因素大多含蓄地做出了不同的
评价,并在他们的螺旋桨工作中遵循不同的路径。

即使可得到某种适当的理论,但由于缺乏实质意义的物理性质数据,或在理论计
算中遇到这种或那种不可克服的困难,可能仍需使用试验上的参数变化。[13]无论是否
可获得理论,使用试验参数变化的理由最终可归结为非常基本的一点,即在可接受的
时间内它提供了可用的结果,而等待理论的理解或指导也许意味着无限期的拖延。

(7)参数变化的最后两个观点。参数变化的应用需要假定如方程(1)的函数
关系,这又要求知道适当的性能量度,并可识别出性能所取决的参数。在这个意义
上,参数变化属于研究的第二个阶段。第一个阶段——识别相关的量——是一个
探索性的、利用一切可能方法的过程,取决于洞察力、直觉,有时还有运气。在杜兰
德和莱斯利的工作中,参数变化的要求可从造船学与航空学已有的知识中得到满
足。参数未知的第一阶段工作的例子是哈里·里卡多(Harry Ricardo)关于燃料类
型对汽油机爆震影响的试验。尽管里卡多出于明显的工程目的来进行试验,但他
最终并没有成功识别出影响爆震的燃料性质(参数),这与科学家寻找有助于解释
新的物理现象的方式极为相似。由于相关的参数仍是未知的,因而不可能构成参
数变化。[14]

也不应当把参数变化与试凑法(cut - and - try method)混为一谈,后者是一个
接一个地试以力图找到某些可工作或工作得最好的事物。该方法的一个例子是托
马斯·爱迪生为找到适合白炽灯的灯丝而进行的"6000个植物性生长"(vegetable
growths)的专门试验。[15]这绝不可能是在试图识别参数,而且爱迪生也不可能进行　[164]
参数变化试验,因为无论在何种重要的意义上说,他显然从来也不知道问题的参数

是什么。可惜的是,当人们真的遇上了参数变化,总对它做出错误的理解,因此把工程师们的所有试验工作都归之为试凑法。这样做,他们就看不到工程方法论中大部分重要的丰富内容与复杂性。⑤

下述方法论的观察资料来自杜兰德与莱斯利工作的其他方面。

(8)试验上的参数变化自身并不要求使用如斯坦福试验中的工作比例模型。原则上在全尺寸实物上进行也未尝不可。前面提到的古希腊弹弩设计者的参数试验就是以这种方式进行的,在兰利基地用于螺旋桨研究的风洞试验也是如此。然而,由于经济或技术上的局限,往往会使用比例模型。推导出所需的相似律就必须识别出问题的参数。合理的模型试验实际上要求能够这样来运用参数变化,而在利用模型时这一方法事实上通常也会被用到。原则上,无需诉诸参数变化就可对比例模型加以试验,但这就没有什么意义了,因为模型试验的目的就是为了得到设计数据。简而言之,有时无需建构比例模型也可进行参数变化,但是很少有不用参数变化来建构比例模型的。

(9)像试验参数变化一样,运用工作比例模型并非工程所特有。⑥科学家们旨在理解事物的性质,这些事物以实物大小的某种尺度出现,在那一尺度上可以更好地对其进行研究。当然,在某些情况下,科学家也会使用工作模型。这主要发生在像地球科学与气象学的领域中,在那里现象的规模超出了直接实验的范围,而且其复杂性(直到最近大容量电子计算机的出现)也阻碍了有效的数学建模。例如,地球科学家在实验室里使用小尺度工作模型来研究如造山运动和冰川水流这样的事物。气象学家们也是同样如此来研究气流、龙卷风和大气环流。⑧当然,正是这些现象的规模与复杂性使其难以被建模。在涉及边界条件(物理与几何的限制因素,以及在模型中模拟的驱动力)时更是如此,这些边界条件或是日趋复杂化,或是有较大的迁移,或是二者兼而有之。因此,在科学中对工作比例模型的使用大都集中在简化或局部的现象的近似建模上,以及在为有关机制提供理论(通常是定性的)理解的研究结果上。有些研究者由于它的近似与简化而对该方法持怀疑的态度。科学家的使用也相对罕见,而且必须加以搜寻。⑨

在工程中建立工作装置的模型,在所有这些方面与科学的建模极为不同。像飞机与船体一样,许多关键的边界条件都由正在研究中的装置来提供,它们都是已知的、近在咫尺的,而且都能在物理与几何上如实模拟。因而,可以逼真地、详细地做出模型。借助于相似律,还可以用模型来获得相对可靠的定量设计数据(与科学使用模型最根本的区别就在于此)。建模的方法得到了相应的重视,工程师对它的使用非常普遍,而且也相对容易找到。工程师与科学家对工作比例模型的建构在所有这些方面都具有不同的特征。如前所述,这一方法对工程师获得工程特有的知识尤为重要。

涉及模型试验则需要量纲分析与相似律,因而它们在工程中也被广泛使用。对它们的叙述通常会出现在基础工程学教材中。科学家很少运用相似律,即使他们的确使用了量纲分析,也绝不是出于推导出这一定律的目的。[30]相应地,在科学教科书中也很少讨论相似(similitude)。这一情形与前一章所观察的控制体积分析的情形是类似的。

(10)杜兰德与莱斯利关于变距螺旋桨的试验说明了工程师如何通过选择或调整设计参数来优化设计。由于优化过程在技术活动中无处不在,称它们为工程所特有的,确实很吸引人。实际上,科学家通常必须优化他们的实验设计,以获得最好的或用其他方法不能得到的数据。[31]化学家也尝试通过优化基本的多步过程机制来最大程度地提高总化学反应产率(他们的工作可能会产生技术上有用的结果,但他们的努力通常来自于尽可能全面地理解化学机制的科学愿望)。因而,试图把优化法视为工程所独有的论断就很难得到合理的辩护。当然,我们可以说优化活动在工程中要比在科学中更基本、更普遍。工程师原则上必须设计和开发出能有效工作的产品,并受到经济与社会因素的制约,而这通常是科学家关心的次要问题。因而,优化成为工程思维中一个或隐或显的恒定要素。对工程师来说,优化 [166] 成了一种精神本质,一种生活方式,而对科学家来说,它仅仅起到了偶然和附带的作用。这一区别在科学与工程之间是基本的,即使它仅是一种程度与态度之别而非方法之别。它构成了"知"与"做"区别的另一方面。

结　语

对漫不经心的观察者来说,杜兰德和莱斯利的工作虽然在当时达到了很高的技术水平,似乎也不过就是数据收集而已。然而,详尽的考察显示出精致且复杂的方法论,其中包括试验与理论上的参数变化、比例模型与相似律,以及理论与实验、模型结果与全尺寸结果之间的对比。这些因素紧密交织在一起,而且全都受到设计师将一个技术装置整合到更大的装置系统的优化需要的限制。该方法无论是在整体上还是在部分上,都比所讨论的例子更为普遍。但是,说像杜兰德和莱斯利那样的工作超出了经验数据收集的范围,并不意味着应当把它归入在应用科学之下。正如我们注意到的,它包含了工程中特别重要的要素,而且产生了带有工程特有性质与目的的知识。方法论中的部分要素虽然也出现在科学活动中,但作为一个整体的方法论并不会如此。⑩

该方法论的工程效用主要是基于这样的事实,正如我们的案例研究所阐明的,试验上的参数变化与物理理论之间并没有实质性的关联。试验上的参数变化的优势恰恰在于它能在缺乏有用的定量理论之处提供可靠的结果。当然,工程师会使用理论,只要他们发现该理论是可行的、有利的时候都会这样做。然而,由于试验上的参数变化独立于物理理论,这就使理论的运用通常只是一种选择而非必要。工程师对定量理论的广泛使用有可能使工程学外的人看来似乎仅仅是应用科学,即使在所应用的理论有大量现象的成分而且几乎没有真正的科学地位的时候也是如此。但由于参数变化独立于物理理论,这就驳斥了把工程学作为简单应用理论的科学的肤浅观点。

当试验参数变化连同比例模型来使用时,从要用量纲分析与相似律来把模型试验结果转换到全尺寸实物上来说,它的确涉及了理论。然而,这样的次级理论应用与一开始就根据更一般的自然科学理解构想出理论来预测性能是大不相同的,而且更容易。杜兰德、莱斯利和英国的研究者全都试图为螺旋桨建立这样一个理论——叶素理论。如果这一尝试成功了,那么工程师们会乐于使用理论。可是,当无法提供足够精确的理论时,他们就会转而求助试验上的参数变化和相似律来继续飞机的设计工作。如果也没有可用的相似理论定律,他们就会进行全尺寸试验(尽管出于其他的原因,他们最终也会这么做)。

如果缺乏有用的理论是由于缺少科学的理解而非其他原因,那就此而言,参数变化甚至提供了一种绕过缺乏科学的方法。我们大部分的能力,如能够设计出涉及普遍存在但科学上难于处理的紊流问题的装置,就来自于此。[103]然而,在历史文献中极少对绕过科学的参数变化使用做出评论。在评价斯米顿关于风车和水车的开创性工作中,考察这一方法的少数讨论也只在有限的程度上展开。因而,这就可以理解何以这些讨论只关注这一方法中的技术,并把该方法看作是从实验科学中新引入工程的。结果是,它们认为参数变化具有基本的科学特征。[104]与之相反的事实是,试验参数变化方法的功能可以使工程摆脱科学的限制,在现代背景下这种方法的新颖和起源都是毋庸置疑,也更容易被看出来。

从更广泛的角度来看,本章所探讨的方法可看作是广泛工程活动中的一部分,可以培养设计所需的分析能力。设计工程师必须能够分析他们的设计,而研发工程师应尽其所能地运用各种方法工作,以开发出设计师需要的工具。杜兰德和莱斯利提供了螺旋桨性能分析的数据,并为了分析设计而尝试发展出叶素理论。这两个活动都不会激发科学家的极大兴趣——理论尽管不容易的,但它也只是对已被很好理解的工作原理的定量阐述而已。斯坦福的研究者们虽然也提出了推进效率这一重要的概念工具,但却是用来满足实际设计的需要,这一需要从来没有出现在科学工作中。所有这些活动表明了"技术人员如何发展出他们自己所独有的或多或少条理化的知识体系来满足实际需要"。[105]这类(即作为技术基础的)发展完全不同于人们使用发展一词时通常所指的特定产品或装置的发展。[106]

斯坦福的工作还在知识(设计数据)与分析能力方面表明了技术如何靠缓慢、平淡的累积而进步。事实上,参数变化与模型试验的方法有时被指出是最适合渐进式进步的方法。[107]在斯坦福的工作中,确实有这样的效果:它对优化螺旋桨驱动

[168]

的飞行器帮助很大,但它没有导致飞机设计的根本变化(如随后的襟翼、棘手的起落装置、后掠翼与喷气发动机的改进所带来的变化)。当然,这不可以推断出该方法不会带来革命性的变革。金属切削的参数研究就是弗雷德里克·泰勒高速工具钢发明的基础,[⑩]翼型模型参数的风洞试验在莱特兄弟的飞行成绩中发挥了关键的作用。斯坦福的工作无疑体现出了参数变化与模型试验一般结果的特点(因而,在某种程度上它相当于案例研究)。然而,渐进式进步并不是这一方法唯一的或必然的结果。[⑲]

不论结果如何,在试验上使用的参数变化通常与比例模型一起提供了系统化的程序,借此在其使用中得到训练的工程师就能最少依赖个人禀赋和洞察力而使复杂问题得到最佳解决。这对工程中不断用"技能行为"(acts of skill,可教的)替代"领悟行为"(acts of insight,不可教的)的努力起到了积极的作用。这一努力的成功对现代工程在如此广阔的前沿如此有把握地向前推进的能力至关重要——毕竟有天分的人还是少数。[⑳]也许和别的事物一样,由斯米顿发展起来、被杜兰德与莱斯利使用的方法很容易在工程师中代代相传,这样它就有了长期的重要性。

最后是一些问题和猜测。对杜兰德与莱斯利工作[与布列坦尼亚桥(Britannia Bridge)的设计一起][㉑]的多年研究,让我想知道除了本章所考察的方法之外,是否还存在其他具有工程特色的方法。例如,也可作为工程优化程序的与设计综合有关的迭代法(iterative technique),是否也具有这样的性质。遗憾的是,我在这些问题上的直接经验仅限于机械工艺学。由此就出现了各种问题:目前所讨论的方法论及其组成要素在其他领域有着怎样的特点与广泛性? 在机械工艺学以及其他领域是否很可能还有其他的方法,如果有,它们如何运作? 且不论科学知识中有多少空白,其他的方法究竟能在多大程度上可作为工程发展之精妙且系统化的途径? 更广泛来说,我还想知道这是否有助于寻找某些可被合理称为"工程方法"的东西,它们与科学方法类似但又有所不同,并且已经成为科学史学与科学哲学的一个富有建设性的问题[㉒](我将在第八章结尾处对这一猜测做一点推进)。对这类问题的回答只会不断加深我们对工程中知道如何的理解。

[169]

注　释

本章内容基于我的论文:"The Air-Propeller Tests of W. F. Durand and E. P. Lesley: A Case Study in Technological Methodology," *Technology and Culture* 20（October 1979）: 712-751. 对那些以各种方式帮助过我的人（由于实在太多无法逐一列出），我表示衷心的感谢。然而,我想特别感谢 Walter Bonney, Edwin Good, Stephen Kline, Edwin Layton,（Otto Mayr, Robert McGinn, Russell Robinson, Howard Rosen,and Nathan Rosenberg。

① M. M. Munk, "Analysis of W. F. Durand's and E. P. Lesley's Propeller Tests," *Report No. 175*, NACA, Washington, D.C., 1923, p. 3.

② 哲学家们所做的研究如参见 F. Rapp, "Technology and Natural Science—A Methodological Investigation," in *Contributions to a philosophy of Technology*, Boston, 1974, pp. 93-114; H. Skolimowski, "The Structure of Thinking in Technology," ibid., pp. 72-85, also in *Technology and Culture* 7（Summer 1966）: 371-383.

③ 技术融合(Technological convergence)一词由罗森伯格引入,用以描述在不同工业技术中对共有生产过程的应用,它似乎对知识与方法也是有用的["Technological Change in the Machine Tool Industry, 1840-1910," *Journal of Economic History* 23(1963):414-446]。关于渐进变化的作用参见 A. P. Usher, "Technical Change and Capital Formation," 转载于 *The Economics of Technological Change*, ed. N. Rosenberg, Harmondsworth, 1971, p. 63. 还可参见 G. H. Daniels, "The Big Questions in the History of American Technology," *Technology and Culture* 11（January 1970）: 1-21.

④ J. Smeaton, "An Experimental Enquiry Concerning the Natural Powers of Water and Wind to Turn Mills, and Other Machines, Depending on a Circular Motion," *Philosophical Transactions of the Royal Society* 51, pt. 1（1759）:100-174. 关于斯米顿工作的讨论与评价参见 D. S. L. Cardwell, *Turning points in Western Technology*, New York, 1972, pp. 79-84; N. Smith, *Man and Water*, London, 1975, pp. 153-158. 关于斯米顿水车试验（包括后面注释6、102 和 104 提到的问题）以及同时代人 Antoine de Parcieux 的更专门但没有那么著名试验的启发性讨论,参见 T. S. Reynolds, "Scientific influences on Technology: The Case of the

Overshot Waterwheel, 1752 – 1754," *Technology and Culture* 20（April 1979）: 270 – 295.

⑤ 这一术语是我自己的。该方法被许多工程师们视为理所当然,以至于他们很少以名字来称呼它。在第二次世界大战以来逐渐成熟的统计试验设计理论中,本章所述程序的基本形式被称为"析因实验"。当然,在一般用途上,参数变化似乎更多是描述性的,而且更接近其他的工程术语。

⑥ B. C. Hacker, "Greek Catapults and Catapult Technology: Science, Technology, and War in the Ancient World," *Technology and Culture* 9（January 1968）: 34 – 50,引文参见第 49 页。在科学研究中,牛顿就曾在他的光学实验中使用了参数变化 [Cardwell（n. 4 above）, p. 50]。尽管 Pacey 与 Cardwell 对这些试验影响斯米顿工作的重要作用有不同看法 [Pacey（n. 4 above）, p. 209],但他们坚持认为斯米顿的思想是以某种方式源自牛顿的科学工作。当然,这就需要考察从技术可能产生的方法论影响,如来自 *Le Bombardier françois*（Bernard Forêt de Belidor, Paris, 1731）and *New Principles of Gunnery*（Benjamin Robins, London, 1742）对炮火射击范围的试验,或 18 世纪关于水车的较早工作（n. 8 above）。

⑦ N. Rosenberg and W. G. Vincenti, *The Britannia Bridge: The Generation and Diffusion of Technological Knowledge*, Cambridge, Mass., 1978, pp. 14 – 23, 29; F. W. Taylor, *On the Art of Cutting Metals*, New York, 1906; 还可参见 F. B. Copley, *Frederick W. Taylor*, 2 vols., New York, 1906, vol. 1, pp. xiv – xv, 245, 434 – 435, passim; M. W. McFarland, ed., *The Papers of Wilbur and Orville Wright*, 2 vols., New York, 1953, vol. 1, pp. 547 – 593.

⑧ 比例（或几何相似）模型是原型所有尺寸都以相同比例缩小后的模型。工作比例模型是制作成如同原型一样工作的模型。它们与建筑师用来显示空间关系的静态比例模型截然不同。斯米顿有时被认为是第一位在工程定量试验中使用比例模型的工程师（参见 A. F. Burstall, *A History of Mechanical Engineering*, Cambridge, Mass., 1965, p. 244）。然而, Norman Smith 使人们注意到 18 世纪早期 Christopher Polhem 在瑞典进行的另一个没有那么著名的水车实验（N. Smith, "The Origins of the Water Turbine and the Invention of Its Name," in *History of Technology*, *Second Annual Volume*, 1977, ed. A. R. Hall and N. Smith, London, 1977, pp. 221, 256）。关于过去几个世纪对静态与工作比例模型的历史讨论,参见 B. Gille, ed., *The History of Techniques*, 2 vols., Montreux, 1986, vol. 2, pp. 1156 – 1161.

⑨ Smeaton(n. 4 above) , p. 101.

⑩ 因为这一运用,直到约 20 世纪 20 年代才开始把相似律称做"对应"律或"比较"律。

⑪ 关于威廉·弗劳德工作的说明参见 H. Rouse and S. Ince, *History of Hydraulics*, Ames, Iowa, 1957, pp. 182 – 187. 威廉·弗劳德的相似律来自对与表面波形成有关的部分阻力的考虑。Rouse 和 Ince 引用了威廉·弗劳德对该定律的表述:按规定比例来表示在各种持续速度下模型阻力的图,同样可表示在各种连续速度下与此类似的船舶阻力,但其为尺寸的 n 倍,如果把图应用到船舶的情形中,那么我们可以把所有的速度理解为 $\sqrt{n}$ 倍,而相应的阻力则为图中阻力的 n^3 倍(p. 184)。1852 年,Ferdinand Reech 在法国发表了该定理在理论上的推衍(ibid. , pp. 154 – 155),并不清楚威廉·弗劳德是否了解其研究。

⑫ 关于无量纲数群和量纲分析的基本技术讨论,参见 W. J. Duncan, " Dimensional Analysis, " *Encyclopaedic Dictionary of Mathematics for Engineers and Applied Scientists*, ed. I. N. Sneddon , Oxford, 1976, pp. 193 – 195.

⑬ 由此可推断,只要始终一致地使用特定单位制(如厘米—克—秒制,或英尺—镑—秒),那么在任何给定情形中的变换,都不会改变其数值。

⑭ Rouse and Ince(n. 11 above) , pp. 206 – 210. 雷诺在河口沉积的模型研究(1887—1891)中应用了相似律,这是一个有影响的早期应用,但他没有使用无量纲数群(参见 A. T. Ippen , "Hydraulic Scale Models," in *Osborne Reynolds and Engineering Science Today*, ed. D. M. McDowell and J. D. Jackson, Manchester, 1970, pp. 199 – 208)。

⑮ 关于量纲分析的历史讨论参见 E. O. Macagno, "Historico – critical Review of Dimensional Analysis," *Journal of the Franklin Institute* 292 (December 1971): 391 – 402.

⑯ 在 20 世纪 30 年代的变距螺旋桨出现之前,定距螺旋桨通常不是针对巡航、爬升就是针对起飞来加以优化,这取决于哪一个对完成飞机任务是最关键的,当时并没有针对其他工作条件的优化。或者,在没有最佳的工作条件下,也许会选择在整个飞行范围内可获得理想的折中性能的螺旋桨。

⑰ 该过程是一个工程装置通常必须并入一个更大装置系统的典型方式。要求一定范围内的有效性能以及在此范围内做出精确预测是工程设计所特有的。这些要求有助于把设计师与发明者的工作区分开,后者更有可能是研究如何确定初始可行性,这通常是在一

个工作条件下来进行的。

⑱ 在技术文献中很少明确做出这一区分。工程师通常并不善于分析他们的方法，并将这类事物视为理所当然。

⑲ 关于莱特兄弟参见 McFarland（n.7 above），vol.1，pp.315，594－640.莱特兄弟不仅对他们无向前运动的第一个设计做了性能测量，测试了后来的螺旋桨的一个未加说明性质，而且还对他们的螺旋桨做了（就当时而言）相对先进的设计计算。莱特兄弟之后，美国仅有的试验是 D. L. Gallup 从 1911 年开始在伍斯特理工学院（Worcester Polytechnic Institute）进行的试验。Gallup 使用了安装在中心枢轴上旋转臂末端的全尺寸螺旋桨（*Annual Report of the National Advisory Committee for Aeronautics*，1915，Washington，D. C.，1916，p. 12）。1912 年，麻省理工学院的两个学生 F. W. Caldwell 和 H. F. Lehmann 也使用了该装置，他们对五个螺旋桨做了测试，其中包括一个莱特式螺旋桨（"Investigation of Air Propellers，" M. S. thesis，Massachusetts Institute of Technology，1912）。

⑳ 关于提到杰维茨基工作的文献参见 F. W. Weick，*Aircraft Propeller Design*，New York，1930，p.37.尽管莱特兄弟使用了类似于（只是相当近似于）杰维茨基的观念，但显然他们是独立得到的这些观念的[McFarland（n.7 above），p.315]。关于欧洲试验工作的情况参见 A. F. Zahm，"Report on European Aeronautical Laboratories，" *Smithsonian Miscellaneous Collections*，vol. 62，no. 3，Washington，D.C.，1914.以这一报告为基础的错误出现在 1913 年。关于理论的确证参见 F. H. Bramwell and A. Fage，"Experiments on Model Propellers，" *Reports and Memoranda No.* 82，*Technical Report of the Advisory Committee for Aeronautics*，1912－1913，London，1914，p. 202.此后这些卷册被称为 *ACA*。

㉑ G. Eiffel，*Nouvelles recherches sur la résistance de l'air et l'aviation*，text and atlas，Paris，1914，text p. 353；Bramwell and Fage，"Tests on a Four－Bladed Propeller for Thrust and Efficiency，" in *ACA*，1913－1914，pp. 288－289.

㉒ 关于埃菲尔的测试参见 *Nouvelles recherches*，text pp. 335－341，atlas pl. XXXI－XXXIII.关于他对相似律的使用参见 C. Eiffel，*The Resistance of the Air and Aviation*，2nd ed.，trans. J. C. Hunsaker，Boston，1913，pp. 191－196.埃菲尔似乎很可能追随了 Dimitri Riabouchinsky，Riabouchinsky 于 1909 年在俄罗斯，1910 年在法兰西引入相似律（D.

Riabouchinsky, "Méthod des variables de dimension zéro et son application en aérodynamique," *L'Aerophile*, September 1, 1911, pp. 407 – 408)。

㉓ 先前引用的 Zahm 在 1914 年的报告并不包含具体的结果或引文。然而,Zahm 声称他与同伴 J. C. Hunsaker"做了大量的记录"(p. 1),其中很可能包含了螺旋桨试验的结果。Hunsaker 还翻译了前面引用的埃菲尔的著作。杜兰德在 1917 年第一份斯坦福试验报告的第 37 页中(n. 43 below)引用了埃菲尔的 *Nouvelles recherches*,但无疑他在早前就已了解了埃菲尔的工作。1915 年 9 月,在杜兰德为旧金山巴拿马—太平洋博览会(Panama – Pacific Exposition)组织的国际工程大会(International Engineering Congress)上,巴黎大学教授 Lucien Marchis 提交了一份关于法国航空研究的广泛评论,其中包括螺旋桨的工作。杜兰德翻译并发表了这份报告:L. Marchis, "Experimental Researches on the Resistance of Air," *Annual Report of the NACA*, 1916 , Washington, D. C. , 1917, pp. 553 – 630.

㉔ H. Glauert, "Airplane Propellers," in *Aerodynamic Theory*, ed. W. F. Durand, 6 vols. , Berlin, 1935, vol. 4, p. 178. Weick(n. 20 above)说杰维茨基是独立于威廉·弗劳德得出了自己的想法。

㉕ 熟悉航空与船舶实践的 Jerome Hunsaker 曾在 1924 年写到,"船用螺旋桨设计是以由模型和试航得到的数据为基础的⋯⋯而且螺旋桨活动的详细机制显然是太过复杂了,以至于很难做出成功的分析"[J. C. Hunsaker, "Aeronautics in Naval Architecture," *Transactions of The Society of Naval Architects and Marine Engineers* 32(1924): 1 – 25]。

㉖ W. F. Durand, "Experimental Researches on the Performance of Screw Propellers," *Transactions of the Society of Naval Architects and Marine Engineers* 13 (1905): 71 – 85; "Researches on the Performance of the Screw Propeller," *Publication* No. 79, Carnegie institution, Washington, D. C. , 1907; R. E. Froude, "Results of Further Model Screw Propeller Experiments," *Transactions of the Institution of Naval Architects* 50 (1908): 185 – 204; D. W. Taylor, *The Speed and Power of Ships*, New York, 1910, vol. 1, pp. 170 – 175. 泰勒对这三个研究,再加上 Karl Schaffran 于 20 世纪 20 年代早期在德国的第四份研究均做了评论,参见 Taylor, "Comparison of Model Propeller Experiments in Three Nations," *Transactions of the Society of Naval Architects and Marine Engineers* 32 (1924): 61 – 83.

㉗ 关于 NACA 的历史参见第三章的注释 8。关于杜兰德的提议可参见他的自传：*Adventures in the Navy, in Education, Science, Engineering, and in War: A Life Story*, New York, 1953, p. 53. 关于委员会的观点参见 *Annual Report of The NACA*, 1915, Washington, D. C., 1916, p. 15.

㉘ 杜兰德从木制船舶到喷气式飞机的成果丰硕的职业生涯跨越了 65 年的时间。他的自传为美国机械工程从大量经验活动到以理论为基础的现代职业的转变时期提供了生动的了解。关于杜兰德生活的各种情形可参见前述引用的他的自传，该自传虽很有意思但对个人并无有启迪。还可参见 F. E. Terman, "William Frederick Durand," *Biographical Memoirs*, Washington, D. C., 1976, vol. 48, pp. 153 – 193. 其中包含了杜兰德许多出版物的年表目录；H. L. Dryden, "Contributions of William Frederick Durand to Aeronautics," *Aeronautics and Astronautics*, *Proceedings of the Durand Centennial Conference*, ed. N. J. Hoff and W. G. Vincenti, Oxford, 1960, pp. 9 – 17.

㉙ 这些语句中的评论是根据与杜兰德在斯坦福时的年轻同事 Lydik Jacobsen 的谈话得到。在评论(总体是肯定的)一份来自密歇根大学 Felix Pawlowski 关于飞机螺旋桨的提议中,杜兰德写到,"我认为他所提出的研究仅仅是理论的,因而不会增加任何作为基本数据的东西"(强调是我增加的, letter to S. W. Stratton, December 2, 1916, Record Group 255, National Archives, Washington, D. C. 所有引用的信件均出自于此)。

㉚ *Annual Report of The NACA*, 1916, Washington, D. C., 1917, p. 14.

㉛ "Memorial Resolution, Everett Parker Lesley," Stanford University Archives, Stanford, Calif, 1945.

㉜ 杜兰德于 1916 年 11 月 2 日提交给理查森。较早前的主要信件也在注释 29 所引用的记录组中。

㉝ 杜兰德早前就在一篇理论论文中开始研究这一相似："The Screw Propeller: With Special Reference to Aeroplane Propulsion," *Journal of the Franklin Institute* 178 (September 1914): 259 – 286. 从造船学到航空学的借用,以及从航空学到造船学的借用的一般讨论,参见 Hunsaker(n. 25 above)。

㉞ 关于风洞的选择参见 Durand to Richardson, August 21, 1916; Richardson to Durand,

September 1，1916；Durand to Richardson，September 5，1916. 这些信件对说明选择实验仪器的各种考虑因素特别感兴趣。关于设计背后的详细考虑参见 Durand to Richardson，November 2，1916. 在各种信函和报告中的暗示明确表明埃菲尔的经历对斯坦福试验的其他方面产生了初步影响。通过杜兰德与 Marchis 之间的通信(n. 23 above)这些影响逐渐显示出来(参见 Durand to Richardson，August 21，1916)。

㉟ 这来自在静止空气中飞行的常用术语。在风洞中,V 实际上是测试流的运动速度。尽管我始终保留了前进速度,在随后描述的方便之处我会采用风洞的观点,其中螺旋桨的位置是固定的而气流从旁流过。

㊱ 我忽略了主要的量中对目前讨论并非必要的空气密度。

㊲ 改变 V 与 n 相当于测试单个螺旋桨,此外,改变 D,r_1,r_2,…则相当于测试一组相关的螺旋桨。

㊳ Durand to Lesley，April 19，1917；Lesley to Durand，April 24，29，1917. 这些试验的结果包括在斯坦福最初的报告中(n. 43 above)。自由喷射试验流(与完全受制于实体墙的气流相对,后来由英国的研究者予以证实)被证明是一个幸运的选择。后来在英国的理论工作表明自由喷流具有较小的有限流效应(limited - stream effect)(参见 H. Glauert and C. N. H. Lock，"On the Advantages of an Open Jet Type of Wind Tunnel For Airscrew Tests，" Reports and Memoranda No. 1033，Aeronautical Research Committee，1926 - 1927，London，1928，pp. 318 - 327)。这一报告引用了斯坦福的试验来支持他们的理论发现。注:航空咨询委员会(The Advisory Committee for Aeronautics，援引为 ACA)在 1920 年更名为航空研究委员会(Aeronautical Research Committee，此后援引为 ARC)。

㊴ Durand to Richardson，November 2，1916. 更精确来说,单个叶剖面螺距是在螺旋桨以与剖面角向相同的角度沿螺线的一次转动中剖面前进的距离。叶剖面螺距比是螺距与螺旋桨直径之比。平均螺距比是在标准的具有代表性半径处的剖面螺距比(在杜兰德与莱斯利试验中其为螺旋桨总半径的 13/18)。由于有五个形状参数,这些螺旋桨要比杜兰德所研究的船用螺旋桨更为多样,在那里只有平均螺距比和桨叶宽度是可变的。这一更大的普遍性来自于埃菲尔的影响[*Nouvelles recherches*(n. 2 above)，pp. 335 - 341]。

㊵ 现在精致的统计方法被不断用来选择参数数值和分析测量数据(如参见 M. Bartee，

Engineering Experimental Design Fundamentals, Englewood Cliffs, N. J., 1968, chap. 5)。然而, 大部分的工程师仍然使用本章所述的简单的"常识性"程序。

㊶ 由此, 方程(1)中除 D 外的所有参数都是可变的。D 不需要变化的理由将在后面提及。在该论文中提到的大约一半的模型现为斯坦福大学特曼工程图书馆(Terman Engineering Library)的永久展品。

㊷ Lesley to Durand, April 27, June 9, 20, 23, 1917. 莱斯利报告了一些简单内容, 如他对杜兰德在斯坦福主管"关于隔板及其他装置"的指示, 以及他在帕洛阿尔托(Palo Alto)市议会"以一票领先击败对手"的选举。

㊸ "Experimental Research on Air propellers," *Report* No. 14, NACA, Washington, D. C., 1917.

㊹ 当以(V/n)/D 的形式来写时, 可以把它看做是螺旋桨在一次转动中给出的以螺旋桨直径数而非日常单位为度量的前进距离。

㊺ 无量纲化这一性质并非螺旋桨所特有, 由于它可以大大减少需要涵盖单个参数所要求范围的试验运行次数, 因而无论对何种尺寸的参数试验都非常重要。它通常使参数试验更为经济, 否则这会代价不菲。

㊻ W. F. Durand, The Resistance and Propulsion of Ships, New York, 1903, pp. 128 – 145, 300 – 303.

㊼ 后来 V/nD 由于在物理上更有意义而替代了海运工作中的转差率[参见 Hunsaker (n. 25 above), pp. 10 – 11]。

㊽ Durand to Richardson, November 2, 1916; Durand to Lesley, May 1, 1917.

㊾ 如参见 J. C. Hunsaker et al., "Reports on Wind Tunnel Experiments in Aerodynamics," Smithsonian Miscellaneous Collections 62, no. 4(1916): 15 – 26, 29, 86 – 88. 白金汉为这一工作增加了理论上的研究。关于白金汉定理的出版物参见他的: "on Physically Similar Systems: Illustrations of the Use of Dimensional Equations," Physical Review 4 (October 1914): 245 – 276. 白金汉推导出的定理由 Aimé Vaschy 于 1892 年在法国首次作出证明, 并由 Dimitri Riabouchinsky 再次独立发现, Riabouchinsky 在 1911 年法国航空杂志上对此作了说明(n. 22 above)。后来, 白金汉(1921 年)认为由英国航空咨询委员会出版的对

Riabouchinsky 工作的一个摘要说明有得出其推导的“提示”作用[参见 Macagno(n. 15 above), pp. 397 – 400]。

(50) 增加黏性与可压缩性就要分别增加两个无量纲数群,即雷诺数(Reynolds Number)与马赫数(Mach number)。

(51) 能够这样做就解释了为什么在测试中不需要改变 D 值(n. 41 above)。此外,由于 V 和 n 是可变的,就可以不止一种方式来得到同样的 V/nD 值。这就为相似律的有效性提供了试验检验。

(52) 只在单个螺旋桨中加入了一些新的参数值。

(53) Durand and Lesley, “Experimental Research on Air propellers, Ⅳ,” *Report* No. 109, NACA , Washington, D. C. , 1921, p. 3.

(54) Durand and Lesley, “Experimental Research on Air propellers, Ⅱ, Ⅲ, Ⅳ,” *Report* No. 30, 64, 109, NACA, Washington, D. C. , 1919, 1920, 1921. 除了参数变化试验的常规性能测量外,第一份报告中还包含了以下试验:(1)调距桨试验;(2)三组反转螺旋桨试验,两个螺旋桨一前一后装在同一轴心上;(3)从总数中挑选出的 12 个螺旋桨,在高 V/nD 值下测量其制动(或负推力)效应;(4)选出 67 个螺旋桨在前进速度为 0 的情况下,测量其推力和功率。1912 年,作为副业,杜兰德和莱斯利报告了关于直升机旋翼的螺旋桨试验,它们的旋转轴与气流几乎成 90° 角(“Tests on Air propellers in Yaw,” Report No. 113, NACA, Washington, D. C. , 1921)。

(55) Lesley to Durand, January 17, 1918.

(56) Durand and Lesley, “Experimental Research on Air Propellers, V,” *Report* No. 141, NACA , Washington, D. C. , 1922.

(57) 用公式 $\eta = TV/2\pi nQ$ 求得推力 T 和力矩 Q 后就可以计算出效率。

(58) 第二组桨叶的最初轮毂被存放在华盛顿国家航空航天博物馆(National Air and Space Museum),作为非展出收藏品(登录号为 NAM 705,目录号:1951 – 51)。表面上在杜兰德本人的反复重申中[*Adventures*(n. 27 above), p. 140],有时认为对这些模型的试验是该类螺旋桨的第一次试验。实际上,在 1912—1913 年英国就曾进行了一个与之多少相似的模型试验,只是以确证螺旋桨理论而不是以优化性能为其明确目的[Bramwell and Fage (n.

20 above), pp. 199 – 217]。在 1918 年,还报告了英国皇家飞机工厂(Royal Aircraft Factory)进行的变距螺旋桨飞行试验(Anonymous, "The Variable Pitch Propeller – Experiments Conducted at the Royal Aircraft Factory," *ACA*, 1917 – 1918, 2: 515 – 517)。

(59) NACA 再版了演讲稿:*Annual Report of the NACA*, 1918, Washington, D. C., 1920, pp. 33 – 34.

(60) Ibid., p. 41.

(61) 由于飞机中的重量特别重要,因而在飞机上成败的回旋余地比在以前任一装置上的都要小。相应地,航空工程师不得不使用更周全、更精确的设计方法。部分方法相继被其他工程分支所采用。

(62) Durand and Lesley, "Comparison of Model Propeller Tests with Airfoil Theory," *Report* No. 196, NACA, Washington, D. C., 1924.

(63) 关于理论的具体说明参见 Glauert (n. 24 above), pp. 178 – 181. 关于更精致的涡流理论讨论(以及翼型与螺旋桨活动的启发性描述),参见 E. E. Larrabee, "The Screw Propeller," *Scientific American* 243 (July 1980): 134 – 148.

(64) 必要的翼型数据来自风洞试验,特别是在加州理工大学进行的试验。

(65) 关于直到 1919 年的英国工作评述,包括对先前报告的提及,参见 R. Mck. Wood, "Summary of Present State of Knowledge with Regard to Airscrews," *ACA*, 1918 – 1919, 2: 549 – 568.

(66) 有人可能也把这一不同看作是确证了两个国家在工程研究风格上有时所认定的差异,英国的研究被认为是更为理论化的,而美国则更多是经验性的。在目前的例子中,这样的理解是含混的。无论出于何种原因,事实是这一时期英国的航空研究方法要比美国的研究方法更依赖于理论。另一方面,在造船传统上,英国与美国在很大程度上都是面向试验的参数变化。实际上,杜兰德关于船舶推进的研究文本很大程度上汲取了威廉·弗劳德与罗伯特·弗劳德在英国的试验工作。

(67) C. N. H. Lock and H. Bateman, "Experiments with a Family of Airscrews. Part III – Analysis of the Family of Airscrews by Means of the Vortex Theory and Measurements of Total Head," *ARC*, 1923 – 1924, 1: 377 – 408;还可参见 Weick(n. 20 above), pp. 73 – 74.

㊻ A. Fage, C. N. Lock, R. G. Howard, and H. Bateman, "Experiments with a Family of Airscrews. Part I – Experiments with the Family of Airscrews Mounted in Front of a Small Body," *ARC*, 1922 – 1923, 1:174 – 239. 这一报告提到了杜兰德与埃菲尔的参数变化研究。

㊼ W. C. Nelson, *Airplane Propeller Principles*, New York, 1944, pp. 97 – 121;还可参见 Weick(n. 20 above), pp. 257 – 283.

㊾ *Annual Report of the NACA*, 1923, Washington, D. C., 1924, p. 17.

㊿ Durand and Lesley, "Comparison of Tests on Air Propellers in Flight with Wind Tunnel Model Tests on Similar Forms," *Report* No. 220, NACA, Washington, D. C., 1926.

⑫ 除了上一个注释外,斯坦福的其他两个报告似乎也涉及了障碍的问题:E. P. Lesley and B. M. Woods, " The Effect of Slipstream Obstructions on Air Propellers," Report No. 177, NACA, Washington, D. C., 1924; W. F. Durand, "Interaction Between Air Propellers and Airplane Structures," *Report* No. 235, NACA, Washington, D. C., 1926.

⑬ 继船体问题之后,包括杜兰德在内的船舶工程师都在尽全力处理螺旋桨工作这一相似但更困难的问题[*Resistance and Propulsion of Ship* (n. 46 above), pp. 230 – 238]。然而,船舶问题的思考以不同的方式来进行,而且也仍未获得推进效率的概念。

⑭ 特别参见"Experimental Research on Air Propellers, V"(n. 56 above), pp. 15 – 19.

⑮ 关于对 Alexander Koyré 把技术视为思想体系观点的讨论,参见 E. T. Layton, Jr., "Technology as Knowledge," *Technology and Culture* 15 (January 1974): 31 – 41, esp. 35 – 37. 莱顿还补充了一些他本人对技术思想与设计关系的思考。

⑯ W. F. Durand, " Test on Thirteen Navy Type Model Propellers," *Report* No. 237, NACA, Washington, D. C., 1927.

⑰ 如参见 the propeller collection at the Science Museum, London.

⑱ 钢合金或铝合金的金属螺旋桨在 1925 年后投入使用,它们比木质螺旋桨有更多的实用优势。

⑲ 当参数试验在斯坦福如火如荼地进行时,埃菲尔也在巴黎进行着同样的工作,并在 20 世纪 20 年代左右出版了 *Etudes sur l'hélice aérienne*(Paris, n. d.),其中不仅包含了双叶螺

旋桨叶,还包含了3叶、4叶和6叶螺旋桨,并且用变距而非定距螺旋桨模型来尽量减小覆盖所需螺距范围的试验数目。他还对大约90个定距模型进行了同样的试验,其结果与在斯坦福得到的结果基本相似。埃菲尔还对仿制杜兰德-莱斯利设计的单个模型进行了试验,在未加详细说明的情况下他将此描述为"我们最好的螺旋桨之一"(*une de nos meilleres hélices*)(p.121)。尽管没有给出任何参考文献,但埃菲尔很可能从杜兰德那里得到了必需的设计信息,因为在1918年杜兰德正在巴黎执行战备任务。出于同样的原因,杜兰德同样也了解埃菲尔的工作。可是,两人都没有显示出彼此在结果上的相关。无论出于什么原因,这一遗漏是当时螺旋桨研究(以及空气动力学的其他领域)国际情况的特点——很少单独提到国外的研究,而只有很少一些在今天被视为理所当然的详细引文或交叉比较。

⑧ 在杜兰德逝世前不久,1917—1951年担任海军航空局重要工程官员的沃尔特·迪尔(Walter S. Diehl)曾在其个人信件中写道,"杜兰德-莱斯利的数据对20世纪20—40年代期间的航空工程师有着无可估量的价值……我们航空局大量使用了这些数据。我认为每个航空工程师都是如此"。1924年加入航空局的弗雷德·魏克写道:"当我开始着手工作,第一件事就是用单个微段来得到一个简单的叶素分析系统……但是要得到翼型升力与阻力的特征,就要使分析回到螺旋桨模型数据(如杜兰德关于13个海军式螺旋桨的结果,它们在正式出版之前就可供使用)……这一方法后来被详细报告于 NACA *Technical Note* 235,236(1926)……许多海军飞机的螺旋桨就是用这一方法设计出来的,但是我找不到详细的记录……没多久,我直接从杜兰德的海军式螺旋桨模型试验中设计出了可用来选择指定飞机螺旋桨的系统,这在 NACA *Technical Note* 237(1926)中作了描述……1929年,我在担任汉密尔顿飞机制造公司(Hamilton Aero Manufacturing Company)首席工程师时,用了同样的系统来选择木制与金属螺旋桨,这些螺旋桨可用于从小型机如 Monocoupe 到大型机如波音80A等各种商用飞机上……虽然所有这些都只是我个人的经历,但显然杜兰德与莱斯利的螺旋桨试验对飞机螺旋桨的设计和选择产生了深远的影响。"

⑧ Weick, no. 20; Munk, no. 1; W. S. Diehl, *Engineering Aerodynamics*, New York, 1928; "The General Efficiency Curve for Air Propellers," *Report* No. 168, NACA, Washington, D. C. , 1923; D. W. Taylor, "Some Aspects of the Comparison of Model and Full - Scale Tests," *Report* No. 219, NACA, Washington, D. C. , 1926. 最后一份报告是泰勒于1925年

在英国皇家航空学会的维尔伯·莱特纪念演讲中的文稿,其中包括杜兰德与莱斯利对风洞与飞行结果的最新比较。

⑧ F. E. Weick and D. H. Wood, "The Twenty – Foot Propeller Research Tunnel of the National Advisory Committee for Aeronautics," *Report* No. 300, NACA, Washington, D. C., 1928;关于与斯坦福工作的关系,如参见 F. E. Weick, "Full Scale Wood Propellers on VE – 7 Airplane in the Propeller Research Tunnel," Report No. 301, NACA, Washington, D. C., 1929. 这些试验是在 PRT 进行的第一组完整的试验系列,专门用来对比杜兰德和莱斯利的模型结果跟用同一飞机得到的飞行结果。关于后来的风洞数据,如参见 E. P. Hartman, and D. Biermann, "The Aerodynamic Characteristics of Full – Scale Propellers Having 2, 3 and 4 Blades of Clark Y and R. A. F. 6 Airfoil Sections," Report No. 640, NACA, Washington, D. C., 1938. 这一风洞还被用于其他飞机部件的研究,以及著名的 NACA 星型气冷发动机引擎罩的最初研制。

⑧ 如参见 E. N. Jacobs, K. E. Ward, and R. M. Pinkerton, "The Characteristics of 78 Related Airfoil Sections from Tests in the Variable – Density Wind Tunnel," Report No. 460, NACA, Washington, D. C., 1933. 到了 1926 年,魏克从航空局转到用 PRT 项目,在写给作者的私人信件中说到,"关于在研究中使用一系列系统的独立变量,我相信在使用杜兰德与莱斯利的试验结果时深受螺旋桨教授的影响。在设计试验计划时我反复使用这一方法,甚至尝试将直接影响范围外的极端情况包含进来。其中一个例子就是我们于 1926—1928 年在 PRT 进行的飞机引擎罩的研究"。

⑧ 将技术的目的、知识和方法视为人类活动形式的讨论,参见 R. E. McGinn, "What Is Technology?" in *Research in philosophy and Technology*, Greenwich, Conn., 1978, vol. 1, pp. 79 – 97.

⑧ 尽管螺旋桨理论从未足够精确到可以提供设计数据,但其他的理论有时可以如此。一个例子是固体的热传导理论,它被用来为各种不同形状物体间的热传导提供参数设计图表(如参见由 W. H. Mcadams 撰写的被广泛使用的教科书:*Heat Transmission*, 3nd ed., New York, 1954, pp. 33 – 43)。

⑧ H. Geiger and E. Marsden, "The Laws of Deflextion of a Particles through Large

Angles," *Philosophical Magazine* 25 (1913): 604 – 623. 关于教科书的说明参见 P. A. Tipler, *Foundations of Modern Physics*, New York, 1969, pp. 147 – 160.

㊇ Geiger and Marsden(n. 86 above), p. 623.

㊈ 在这样的例子中,研究者有可能被认为既是科学家也是工程师。也许在此有一种"互补原理",如在物理学中光或者又同时被认为既是波又是粒子,而这取决于当下的目的。

㊉ Layton(n. 75 above), pp. 40 – 41. 这里的陈述与证据跟 Rapp(n. 2 above)(pp. 102 – 107)所表达的观点基本一致。我发现在 M. Fores, "Price, Technology, and the Paper Model"[Technology and Culture 12 (October 1971):621 – 627]一文中的以下陈述也很有用(强调是我增加的):"科学主要是分析的活动,通常根据可控实验,最终寻求用一系列基本关系来描述自然现象。相反,技术主要是一个综合的过程,利用了知识以及科学的一般关系(除了别的方面),来开发出有用事物,并对其效用与效率加以评价。"我认为"别的方面"包含了本章所讨论的工程知识(设计数据)。当然,莱顿(与其他人)使用的术语会引起语义上的问题。似乎如所认可的那样,如果确实有这样一种由工程师来寻求的工程(或技术)特有的知识,那么仅仅将科学家刻画成重视"知"会让人难以理解。承认两个共同体出于不同的理由都重视"知",而且将技术专家说成是重视"做"而科学家是重视"理解",也许会更一致。还可参见 A. R. Hall, "On Knowing, and Knowing how to⋯," in *History of Technology*, *Third Annual Volume*, ed. A. R. Hall and N. Smith, London, 1978, pp. 91 – 103.

㊀ 这还暗示了科学家和工程师之间一个更为重要的差别:当还没有现成的理论时科学家可以(而且有时是必须)等待,而工程师则不太可能这样做。

㊁ 在罗森博格和我关于布列坦尼亚桥的叙述中(n. 7 above)出现了一个特别清晰的历史事例,在那里试验上的参数变化被用来绕过薄壁管屈曲理论的缺乏。

㊂ R. W. Fox and S. J. Kline, "Flow Regimes in Curved Subsonic Diffusers," *Journal of Basic Engineering* 84 (September1962): 303 – 316. 该理论的显著改善在某种程度上是基于报告中的系统数据。因此,这一例子表明了试验参数变化在为后来可能的分析提供系统数据上的优势。

㊃ 随着高速电子计算机的出现,这样的困难在近年来得到相当程度的减弱。

㊄ L. Bryant, "The Problem of Knock in Gasoline Engines," unpublished ms., 1972.

(95) 引文来自 M. Josephson, *Edison*, New York, 1959, pp. 233 - 236. 然而,Josephson 说到,爱迪生出于宣传的目的有意扩大了试验的范围。

(96) 区分出"试凑"法还是有用的,在该方法中参数是已知的,因而被恰当地包含在参数变化之下。然而,与杜兰德和莱斯利所用的综合的、推论的程序相比起来,试凑法是通过用试验结果引导下一个参数值的选择来在分步过程中改变参数的。其目的通常是为单个情境设计一套装置,而不是提供一系列可用于一定范围的设计数据。就一个方程如方程(1)来看,试验者是借助参数空间而非一般匹配来确定性能函数 F 的离散路径。

(97) 这一点是根据康斯坦顿提出的问题而对早前出版物做了实质上的修改。

(98) 对直到 20 世纪 30 年代中期在地球科学使用工作比例模型的讨论与评述,参见 M. K. Hubbert, "Theory of Scale Models as Applied to the Study of Geologic Structures," *Bulletin of the Geological Society of America*, October 1, 1937, pp. 1459 - 1519, esp. 1460 - 1464, 1496 - 1519. 关于龙卷风模型研究的评论参见 R. P. Davies - Jones, "Tornado Dynamics," in *Thunderstorm Morphology and Dynamics*, 2nd ed. E. Kessler, Norman, 1986, pp. 197 - 236, esp. 231 - 235. 关于近期在气象学领域的使用,如参见G. - Q. Li, R. Kung, and R. Pfeffer, "An Experimental Study of Baroclinic Flows with and without Two - Wave Bottom Topography," *Journal of the Atmospheric Sciences*, November 15, 1986, pp. 2585 - 2599; L. P. Rothfusz, "A Mesocyclone and Tornado - Like Vortex Generated by the Titling of Horizontal Vorticity: Preliminary Results of a Laboratory Simulation," ibid., pp. 2677 - 2682. 关于大气环流模型研究的总结,参见 J. R. Holton, *An Introduction to Dynamics Meteorology* 2nd ed., New York, 1979, pp. 274 - 280.

(99) 对宇宙建模的天象仪也许可看做是其他的可能例子。然而,它是用于展示与教育而非产生知识。还可引用化学分子的模型。可是,这些都是形象化与思考的静态辅助手段而非实际的工作模型。

(100) H. E. Huntley, *Dimensional Analysis*, New York, 1951, p. 43.

(101) 当然,有人会争论说,在这样做时,他们实际上做的是他们的科学所需要的工程,但在这一语境下,似乎没有理由认为这样的区别是无法得到辩护的,任意的。

(102) 一些作者——A. E. Musson and E. Robinson, *Science and Technology in the Industrial*

Revolution, Manchester, 1969, p. 73——有时把"系统的"等同于"科学的",进而把参数变化以及与相连的试验方法看做是由科学方法来定义的。这无疑是将复杂问题简单化了,而且排除了一些有用的区别。

⑩③ 一个特别重要的例子是在大部分实际工作条件下管内流动的问题,在基本的科学意义上说,该问题显然自古以来仍未得到解决,参见 Rouse and Ince (n. 11 above), pp. 151 – 161,170, 207 – 209, 232 – 235; J. K. Vennard and R. L. Street, *Elementary Fluid Mechanics*, 5th ed., New York, 1975, chap. 9.

⑩④ Pacey (n. 4 above), p. 208. 他叙述到,斯米顿关于水车的工作"是相当出色的,可用来表明科学的实验方法以及阐明工程问题"。Edwin Layton ﹝ Mirror – Image Twins, " The Communities of Science and Technology in 19th – Century America," *Technology and Culture* 12 (October 1971): 562 – 580﹞ 也说斯米顿"使用了科学的实验方法",并且"技术人员会追随斯米顿,借用科学的方法来创建出在现有技术做法基础上的新科学"(p. 566)。目前的讨论表明这样来说更准确、更全面,斯米顿从实验科学家手中接过可控实验与精细测量的技术,确立了服务于工程设计需要的方法,包括必要时绕过科学理论的缺乏。实际上,斯米顿就是这样来使用这一方法的﹝参见 Cardwell (n. 4 above), p. 80﹞。

⑩⑤ E. T. Layton, Jr., review of *Philosophers and Machines*, ed. O. Mayr, *Technology and Culture* 18 (January 1977): 89 – 90.

⑩⑥ 关于涉及上述"发展"的两种意义的论文参见 T. P. Hughes, ed., "The Development Phase of Technological Change," *Technology and Culture* 17 (July 1976): 423 – 481. 关于电力工业技术基础的发展参见 Hughes, "The Science – Technology Interaction: The Case of High – Voltage Power Transmission Systems," ibid., pp. 646 – 662.

⑩⑦ 在评论斯米顿的工作时,Cardwell (n. 4 above) 说到,"它是一个堪称典范的方法,它最有效地利用了已有的机械设备,但是它不能或至少基本上不会带来根本意义上的新改进或革新性改进"(p. 84)。

⑩⑧ See n. 7 above. 泰勒的发明为 Abbott Payson Usher 关于"领悟行为经常出现在技能行为的过程中"(n. 3 above, p. 44; see also p. 47) 的说法提供了特别重要的说明。用 Usher 关于发明过程的四阶段理论来说,参数变化可为创造性的领悟"创造了条件"(*A History of*

Mechanical Inventions, rev, ed., Cambridge, Mass.,1954,Chap.4)。

⑩ 我很感谢莱顿在私人通信中所提出的意见,他认为,方法论跟技术发展的规模、性质或重要性之间大体上没有必然的联系。我们可以说科学对技术的输入虽然有时会导致革命性的发展,但通常带来的还是渐进的变化。无论什么样的方法,重大的突破都是罕见的。

⑩ Usher(n. 3 above), pp.43 – 44, 46, 49 – 50.

⑪ N. 7 above.

⑫ See remarks by Hughes(n. 106 above), p.423.

第六章

设计与生产：美国飞机的埋头铆接革新（1930—1950）

　　20 世纪 30 年代早期，大多数美国制造的金属合金飞机都是用铆钉连接，半圆形的铆钉头裸露于飞机外表上。10 年之后，几乎所有这样的飞机都将铆钉做成与飞机表面平齐。如果飞机制造业外的观察者只注意到这一点变化，那么它看起来似乎是简单明了的，甚至是无足轻重的。实际上，由于以前从未在像飞机金属板那么薄的板材上实施埋头铆接（flush riveting），必然需要大量的学习。由此，我们要问为什么会出现埋头铆接的转变，这是如何发生的？埋头铆接的学习过程产生了什么以前没有得到的知识？

　　前面的章节讨论了跟工程与科学交汇处有不同程度关联的工程知识的例子。在本章中，我打算转到工程与科学谱系的另一端，着手研究与科学关联不大的事例，其中工程认知结构的某些特征被认为更明显。最重要的是，这一例子来自通常被看做是以科学为基础的现代高技术产业。飞机的埋头铆接恰好满足了这些要求。尽管在一个越来越依赖工程科学的产业中，[①] 埋头铆接绝不是无足轻重的发展,但其自身并不涉及任何现代意义上可称为科学的东西,它甚至不要求重大的技术创新或概念突破。由于飞机性能的改善,凸起铆钉产生的空气阻力既不经济,在军事上也不受欢迎,人们立即认识到必须要做什么,即必须把铆钉做成与飞机表面平齐。所需学习的"仅仅"是如何在日常设计与生产中实现这一转变,而这需要在 [171] 相当长时间内大量人员的努力。在以科学为基础的产业中,如此微不足道的生产活动几乎很少得到史学家的关注。但我认为这比通常所认识到的还要普遍。②

实际上,埋头铆接的研究在知识上颇有价值。对埋头铆接学习过程的详细考察——也只有在详尽的研究中才会发现学习的精髓——展示了具有不同特征的知识的不同例子。对这些差别的思考则给人们提供了考虑技术知识的一个框架,其可能具有的重要意义超出了例子的本身。除西德尼·温特(Sidney Winter)曾就经济学生产理论对此做过某些讨论之外,工业生产的认识论研究仍然是未知的知识领域(terra incognita)。③

埋头铆接的研究还告诉了我们一些关于工业创新的本质,这倒是一个意外的收获。使铆钉头避开气流阻力的基本决定是基于气动力学考虑而做出的设计决定。可是,一旦决定这么做,不改变生产方法就不可能实现。这就必须为详细设计生产更多的知识,而众多关键的进展都是生产中取得的,也正是在那里出现了大部分的创新活动。因此,埋头铆接可称为以生产为导向的创新(production - centered innovation)[很可能有人也会说这是以运营(operation - centered)为导向的创新]。这样埋头铆接就不同于源自正规研发的创新,后者在 20 世纪中期工业技术变革的学术研究中占据了主要地位。④无论是何种"非研发"(non - R&D)创新的类似调查,如塞缪尔·霍兰德(Samuel Hollander)关于人造纤维业厂级(plant - level)工艺创新的经济学研究,或理特管理顾问有限公司(Arthur D. Little Inc.)在政策导向研究中的某些情况,都相对较少,而且不涉及具体的工艺。⑤当从这种细节的层面上来考察时,埋头铆接的创新活动看起来似乎是同时遍及整个飞机制造业。这一创新模式与经济学家和史学家关注的由源头扩散的创新模式截然不同。

本章涉及以生产为核心的创新与知识,这就超出了设计关注的范围。然而,我

[172] 们将看到埋头铆钉(flush rivet)的设计与生产是密切相关的。尽管生产的要求决定了设计师可能需要何种铆钉和铆接法,但也必须针对设计的要求来生产知识。这样我们又遇到了既是常规设计又涉及设计层级的例子。铆钉形状和尺寸的日常选择可以像设计那样是常规性的,又可以尽可能地落到设计的任一层级中。

问题的来源与性质

随着 20 世纪 30 年代新式铝制应力蒙皮(stressed – skin)飞机的发展,埋头铆接作为其中的一部分出现在美国的飞机上。[⑥]然而,值得注意的是,此前引领飞机发展的革新性飞机上却明显没有使用埋头铆钉。这一时期的飞机革新大体归功于诺斯罗普的阿尔法机(Northrop Alpha)和波音的邮政飞机(Boeing Monomail),作为单引擎商用机两者都采用了凸出在气流中的铆钉。不仅波音、马丁公司的军用和商用双引擎机设计,而且诺斯罗普公司其后的飞机设计也都是如此,其中前者对道格拉斯 1933—1936 年的 DC – 1、DC – 2、DC – 3 运输机的最终确定有很大的启发。在 20 世纪 50 年代的喷气式飞机出现之前,道格拉斯双引擎运输机特别是极富传奇色彩的 DC – 3 运输机,确立了多引擎商用陆上飞机的设计模式。除了应力蒙皮结构的革新外,道格拉斯公司的飞机设计吸收了当时所有的重大创新,包括可伸缩起落架、襟翼和调距式螺旋桨。与诺斯罗普的阿尔法飞机每小时 170 英里相比,完成这些以及其他改进的 DC – 3 运输机最高时速可达 212 英里。然而,道格拉斯这一系列飞机也还是继续使用顶端凸出的铆钉。[⑦]

尽管一开始埋头铆接并非主流,但它很早就出现在应力蒙皮飞机上。[⑧]任何具有基本气动力学知识的人都知道裸露的铆钉会带来不必要的空气阻力,许多人不假思索就会想到把铆钉做成平齐就可以消除这一阻力。就像显而易见的观念通常发生的那样,可以预料在还没有数据证明这一观念是否值得额外的付出之前,其中一部分人原则上会使用这种铆钉。

在这些情况下(因为像埋头铆接这样的细节通常不会被记录下来),很难确定

埋头铆接出现的时间先后,也不可能准确详细地了解它在飞机上早期使用的所有
情况。1926 年授予查尔斯·沃德·霍尔(Charles Ward Hall)的专利是我找到的第
一个在美国采用埋头铆接的提议,它涉及金属合金飞机的许多特性,其中包括埋头
铆接。到了 1929 年,霍尔已经把这一铆接法应用到布法罗的霍尔制铝飞机公司
(Hall - Aluminum Aircraft Corporation)的研制中,有可能在 1932 年的霍尔 PH - 1 双
引擎海军巡逻飞艇上就使用了埋头铆钉。同年,波音飞机公司在为陆军航空公司
设计的 P - 26 单引擎战斗机中也使用了埋头铆钉。[⑨]其后数年,越来越多的飞行器
显然都采用了这一铆接法。其中大部分是飞艇或水陆两用飞机,这也许是因为水
上飞机设计师很早就意识到任何凸起于滑行表面的东西都会对水面起飞产生特别
不利的影响。许多早期的应用无疑都是局部的,据 1934 年的一条新闻报道,“一些
(不知名的)制造商正在权衡得失”,把埋头铆钉只用于机翼前缘的上翼面或其他
位置,在那些地方凸出的铆钉会带来特别不利的影响。[⑩]

[173]

与此同时,由 NACA 于 1933 年报告的一个特制机翼的风洞试验证实了凸出铆
钉会产生气动力学上的不利后果。例如,根据这些试验进行估算,假定一架单引擎
机,消去铆钉头的阻力,可将最高飞行速度从 200 英里每小时提高到 205 英里每小
时。这一证据大概很快就为整个行业所了解。[⑪]

虽然如此,在 20 世纪 30 年代前半期埋头铆接实际上仍然是次要的,其发展远
远落后于其他的重大创新。问题并不在于铆接自身。埋头铆接不依赖于任何先前
的技术,只要人们像霍尔那样注意到它,问题就可以得到解决,而且问题已经得到
了某种程度的解决。只不过 DC - 3 运输机的设计师及其前辈们都着眼于获得更
大的收益而已。只有在由可收缩起落架、襟翼等因素带来的性能改善得到实现后,
追求由凹入铆钉头所带来的较小收益才逐渐变得有吸引力。当然,随着由其他创
新所带来的商用飞机速度的提高,裸露于空气中的铆钉头的牵引成本也随之增加,
而采用埋头铆接的额外费用都可以保持不变。在军用飞机上,当其他提高最高速
度的方法所带来的收益开始递减时,避免将铆钉头裸露在气流中所带来的较小收
益才会变得更为吸引人。到了 20 世纪 30 年代中期,在整个飞机制造业中采用埋

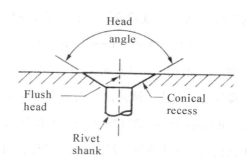

图 6-1　标准的埋头铆钉头

头铆接的时机终于成熟了。也正是在此之后,才开始出现了深入讨论埋头铆接的工程报告和文章。本章所描述的情形为休斯关于"不断扩展的技术前沿中的反向突破点"(reverse salient)的概念提供了一个清晰的例子。[12]

　　一些术语以及先前的历史可帮助我们理解飞机的埋头铆接问题。铆接是一门古老的技艺,至少可追溯到公元前 2 世纪,它借助有延展性的金属钉将多块重叠的金属板或其他板料连接在一起。[13] 今天制造商所生产的钉子或铆钉一般为圆柱形钉杆(shank),其中一端带预制头即钉头(manufactured head)。铆接是通过把铆钉杆插入连接件(通常为金属薄板或各种薄板)的预制孔中,然后捶打或镦粗成镦头(upset head)来完成的,镦头位于与铆钉头相反的另一端。在结构应用中,铆接除了将多块板件连接在一起外,还可以把载荷从某一构件传递到另一构件中。

　　铆钉的钉头与镦头可以有各种形状(圆形、尖形、圆柱形),大部分都凸起在板件表面。当然,为了满足特殊的要求,其中一个(或偶尔两个)钉(镦)头也可以做成埋头的。这是通过把钉头放入板件孔口处的锥形槽(conical recess)中来完成的(图 6-1)。如今钉头通常都是埋头的(flush head),像普通埋头螺钉一样,把它预先做成与凹槽同样的锥形就可以了。有时镦头也可做成埋头,只要把铆钉杆捶击或压入凹槽中,再把多余的材料去掉就可完成。上述任一方式形成的锥形头内夹角称为头角(head angle)。无论使用哪种方法,埋头铆接都需要额外的花费,如非必要一般都不会使用。这一情况也使得埋头铆接——至少从 19 世纪 30 年代开始——都只是有限应用于钢铁船舶(为了减少船身阻力或使甲板表面平滑),以及锅炉、桥梁和其他(在铆钉头空间受到设备或结构其他部分限制的情况下)结构作业中。这里的锥形槽可由机钻埋头孔(machine countersinking)得到,即用一个锥形的旋转刀具切削金属而成。通常在这种使用中都把镦头做成埋头。⑭

当埋头铆接开始应用于飞机上时,出现了一个新的问题。为了减轻重量,飞机 [175] 外壳一般比船舶、锅炉、桥梁的板材要薄很多。在 20 世纪 30 年代的小型飞机上,相对于满足所需强度的铆钉尺寸而言,飞机蒙皮是如此之薄,致使铆钉头所要求的机钻埋头钻必定会穿透蒙皮进入下一层中。这对铆接接头的强度与刚度都很不利,必须找到其他形成锥形槽的办法。大体上很容易觉察出解决的办法,即通过在钉孔周围压制出一个锥形钉窝(conical dimple)来使每块薄板变形,然后将铆钉埋头放置在所造凹窝的最外处。事实上,霍尔和其他早期使用者都使用了这一方法,他们的经验表明这在实践上是可行的。随着压窝(dimpling)方法的出现,飞机埋头铆接所需的一切基本观念就都具备了。

20 世纪 30 年代中期,摆在飞机制造业面前的任务就是学习如何在批量生产的各种结构情形下来落实这些想法。我把这一学习过程的发展分为两个主要部分,一部分是关于生产的,另一部分则是关于设计的。前者主要涉及的问题是如何经济、可靠地制造埋头铆接接头(flush - riveted joints)[接头为一复杂系统,包含连接件、紧固件(铆钉)、增强件等要素——译者注]而设计则涉及,如何使接头承受的结构载荷均匀分布。虽然做了这样的划分,但我们不应当忘记这两种活动实际上是密切关联的。气动设计与结构设计的要求决定了生产过程必须生产什么。相反,生产中什么是可行的经验则为设计师提供了所需的信息,据此他们就可以决定在规定的情形中使用哪类埋头铆接:压窝、机钻埋头孔,或两者兼而有之。可生产性还规定了结构工程师可进行的强度试验类型。由此,虽然在前述解释的意义上创新是以生产为核心的,但是生产与设计的知识产生却是齐头并进的。⑮来自船舶、锅炉和建筑的埋头铆接知识很少用于这一目的,这既是因为铝合金与钢铁截然不同,也是因为压窝铆接从未被使用过。我在航空学文献中没有发现任何诉诸先前经验的地方。

如我们将看到的,飞机制造业解决埋头铆接的问题几乎是同时遍及了整个行业。只有很少一部分活动在技术出版物或在公司报告中做了详细报道,毕竟工人、

[176]   生产工程师、设计工程师还有比记录他们的经验更紧迫的事情要做。即使能够找到一些资料,但你很快会发现这不过是冰山一角。当然,与仍健在的参与者访谈还是有帮助的。其他的见解来自对当代铆接持续发展的观察,当然其合理的前提就是自我们这个时代以来铆接共同体的看法和铆接活动并没有发生重大的变化。从我自身的经验来看,我仍然记得在20世纪40年代与50年代在航空学相关领域中事情是如何发生的。我从所有这些资源中汲取材料整合成历史的叙述。

埋头铆接接头的生产

尽管铆接被相对忽视,但它却在飞机制造中发挥了一定的作用。第二次世界大战中一架中型轰炸机上有160000颗铆钉,大型轰炸机则有400000颗。据报道,在1944年,铆接的设计、制造和装配就占到一般机身成本的40%。[16]由于铆钉数目众多,因而飞机铆接都是大规模生产作业,当然飞机生产本身并非如此。像所有的大规模生产作业一样,每颗铆钉节省的成本会积少成多。

飞机铆接还是一个十分复杂的问题。除了成本这个始终重要的问题外,飞机工程师还必须关心重量、生产质量、结构可靠性、耐蚀性、保养维修和外观这些经常冲突的规定。[17]即使只就埋头铆接而言,不可能只从一篇历史文献中就可以理解它的复杂性,必须全面查阅大量的技术原文。读者要设想一下,对工具和工艺流程详细而又极其复杂的描述,不同的人对同一流程所做出的自相矛盾的评价,以及对于不同类型埋头铆钉或铆接的相关优点频繁发生的未决争论。而所有这些就是复杂技术活动的结构。

埋头铆接的发展具有广泛的、同时的性质,这是显而易见的。它的基本发展阶段在20世纪30年代的后半期,到该阶段结束时,至少有15家制造商采用了新式

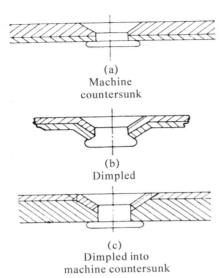

（a）机钻埋头孔　　（b）压窝　　（c）在机钻埋头孔上压窝

图 6-2　三类基本的埋头铆接（资料来源:G. Rechton, *Aircraft Riveting Manual Addendum I. Riveting Methods*, Douglas Aircraft Company, Santa Monica, Calif., 1942, pp. 7, 21, 经允许使用。)

的铆接法。从一家公司到另一家公司所选取头角(从 73°到 130°) 范围的广泛性,以及甚至在使用同一头角的公司中其钉头尺寸的多样性,都表明了这些公司大多是独立工作的。[18]显然对埋头铆接的需求几乎是同时在各处发生,而这些制造商一旦感到有此需要,对铆接的研究就自下而上涌现出来,可以说是遍及了整个行业。这一普遍的同时发生的性质是我们所研究的这一活动最为显著的特征。随后我将对其原因做出解释,但这一点必须时刻牢记。

在基本发展阶段,制造商全力去学习生产各类埋头铆接,并查明哪一类最适合用在什么地方。根据铆接板件的厚度(由结构的负载要求决定) 很快就选定了三类埋头铆接。在外层薄板厚度远远超出锥形钉头高度的地方,适宜使用旧式的机钻埋头孔(图 6-2a)。此处的限制是要避免在埋头孔凸出或超出薄板厚度时出现锋利的倾斜薄边。如对飞机建造中使用最多的 8 英寸直径铆钉,符合大部分的各种钉头比例规格的最薄标准板厚为 0.051 英寸。[19]一些制造商通过让埋头孔伸进内层蒙皮来尝试在较薄的板材上钻埋头孔,但这样的接合被证明强度不足或由

[178]   此得到的倾斜薄边会在建造或使用中裂开,因而放弃了这种"拙劣的设计实践"。对于较薄的板材,必须使用早前所说的压窝法(图6-2b)。生产工程师总结经验教训,得出了薄板厚度的最小值和最大值,如果超出这一范围就不能很好地使用该铆接法。如对于8英寸直径的铆钉,薄板相应厚度为0.020和0.081英寸。如果薄板厚度超过最大值,在成形过程中钉窝就会断裂,如果低于最小值,相邻铆钉间的薄板可能会在载荷下屈曲。不同的制造商设置了各不相同的范围。如果只是内层薄板超出最大值,可以通过对外层薄板压窝,在内层薄板钻埋头孔来解决这一问题(图6-2c)。对压窝和钻埋头孔的组合也有不同的限制条件。对每一类铆接而言,薄板厚度的范围会随铆钉直径而变化,当需要铆接两块以上的重叠薄板时,还需要考虑其他的因素。认识到这些问题是一项复杂、长期的工作,并不是一个概述就能说清楚的。各种限制条件的知识只能从制造经验中获得,这种知识对设计师来说非常重要。③

由于压窝铆接是一种新方法,因而发展更多是集中在压窝法上而不是在钻埋头孔上。但这个问题一点也不简单。用贝尔飞机公司一位工具设计工程师的话来说:"乍看起来,没有比在一块金属上压窝更简单的事情了,但对这一行业中最有天赋的工程师来说,从来都没有简单的问题。"即使考虑到这其中多少有些自我夸张的成分,但这离真实情况也许并不太远。诺斯罗普飞机公司在描述随后的改进中包含了以下对钉窝的要求:

在成形过程中或薄板组装之后钉窝必须不出现断裂。无论薄板厚度如何,钉窝在尺寸上都必须足够精确才能确保紧固件的平滑,并使紧固件能准确套入机钻埋头孔形成的凹槽或压窝形成的其他凹槽中。此外,钉窝应当提供在各种条件下接头的最大强度,并在薄板上形成最小的弯曲或变形。从生产的角度来看,压窝法必须是快速且精确的,同时要求简便、低廉的工具和装配。④

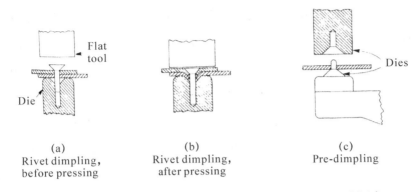

(a)　Rivet dimpling, before pressing　(b)　Rivet dimpling, after pressing　(c)　Pre-dimpling

（a）冲压前的铆钉压窝　　（b）冲压后的铆钉压窝　　（c）预压窝

图 6-3　两种压窝法。在所有情况中，可动模用网线来表示［资料来源：V. H. Laughner and A. D. Hargan, *Handbook Of Fastening and Joining of Metal Parts*, New York, 1956, 经麦格劳－希尔教育出版集团（McGraw－Hill Book Company）允许使用。］

由于当时并没有可用于计算冲压成形工艺流程的薄板变形理论，因此主要是根据经验来解决这一问题。依据三家飞机公司现存的书面记录可以对这个或其他问题的研究性质与多样性做出最好的描述。文献中的陈述表明在其他地方也出现了类似的发展。 ［179］

位于圣塔摩尼卡的道格拉斯飞机公司在 DC－4E 运输机（与第三章飞行品质规范所述有关的同一款商用运输机）上采用了埋头铆接。DC－4E 运输机于 1938 年 6 月首次试飞，最高时速可达 245 英里/小时，比 DC－3 运输机高出 33 英里/小时。道格拉斯公司的气动力学专家声称在 1936 年开始设计时，把铆钉头从气流中移出去的时机已经成熟，公司的工程总监阿图尔·雷蒙德（Arthur Raymond）也同意这一说法。公司委任了一位负责结构研究的捷克籍工程师弗拉迪米尔·帕韦莱克（Vladimir Pavlecka）来负责设计合适的埋头铆接法。1936—1938 年间，在帕韦莱克的领导下，由工程师和生产工人组成的小组设计出了所谓的"道格拉斯埋头铆接法"（Douglas system of flush riveting）。[22]

道格拉斯埋头铆接法有两个独特的特点。首先，铆钉头自身可作为压制钉窝成型的工具（在我们的叙述中如果没有特别说明，铆钉头均为埋头）。在这一工艺流程中:第一道工序,用铆钉头把钉窝压印在处于凹模(female die)之中的两块薄板内(图 6-3a,b);第二道工序,镦打铆钉杆形成镦头。道格拉斯的"铆钉压窝法"(rivet dimpling)不同于更为普遍的预压窝法(predimpling),后者通常是分别在两块薄板上通过在凸模(male die)和凹模之间挤压造出钉窝(图 6-3c),然后再把薄板组合在一起,嵌入铆钉,并形成镦头。帕韦莱克认为与预压窝法相比,铆钉压窝法 [180] 可以减少单个操作工序,节约了时间和成本。他还希望各个部件可以紧密适配在一起,由此得到更牢固的接头。铆钉压窝并不是什么新方法,在 1934 年前就曾在欧洲使用过。然而,并没有迹象表明帕韦莱克受到了欧洲研究的影响。只要对压窝铆接认真加以考虑,任何人都可以想到这一点。[23]

道格拉斯埋头铆接法的第二个特点是使用了 100°埋头铆钉。这偏离了 78°角,该角在锅炉与压力容器上长期使用,并已被陆海军作为在飞机上有限使用埋头铆钉的标准。[24]帕韦莱克曾尝试用 78°埋头铆钉来压窝,但导致了薄板断裂,而且在压窝与镦入工序中出现钉头过度变形,由此才做出改变。100°钉头(当钉头外径和铆钉直径不变时)要求更浅的钉窝,这样就可以克服这些困难。道格拉斯公司还在铆钉钉头顶部做了薄的等径补偿。据说这样做不仅可以在成批装运铆钉时减少对其他锋利边缘的损害,而且还可以在压窝和镦粗时避免钉头边缘的断裂。[25]

在布法罗的柯蒂斯 - 莱特公司(Curtiss Wright Corporation)的埋头铆接发展呈现出不一样的过程。公司的首席工程师唐伯林(Don Berlin)和生产设计工程师彼得·罗斯曼(Peter Rossman),在 1937 年 3 月汽车工程学会(the Society of Automotive Engineers,SAE)大会上所提交的论文报告了从 1937 年开始的与军用战斗机的大批订货有关的广泛研究(SAE 除了关注汽车外,还关注飞机的研制)。相比起道格拉斯的铆接流程,柯蒂斯 - 莱特公司选择了预压窝法,而且出于众多原因,它们更倾向于 78°角。当唐伯林和罗斯曼尝试预造出适合标准 78°铆钉头的钉窝时,像道格拉斯的小组一样,也遇到了薄板断裂的问题。如同道格拉斯公司那样,他们通过选择更浅的钉窝来解决这一问题。然而,与道格拉斯公司不同的是,他们保持了 78°角,但(在规定铆钉直径的情况下)降低了头高,使其远低于标准头高。他们还仔细研究了压窝模的精确形状和预压窝工序的细节。与道格拉斯埋头铆接法的另一个不同在于，他们特别反对在钉头顶部做等径补偿，因为这样会在埋头边缘与毗邻薄板之间造成不必要的间隙。在对唐伯林和罗斯曼论文的讨论中，帕韦莱克为道格拉斯埋头铆接法做了解释与辩护，洛克希德－马丁公司（Glenn L. Martin Company）的博尔顿（B. C. Boulton）则告诉人们为什么他的公司在"全面试验之后"采用了115°铆钉。显然，柯蒂斯－莱特公司的工程师们令人满意地解决了 [181] 这一问题。就像许多技术问题一样，条条大路通罗马。⑤

布法罗的贝尔飞机公司在1939年进入了埋头铆接的研究领域，刚好与唐伯林－罗斯曼的论文提交在同一时间。根据前述提及的工具设计工程师阿图尔·施瓦茨（Arthur Schwartz）的一篇论文，贝尔公司立即"决定在采用现有的任一（多种的）方法前，有条理地展开全面的研究"。研究结论认为铆钉压窝会在每个铆钉头周围引起不必要的凹陷区域，而且对工人技巧提出过多的要求（随后我将做出解释）。根据施瓦茨的观点，"全面试验表明大约120°埋头铆钉……最合适"。由此，贝尔公司选择这一角度来进行预压窝。据说使用比例相称的压窝模，这一工序就可以避免出现施瓦茨在使用其他较小头角方法时所面临的困难。出于和柯蒂斯－莱特公司同样的理由，贝尔公司同样拒绝在铆钉头上做等径补偿。㉒

除了压窝方法和铆钉形状的问题外，道格拉斯、柯蒂斯－莱特和贝尔公司还力图攻克其他难题。柯蒂斯－莱特和贝尔公司付出了大量的努力解决机钻埋头孔与压窝的生产问题。这三家公司发现他们不得不为不同类型的铆接提供工厂加工所需的专用工具。由于在日常生产中很难在埋头铆接表面得到合乎理想的平滑，贝尔公司考仔细研究了铆钉、埋头孔和钉窝所要求的尺寸公差（dimensional tolerances），得到了工厂生产中查验公差的一种特殊方法。面对批量生产订单，柯蒂斯－莱特公司仔细研究了不同类型的埋头铆接进行每道工序所需的时间，在此基础上，他们就可以估算出生产成本以及如何随着经验的增加而降低成本。为了弄清平齐接头能否提供必要的强度，道格拉斯和柯蒂斯－莱特公司（虽然没有表明，但大概还有贝尔公司）对大量接头进行了在静载荷和振动载荷作用下的结构试验。

　　学会解决这类问题需要加倍注意细节。为了展示这一细节，可以把预压窝模的成型作为典型问题。虽然柯蒂斯－莱特、贝尔和道格拉斯公司都谈到这一关键问题（当发现铆钉压窝不适用于大型薄板厚度时，道格拉斯公司转而采用了预压窝），但最详细的叙述来自美国铝公司（the Aluminum Company of America, Alcoa）的坦普林（R. L. Templin）和佛格威尔（J. W. Fogwell）。作为飞机制造业铝制品的主要供应商，[182] 美国铝公司着手解决了这一问题，为用户在使用其产品时提供帮助和支持。田普林和佛格威尔使用了 100°角的铆钉，目标是生产能满足以下条件的压窝模：（1）在完成压窝工序后，可使钉窝周围的板件保持平滑；（2）形成钉窝，该钉窝应能紧密套入另一个钉窝；（3）提供一个圆柱形孔，这样就不会有讨厌的尖角（sharp corner）戳入铆钉杆。他们通过试错法调节压窝模的几何参数来实现这些目的（可与第五章注释 96 相比较）。为了达到薄板平滑的要求，他们首先将压窝模延伸到钉窝外，用这样的方法可以沿与钉窝斜面角相反的方向略微拉紧周围薄板，随着模压的解除，金属的弹性后效这时就会使薄板保持平滑。准确的应变值显得十分重要，半个角度的差别都可能是决定性的。对于套入问题，他们是通过选择合适的模压，并小心地为在凹模和凸模上的凹锥（dimpling cones）选择不同的最大直径来加以解决。至于圆柱形孔，就要在薄板上钻出一个直径略小于凸模芯轴直径的初始孔（其作用是要使在孔中的压窝模对准中心，如图 6-3c），适当削尖凸模芯轴就可在压窝作业中将该孔锻造成预期的形状。初始孔不可以做得太小，否则其边缘地方恐怕会出现辐射状裂纹。为了指导他们的工作，美国铝公司的工程师对试样剖面作了微距拍摄，如图 6-4a、4b，它们分别展示了尖角钉窝和近圆柱形孔。其他研究埋头铆接的工程师也以大致相同的方式使用了试错法，并且进行了微距拍摄。但是不同公司的工程师对于一个特定问题的最好解决方案总是无法达成一致。[28]

　　压窝和镦粗的其他方面也需要得到整个行业的关注。在埋头铆钉的钉杆上形成镦头并没有太大的问题，这一方法早就在凸起铆钉上使用，只有很少的变化。在最一般的方法中，一个工人用一把带凹形配件的铆枪对凸起的半圆形铆钉头施加

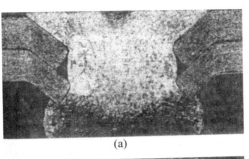

(a)

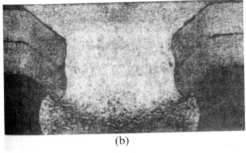

(b)

图 6-4　压窝孔截面微距图,铆钉实际直径为 1/8 英寸。(a)钻出与凸模芯轴同一直径的孔。注意:插入铆钉的尖角处。(b)钻出比芯轴直径小 15% 的孔。注意:这是没有尖角的、近乎圆柱形的孔。(资料来源:R. L. Templin and J. W. Fogwell, "Design of Tools for Press – Countersinking and Dimpling of 0. 040 – Inch – Thick 24S – T Sheet," *Technical Note* No. 854, NACA, Washington, D. C. , August 1942, figs. 2, 4.)

一连串快速冲击,同时,另一个工人用重金属"铆钉顶棒"(bucking bar)顶住铆钉杆底部。铆枪施加的作用与铆钉顶棒的惯性成反作用力,这就使铆钉杆变形形成镦头。对实在很小的组件,一个工人可借助 C 型工具(C – shaped tool)挤压两端铆钉形成镦头,该工具(取决于工具钳口的深度)能够与薄板相适配,并且接触到铆钉两端。镦粗埋头铆钉的专门问题是在施加必要的作用力于镦头时不能损坏连接件。为此,工人在铆枪或压铆机上使用了略微凸起的配件,有时还需要转动设备的配合,该设备即使在工具定位不精确的情况下也能调整自身来适应薄板表面。[20]

制造商发现在需要压窝的地方,只要用相应的压窝模代替镦粗装置,就可用相同的铆枪和压铆机提供所要求的模压。在两人一组进行的铆钉压窝中,要使铆钉头准确贴合,就必须用手小心拿着凹模(图 6-3a,b)并与薄板成直角,这就出现了新的问题。也正是这一困难使贝尔公司放弃了铆钉压窝法。然而,道格拉斯公司宣称使用一种特殊的旋转式模具(swivel - mounted die)就可以克服这一困难。该公司还发现要更令人满意地进行铆钉压窝,应该重击一下或两下,而不是一连串较弱的快速冲击。为此,他们设计一种特殊的气动"单击"铆枪("one - shot" hammer),并获得了专利(对于不同工序、不同尺寸的薄板与铆钉,围绕快速铆枪、单击铆枪和压铆机的相关优点展开了相当多的争论)。道格拉斯公司还为一款可用于铆钉压窝和镦打作业的气动双位顶棒(air - operated two - position bucking)申请了专利。整个行业开展起了研制用于压窝和机钻埋头孔的专用工具。[③]

到了 20 世纪 30 年代末期,飞机制造业以这样一种广泛、细致、完全经验的方式终于学会了如何生产埋头铆接接头。同时,附加的气动力学试验再加上技术期刊中与此相关的论文更把埋头铆接带来的收益突显出来了。[④]运用这些怎么做和为什么的知识,工程师们就不再考虑在高性能飞机上采用凸起铆钉了。然而,学习过程并没有就此止步。还需提到 20 世纪 40 年代早期、20 世纪 50 年代第一年的其他三个发展。

(1)尽管埋头铆接有了长足的进步,但接头的紧密度与铆接表面的平滑度这些问题仍有待改进。如果铆钉头不能够与凹槽紧密贴合,接头在载荷下就会屈服。如果由于凹槽做得过浅或过深,铆钉头顶端过高或过低,则会使连接表面就达不到气动力学所要求的平滑。大约在 1941 年,NACA 兰利实验室的研究人员面临着建造新型层流翼型所要求的极平滑机翼的问题(参见第二章)。在诸多考虑之后,他[185]们认识到要达成这一目的,就要有意把铆钉头顶部做得很高,并在镦粗作业后小心研磨掉多余的部分。同时,让镦锤所施加的作用力完全集中在铆钉头顶部来把钉头牢固插入凹槽,这样就可以提高紧密性。显然,他们还很高兴地认识到,把完全加热后的铆钉从内层插入,并通过把铆钉杆挤压进凹槽来形成镦头[之后通过铣平(milling)来使表面平滑],这样紧密性会更好。最终的解决办法在 1942 年做出报告,并成为人们所熟知的"NACA 铆接"。为完成铣削作业,兰利实验室的研究人员还设计了动力驱动的手提式铣削工具,他们说这样就不会损坏蒙皮表面,该设计还申请了专利。NACA 铆接的基本观念——把镦头做成埋头的——当然早就在船舶和锅炉中长期使用了。很难说兰利实验室的研究人员是否从先前的研究中得到这一观察,但看来未必如此。再说,这一观念也很容易重新被发现。②

尽管 NACA 铆接会增加困难和成本,但它可应用在极高平滑度和紧密度至关重要的地方。更重要的是,故意把铆钉头顶端做得很高然后铣平多余部分的这一有所不同但又相关联的安装作业——所谓的平—高安装(flush – to – high installation)——普及起来。NACA 的两个工人为这一先前实践所没有的方法申请到了专利。虽然,铣平钉头不会损坏蒙皮,但在日常生产中仍然给该行业带来了麻烦。③

(2)20 世纪 40 年代早期才发展起来的压窝法在当时使用的铝铜合金上取得了理想的效果。可是,20 世纪 40 年代中期的新型高强度铝铜合金的延展性没有那么好,再次出现了板材断裂的问题。④各飞机公司采取了不同的解决方法,获得了不同程度的成功。修改铆钉头或压窝模的方法终究没有奏效。加热预制孔周围的薄板,由此可暂时增加局部延展性,最终被证实是成功的。工程师尝试了各种加热法,包括电流流经薄板的电阻加热,借助高频磁场的感应加热,来自电热模的传导加热,最终传导加热成功了。各飞机模具加工公司设计出了整合加热器,并为压铆机、铆枪加铆钉顶棒(hammer – plus – bucking – bar)的应用连接了自动控制装备。像压窝的早期情况一样,必须用综合试错法和参数试验来确定压窝模的温度、压力和接触时间,它们取决于薄板厚度与铆钉尺寸。⑤

"自旋压窝"(spin dimpling)在高强度合金上也取得了一些成效。这一方法是在压窝时让一个特殊的凸模绕其纵轴高速旋转,该凸模被做成只有两个小径向扇形面可接触到(冷)薄板。相比起热压窝,自旋压窝在美国比在英国得到的支持要更少,这也许是因为美国在 20 世纪 40 年代早期作为标准采用的100°埋头铆钉(后面将做出解释)比起英格兰标准的 120°埋头铆钉,要求薄板有更大的变形。合金改进的经验表明,设计、材料性质和制造过程之间存在着密切的联系。⑥ [186]

(3)在 20 世纪 40 年代前半期,由于第二次世界大战需要大量增加生产,再加上缺乏技术工人,出现了机器铆接。20世纪30年代的熟练技艺的二人小组日益被由单人操作的日益大型化的压铆机所取代。固定的台式压铆机可以提供足有5英尺深钳口的夹紧装置,而部分压铆机可以同时对大量铆钉施铆。为了利用这些新机器,结构工程师们做出了可容纳更多和更大组件的设计。

20世纪40年代后半期,为了响应降低成本的持续需要,埋头铆接过程日益自动化。工程研究公司(The Engineering and Research Corporation)与各飞机公司携手设计了埃尔科自动铆钉机(Erco Automatic Riveter),该机可在子组件上快速、自动打出和造出铆孔,然后嵌入或镦入铆钉。通用自动铆钉机(The General Drivmatic Riveter)相当于机钻埋头铆接机的作用,它使北美航空公司(North American Aviation)F-86战斗机翼片的铆接时间从1天减少为2小时。与原来的锤铆或压铆相比,只有1%的铆钉不合格或需要重做,而前者则为12%。此外,这一钻铆机操作精准,可使铆钉安装获得预期的平齐且无需铣平钉头。由此,20世纪40年代早期大量的手工操作在10年后变成了一个高度机械化的过程,不仅节约了成本,还提高了精确度。[5]

在关注具体问题的同时,我们不应忽视这样的事实,即从20世纪30年代后半期到20世纪50年代早期的全部发展是一个连续而完整的过程。来自工厂和使用的经验是一位严格的老师,她需要无数的、通常是密切相关的变化。例如,根据对实践中什么能工作什么不能工作的视察,对不同类型埋头铆接适用范围的规定变得越来越明确,由此在一个特定的设计情形中选择使用哪类铆接也变得更加清晰。当发现铆钉压窝会降低紧密度时(与道格拉斯公司最初的期望相反),就会在结构的关键部位避免使用这样的压窝方式。随着时间的推移,工厂工人和生产工程师常常沮丧地了解到在不同情况下不同材料具有特异的且不易处理的性质。与此同时,人们对哪类工具最适合于一个特定作业不断达成共识,虽远未完成。最重要的是,日益完善的压窝法对钉窝尺寸和形状给出了更为严格可行的公差规定。这一改进来自以下逐步的认识:把钉窝拙劣地套起来会在一定程度上降低强度;钉头周围的小间隙或钉头一致偏离精密平面0.005英寸都会在很大程度上增加空气阻

[187]

力。对此,北美航空在 20 世纪 40 年代用所谓的压印造窝(coin dimpling)来做了重要改进。在这一方法中,将预压窝凹模分成同轴的两个部分来分别对薄板施加不同压力,这样就可以锻造出轮廓分明的、精确的钉窝。所有这些改进提供了一个典范,说明了不断增长的经验如何增加了生产与设计的知识。[⑧]

与过往情况一样,知识的产生在某种程度上与自身的更迭有很大关系。尽管在一开始各公司基本是自行研究(其后是维持各自的方案),但随着时间的推移彼此之间不断增加交流。像唐伯林和罗斯曼提交给 SAE 的论文一样,在技术会议上提交的论文和展开的讨论都是有益的沟通管道,虽然稍有延迟。注释所引用的那类技术期刊和行业杂志等也发挥了同样的作用。更直接的是口头的信息交流,据北美航空的一位工程师说,"当我碰上瓶颈时,我就会叫来在其他公司的大学朋友一起讨论"。随着生产活动的增加以及内部的专门化,出现了可识别的紧固件共同体(fastening community)(铆接只是飞机所需的众多紧固件中的一种而已)。到1952 年或可能更早一些,紧固件与机械连接的专门小组(Panel on Fastening and Mechanical Joining)在 SAE 年会上召开了小组会。来自 4~5 家公司(如康维尔、道格拉斯、诺斯罗普、洛克希德公司,以及 1952 年的赖恩公司)的专家们就许多问题提交了简短的论文,其中包括埋头铆接,并逐一回答了听众及彼此之间的问题。这一消息在美国铝业公司和工具供应商如欧科公司的工程代理人(其工作是四处推销公司产品)之间传播开来。飞机公司的雇员带着增长了的知识从一家公司跳槽到另一家公司。存在着无数这样的方式将学习过程扩散出去。[⑨]

还有一些方式可以把知识传递给日常使用者。其中一种是"工艺规程" [188](process specifications),这是飞机制造商用以指导施工设计师和生产工程师的操作手册。这些专门的文件主要由公司掌管,其中(尤其是)包含了公司埋头铆接标准的规格。它们表现为:公司认为各类铆接必要的范围表、制备工艺说明书、各种图表中详细说明的、与工厂生产中必须遵守的注意事项。这些规程要求像文件中的其他要求一样,不同公司之间多少有所不同。在这些根据经验不断修改的工艺规程中,埋头铆接的知识整合到日常的使用中。

1941—1943 年,由于需要为战时生产训练大量的施工设计师和工厂工人,还出现了一批关于飞机铆接法的书籍。[40]其中包括各类埋头铆接的信息、工具及其制造方法的详细说明。由于车间工艺流程的许多知识很难也不可能用语言来表述,因此这些书中包含了许多照片和图表。一个特别令人瞩目的工作是《飞机铆接手册》(Aircraft Riveting Manual),由道格拉斯公司的工艺工程师乔治·雷西顿(George Rechton)在 1941—1942 年汇编成册供公司内部使用。在手册及其附录中出现了 226 页工具和工艺的照片与绘图,其中有许多是关于埋头铆接的。只有极少部分的资料成为了书面文本。[41]

但是绘图工作不可能全部表达出高难度工业生产方法所需的知识。其中一部分知识只能通过个人示范来传授。1942 年道格拉斯公司在芝加哥仓促建立工厂以增加 C‒54 运输机的战时生产,但是新雇来的铆工很难弄清埋头铆接。工厂厂长约翰·巴克沃尔特(John Buckwalter)从圣塔莫尼卡请来了雷西顿,他教会了芝加哥工厂的工人如何实施埋头铆接。[42]用前面曾引用的北美航空工程师的话来说,"你不可能从图画中来建飞机"。当然,从埋头铆接中所了解到的部分知识只能保留在工人的感知觉技能和工程师的直觉判断中。[43]

埋头铆接接头的设计

在制造铆接接头之前当然必须进行设计。对埋头铆接接头而言,首先需要(也许是初步地)选择铆钉直径,决定铆接类型——压窝、机钻埋头孔、NACA 铆接。

[189] 如我们所看到的,铆钉直径取决于加载的一般强度,铆接类型则取决于蒙皮厚度、平滑度要求以及生产的考虑因素。对铆钉直径与铆接类型的决定通常需要根据当前知识和过往实践来做出工程判断,如铆接类型的选择必须与公司工艺规程的范围表相一致。完成设计则需要计算出每英尺接头所需的铆钉数,假定接头载荷由铆钉平均承载,那么用每英尺的载荷(可从总体结构设计中知道)除以单个铆钉可承载的载荷(来自经验数据表,下文将解释如何得到)就可以计算出来。[44]如果出于

图6-5　凸起铆钉在蒙皮平面上拉伸载荷。(在埋头铆接接头中,还会采取

措施消去从一块薄板到下一块薄板的阶梯载荷,但这与本章无关。)

某一实际的原因发现每英尺铆钉数是不适合的,可能就要选择不同的铆钉直径来
重新设计(铆钉的布局方式最终必须确定下来,但这并不是本章所关注的内容)。
这样,设计铆接接头的关键知识点就是单个铆钉所承受的载荷,定义为铆钉直径的
函数,工程师称之为铆钉的许用强度(allowable strength)。

　　在飞机上铆接接头承受的重要载荷是蒙皮平面的拉伸力(或压力)(图6-5)。
在凸起铆钉中,载荷在薄板间进行传递,由薄板对铆钉杆的承载力与铆钉杆的抗剪
力形成。工程师通过关于铆钉与薄板的尺寸和材料性质的简单的理论考虑,就可
计算出接头可承受的最大力值,进而得到铆钉的许用强度。这一理论忽略了由重
叠薄板间的摩擦而增加的力,以及由镦粗铆钉所带来的铆钉与薄板材料的加工硬
化。当然,这些过于简化的数值显然是低于实际水平的,而且理论只提供了有用的
近似值。对埋头铆钉而言,这一粗略的理论甚至是失败的。在机钻埋头孔接头处
(图6-2a),薄板与铆钉头之间的契合作用会严重改变了该位置的力学,而在压窝
接头处(图6-2b),凹窝之间的承载力会进一步使情况变得复杂。由此,当凸起铆
钉不再用于飞机表面时,这一理论也同样如此。埋头铆接的强度知识完全来自于
试验。

[190]

　　这样的设计知识与生产知识并行增长。1933—1934年间,当埋头铆接还没有
成熟时,航空公司材料部门进行的试验表明,机钻埋头铆钉不如凸头铆钉那么结
实,应谨慎使用。然而,这些试验是粗略的、不完整的,且并非决定性的。20世纪
30年代中期之后,许多致力于研究埋头铆接生产的飞机公司进行了强度试验来支
持它们的设计。公司测试部门专门制作了带有少量铆钉的接头,通过逐渐增强接
头的拉伸载荷并记录下接头失效处每颗铆钉的载荷,由此确定了许用强度。每家

公司都使用各自偏好的头角，并根据自身的设计需要给出了铆钉直径、板材厚度及材料的有限范围。在 1940 年，国家标准局（the National Bureau of Standards）应 NACA 的请求，公布了由七家制造商、海军部及自身对 865 个试样进行的试验。铆接类型及其细节存在着多样性，即使对于特定类型的铆接，载荷承受力在不同制造商之间也各不相同。微距拍摄的照片显示出"在较强（接头）中，薄板之间、薄板与铆钉之间贴合到位，在薄板跟与其接触的较大部分铆钉头之间都只有很小或基本没有空隙"。飞机工业认识到强度与制造工艺之间存在着密切的关系。[45]

不同制造商之间在强度上的变动范围给负责审核飞机设计的政府部门提出了新的问题。因而，1942 年初海军航空局公布了"供海军飞机设计用的"许用强度的规范，这是由波音、马丁、陆军航空公司和标准局对试验结果的分析再加上"其他有关的试验数据"得到的合理数值。其中无疑包括了大量的补充和工程师所谓的"有根据的推测"（educated guessing）。这时的经验也表明，由于过度的持久屈服（yielding）的结果，比规范标准的失效载荷要小得多的载荷可能使埋头铆接接头变得不适用。用某种方法也可能在数值上做出计算，但这过于复杂难于在此处深入讨论。最终的结果汇总为许用强度表，其中，相应于每一种（78°、100°、115°）铆钉头角，许用强度是铆钉直径、薄板厚度、铆钉与薄板材料的函数。可分别给出机钻埋头铆钉和压窝铆钉的相应值，它们与相应的凸起铆钉相比，前者大体弱于凸起铆钉，后者则要强一些。同年晚些时候，在由陆军航空公司、海军航空局和民用航空局联合公布的结构要求手册 ANC－5 中也出现了类似的许用强度表。各制造公司必须确保它们制造的接头至少达到规定值。[46]

[191]

然而，许用强度的知识远未完成。到了 1944 年，由飞机公司、标准局、NACA、美国铝公司和几所大学进行的修正试验对 ANC－5 的数值提出了质疑。7 月，战时飞机生产委员会下的工程委员会（the Engineering Committee of the Aircraft War Production Council）成立了由七家飞机公司组成的专门小组委员会着手研究这一问题，继而展开了广泛的试验研究。在接下来的八个月中，九家公司合作测试了 3500 个机钻埋头孔接头试样，3600 个压窝接头试样。这些试验涉及三种铆钉材料与六种薄板材料(全都是铝合金),还对铆钉直径和薄板厚度的必要范围作了试验。大部分试样只用了那时作为标准的100°角。该专门小组委员会的继任者在道格拉斯公司董事米尔顿·迈纳(Milton Miner)的领导下,分析了大批数据。试验的初步调查结果出现在1946年4月的第一份报告中,在1948年5月的一份附录中附上了重新分析后的最终数值。这些数值纳入了1949年5月ANC–5的修正版中。[①]

1949年版的ANC–5清晰显示了自1942年的版本以来知识的增长与改进。这特别体现在压窝铆钉的许用强度上,表明了铆钉直径、铆钉和薄板材料之间复杂的相互作用。其中还分别列出了失效值和持久屈服值,这也成了设计师进行更复杂判断的基础。总的来说,1949年版的许用强度值(只针对当时标准的100°埋头铆钉而言)比1942年版的略高一些,这一增加也许是来自更为全面、精确的试验,或更好的生产工艺——毕竟文献记录没有说。表格上还附带了提醒说明:任何对"'良好'制造"工艺的偏离都可能会严重降低强度。小组委员会的报告还包含了如下告诫:"个别制造商在出于设计的目的而使用这些数据之前,都应当确定他们所使用的方法足以使(表中)这些数值具体化。"[②]应当好好了解强度与制造工艺关系的经验。

就像铆接接头的生产一样,到20世纪50年代早期飞机工业已经能够很好地掌握接头的强度问题。如何做到这一点可以作为工业对寻常却又关键的普通问题做出成功反应的范例,它虽然没有那么戏剧化却令人印象深刻。如果乘客从飞机的上翼面向外看,可能很少会注意到埋头铆接。但对他们的安全来说,许用强度的精确知识至关重要。

[192]

埋头铆钉的标准化

如上所述,埋头铆接革新包括了采用标准的100°角。由于标准化是表示整个行业所特有的通用术语,那么应当深入了解这是如何发生的。

由于生产和设计中需要考虑的问题相当复杂,这就很容易理解为什么在早期铆钉头角(78°~130°)具有如此的多样性。但是,这不可以长期容忍。为了现场更换凸起的铆钉,铆钉长度与直径的多种组合不得不由军方储备提供,这已经很麻烦且代价昂贵,而用埋头铆钉的各种钉头比例来化解该问题,也令人难以接受,特别是在战时。在行业内部,这一多样性也增加了转包商的成本,为了与使用不同铆钉头角的主要承包商合作,他们不得不维修不同系列的钻埋头孔与压窝的工具。为缓解这些问题,飞机公司分别在美国东西部自发成立了同行标准委员会,到1939年末,西部委员会将标准铆钉头定为100°(我找不到东部委员会的行动记录)。可是,各公司显然并不急于放弃各自所选择的方法(参见注释18)。为了协调整个国内的活动,1940年11月7日泛行业航空商会(Aeronautical Chamber of Commerce)最终成立了国家飞机标准委员会(the National Aircraft Standards Committee)。委员会还在1941年4月批准将100°埋头铆钉作为标准化研究计划的一部分。12月,陆海军航空局(the Aeronautical Board)规定在所有供军方使用的飞机上强制采用这一头角。由此,100°角在整个行业中迅速普及起来。[40]

　　标准委员会通过的100°角基本是由道格拉斯公司帕韦莱克团队所研发的那个铆钉头角。我没能找到委员会做出这一选择的理由,但是根据了解到的资料可以做出合理的推测。试验的经验表明,在太大的头角下,负载不足时薄板会推挤钉头进而产生楔进作用(wedging action),这会使钉头撬起并造成表面不平滑。根据1942年的海军规范,人们也了解到大头角具有的较低许用强度也许就是来自相同的楔进作用。另一方面,太小的头角则会造成断裂,我在压窝工序中已做了说明。

[193]这些调查结果促使委员会转向了有些居中的头角,而且100°角也已为道格拉斯和洛克希德这两家最大的制造商所使用,看来这一角度似乎是一个合理、快速有效的折中。随着铆钉头角问题的解决,又出于道格拉斯公司已投入使用的大量飞机,因而该公司的铆钉头高与铆钉的其他尺寸似乎也是可取的。[50]

评论与反思

　　把铆钉头从气流中移除出去确实要做很多的事情,我敢说这比飞机制造业外的人们可能想到的还要多。而所有这些事情中,也只有基本的想法很容易得到。此外,铆接的改进并没有停留在20世纪50年代早期的水平而是持续至今。20世纪40年代早期,结构工程师就已经注意到飞机埋头铆接接头的疲劳问题,即由于经常重复加载(与静载荷相比)而导致强度降低。尽管进行了长达40多年的试验和研究,许用强度的疲劳效应仍然是设计判断的问题。多年来飞机尺寸和机翼负载不断增加,随之又增加了蒙皮的厚度,这导致了人们转而更重视机钻埋头孔而较少关注压窝。20世纪50年代的飞行经验表明,在高强度锌铝合金中,钉窝的弯曲特别容易出现疲劳裂缝,这更加速了这一转变。铆钉头的具体形状和许用公差也在不断得到改善,特别要考虑在无需铣平钉头的情况下如何得到平滑安装。最终,在20世纪70年代铝合金逐渐被不锈钢、蒙乃尔合金(镍铜合金)、钛合金所取代,这就需要在设计考虑与铆接工艺上做出改变。现今,埋头铆接不再是高深莫测的。但是我们的叙述应当结束于某处,而且从设计和生产已经变成日常的、相对可靠的程序来看,在20世纪50年代早期之前埋头铆接的原始创新已基本完成。当时设计工程师与工人对如何完成他们的任务已经具备了丰富的知识。[51]

　　显然,科学并没有在我们的分析中发挥任何作用。没有涉及任何科学知识(除非你把像力的概念、电阻加热的认识这些常识性的东西也算进去),也无需作出任何科学发现。生产工艺的进步和许用强度的确定完全是经验的,依靠类似于工程那类常识性的试错法或参数变化就可以实现(参见前一章)。这不需要任何科学理论,只有少量的数学方程出现在相关文章和报告中,而且也只用于基本的工程运算。大量的分析性思考是明显的,但这样的思考并不只属于科学的领域。如果有人真想在埋头铆接的叙述中找到任何可作为科学活动的东西,那只是徒劳。这对工业所必需的方法并无褒贬之意,仅仅是事实的陈述而已。

[194]

　　另一组评论主要跟学习过程的广泛性与同时性有关。起初——令人好奇的是,就算在紧固件共同体内部建立起沟通后——各主要飞机公司都只致力于自己的革新研究。原因并不难发现。第一个原因与必要性有关。尽管可以从书籍或口头交流中了解到许多关于压窝和镦入埋头铆钉的知识,但完全掌握它们则需要实际的经验。所有这类习得的知识并不易于系统整理或进行交流。每家公司都知道，无论可以从其他公司中学到多少东西，都必须获得第一手知识。由此自然导致了大量的重复研发，但这是无可避免的。这类情况经常出现在生产技术中。第二个原因是一些工程师所谓的"与我无关综合症"（the not-invented-here syndrome）。有能力的工程师像有技术的专业人士那样，为自己的能力感到自豪，相信他们或至少他们的公司能够比竞争对手做得更好。当然他们还有一份固执。陷入困境时也许会绝望，但在别的方面，他们只会问"为什么我们应跟从他们？"必要性与骄傲都反映在了 SAE 专门小组报告中关于"紧固件工程师的典型一天"［the typical day of（the）fastener engineer］的一段描述中："有时他会受到报道出来的竞争对手已在使用的革新的影响，但由经验而来的精明冷静（hard headedness）会占据上风，令他去维护公司的声誉并满足客户。"②

　　然而，原因是一回事，有能力去采取行动又是另一回事。在气动力学要求的不断推动下，广泛且同时的革新就会发生，这取决于两种情形。（1）正如我所强调，关于埋头铆接的所有基本观念要么是已知的，要么在概念上是显而易见的。（2）实施埋头铆接所需的能力和训练在整个行业中是可获得的。后一情形与非科学性质的活动部分关联。正如不需要新的或高深莫测的观念一样，获得这些技能也不需要工程科学的训练。无论是詹姆斯·瓦特的创造性洞见还是鲁道夫·狄塞尔的科学训练都不是必不可少的。关于生产和设计的大量知识与丰富资源则是必需的，但这是可从工厂或工程师办公室的经验中获得的一类知识。这种知识和丰富资源在飞机公司中都已具备。气动力学的要求一被整个行业意识到，每家公司就可以且的确加入到了埋头铆接的行列中。

［195］

　　这一模式——如前所述，整个行业自下而上同时涌现——与从一个或多个创新源向下、向外扩散的常见模式截然不同。后一个模式的深入研究明确出现在第四、五章中，在那里的活动与科学密切关联。在上述两章的情形中，基本概念并不是明显可见的，倡导者都是一所或两所大学的学者，他们必须精通工程科学。不仅扩散模式而且扩散的情况都与本章所看到的模式截然不同。③这一由源头扩散的模式也出现在无数远离科学的事例中,一个明显的例子是埃里·惠特尼的轧棉机。尽管轧棉机的基本观念是简单的,而且不要求大量的训练,但在惠特尼极富创见地把它揭示出来之前,这一观念却是新颖的,决非显而易见的。就这些例子的代表性而言,这一扩散模式无论是与科学关系密切还是远离科学,其情况看起来与那些同时扩散模式的情况截然不同。不同之处似乎在于所需观念的性质与获得必要能力及专门技能的范围。了解在其他地方是否也存在这一同时扩散的模式,以及该模式在以生产为导向的创新中是否比在其他类型的创新中更普遍,会很有意思。㉞

埋头铆接还展示了工程知识在众多方面耐人寻味的差别。由于不涉及科学,这些差别很明显是这类(工程)知识所独有的。表6-1根据究竟是出于生产还是出自设计的目的,列出了并非互不相容的知识在各个方面的差别,但未对此详细说明。设计知识必须做出更进一步的细分,这取决于它究竟是来自生产自身的需要还是来自结构强度的需要(具体例子在第六行)。下表只涉及可以用语词、图表和图画明确记下的知识。暂时忽略那些涉及技巧和判断的非明言知识。

表6-1　基于目的的知识差别　　[196]

知识方面		生产知识	设计知识	
			来自生产的要求	来自强度的要求
1	使用	将设计图变为现实	提供铆接接头的设计图	
2	性质	定性的与定量的	大部分是定量的	几乎全都是定量的
3a	产生:主体	生产工程师与工厂工人	结构与设计工程师	
3b	产生:地点	几乎完全在工业中:有一个例子是在政府(NACA)实验室	工业、政府实验室以及大学,问题最终在工业中得到解决	
3c	产生:组织	公司内的团队,非正式的泛行业组织	正式的泛行业委员会	
3d	产生:交流	技术期刊和行业杂志中的描述性论文,通过个人关系和技术会议的意见交换	技术评价报告,委员会会议和通信	
4	编码	规程或其他规范,各公司之间有所不同	军用—商用要求,把整个行业连接在一起	
5	出版文献	技术期刊、行业杂志、书籍、说明手册	政府公报	
6	例子	压窝模的形状和尺寸	不同类型铆接的薄板厚度范围	许用强度

这一表格清晰地表明了，为生产而产生的知识与为设计而产生但来自生产要求的知识之间有大量的共同之处。如我们所看到的，设计知识自然地融入到生产方法的历史部分中。存在共同的成分并不令人吃惊，它们反映出这两类知识尽管目的不同但都以生产活动为基础。此外，它们让人想知道，第六行中前两个知识的例子是否在认识论上以某种共有的方式与第三个例子有所不同。思考这些问题表明事实确实如此。

[197]

这一差别在于描述性（descriptive）与规定性（prescriptive）知识的区分。正如术语自身所暗示的那样，描述性知识描述事物是如何的。相反，规定性知识规定事物应该如何实现所期望的目的。这样，描述性知识是关于事实或实际情况的知识，根据真实性或正确性做出判断。规定性知识是程序知识或实践知识，根据有效性、成败的程度做出判断。因而可以断定，当描述性知识大致上是准确的时候，工程师不能根据自身的需要随意做出调整。规定性知识可以随意改动使其大致上有效。⑤

在第六行的例子中，许用强度显然可定义为描述性知识。尽管它们用于满足设计的实际目的，但仍然是关于事实的陈述。许用强度的知识说的是，某一类铆钉及其直径类型配以某一材料与厚度的薄板在某一载荷下将会失效。随着试验技术的改进，破坏载荷（failing load）许用值可能会更精确，但研发工程师或设计师不能故意更改它们。正如我们所看到的，这些规定对所有公司都一样。⑥另一方面，对某些类型的铆接来说，薄板厚度的范围已经被明确规定。它们告诉我们，对于给定的材料、铆接类型和铆钉直径，应该避免使用什么厚度的薄板以便得到可生产的、有效的接头。不同公司之间规定的范围有所不同，这取决于生产工程师的判断。在一个公司里，设计师应当遵守这些规定，但生产工程师可以根据变化了的判断或不断增加的经验来修改它们。用于特定铆钉与板材的压窝模形状及其尺寸同样也是规定性知识。这些知识在不同公司之间也有所不同，生产工程师可以做出修改以制成大致平滑（在气动力学上大致有效的）的接头。对于薄板厚度、压窝模形状及其尺寸的范围,工程师可在工艺有效性与其他考虑因素如成本的允许范围内自主权衡。至于许用强度,他们就没有这样的自主权。这样,薄板厚度与压窝模外形的范围两者都可作为规定性知识的例子,这一知识与描述性知识相对。[37]这样在表6-1中两个核心列之间的共同成分就可以由有关知识的共通性来加以比较(然而,这并不意味着所有用于或来自生产的知识必定是规定性的,参见下文)。这些评论表明,对于认识论的讨论而言,根据工程知识的性质将其分为描述性的和规定性的,也许比基于生产或设计目的所做的划分更为基本。 [198]

"描述性"和"规定性"知识指的是各种明言知识(explicit knowledge)。我们必须添上内隐的(implicit)、用语词和图表无法表达的知识,它们对工程评价与工人技能非常重要。在本章中,这种意会知识(tacit knowledge)是显而易见的,如工人手工形成钉窝和镦入铆钉的能力。它还出现在生产工程师预见铆接成本随着时间而降低的努力中,以及在早期不完全数据面前结构工程师得到许用强度所借助的"有根据的推测"。语词、图表和图画都有助于表明和增进意会知识(如雷西顿《铆接手册》中的照片)。当然,只凭个人的实践与经验,知识最终也会出现。意会知识虽然不可表达,但这并不意味着它只是很小一部分的知识,当我们说"玛丽知道怎样骑自行车"或"那些工人知道如何很好地施铆"时,我们就可以认识到这一点。[38]

由于意会知识、规定性知识都跟程序有关,因而在实践中密切关联。二者都可描述为程序知识,或我前面提到的"知道如何"的知识(如我使用的后一语词,意会知识并不构成"知道如何"的知识全部)。有了这些增添的内容,我们的工程知识图式可归结如下:

这里所做的区分不应当是泾渭分明的和连续的。总的来说,我们可以预计知

识的层次与这些情形不会只合乎一类范畴。我们所具备的更多是考虑技术知识实质结构的框架性质。还应当弄清楚在何种范围内它是普遍的和有用的。^㊾

[199]   学习生产埋头铆接接头需要产生大量既是意会又是规定性的程序知识。在材料性质方面，它还利用了描述性知识，尽管其大部分都是已知的或出于其他目的而被认识到的。学习设计埋头铆接接头既需要描述性也需要规定性知识，这些知识先前都没有获得。尽管用于设计的意会知识的确以各种方式参与到设计中，如前述提及的"有根据的推测"，但毕竟还是不多。在技术和工程中知识比例如何变化大体上需要详细的研究。就生成的性质而言，它可能很大程度上依赖于各类程序知识，尽管随着自动化程度的提高意会知识的比例会不断下降，但还是需要描述性知识，特别是在材料的物理性质分析中。由埋头铆接所例示的那类详细设计主要取决于两类明言知识。较高层级中的设计需要大量与设计感觉和判断有关的意会知识。^㊿

工程知识与产生知识的活动是丰富和复杂的。这种知识不仅受到设计而且受到生产以及运营的推动与限制。莱顿在写"作为知识的技术"一文时，就把技术看做是"一个谱系，其中一端是观念，另一端是技艺和事物，而设计则作为中间项"。^㈢他接着建议史学家把重点放在设计上，我相信这正是本书所支持的。既然我们不仅要设计出作为技术必要条件（sine qua non）的"事物"，还要制造和使用它们，那么最终就需要对生产和运营问题予以应有的关注。

注　释

注：本章是在早前发表的论文"Technological Knowledge without Science：The innovation of Flush Riveting in American Airplanes，ca. 1930 – ca. 1950"［*Technology and Culture* 25（ July1984）:540 – 576］之上略加修改得到的。为此，我特别感谢 Todd Becker、George Rechton、David Richardson、Nathan Rosenberg、Eugene Speakman、Howard Wolko，and Charles Wordsworth 的帮助。

① 如参见 P. A. Hanle，Bringing Aerodynamics to America，Cambridge，Mass. ，1982.

②　在飞机工业中,另一个需要铆接活动的是飞机密封加压舱,用以防止高海拔处的泄露。来自其他工业的可能例子是具有紧密度公差的圆形管道,如汽车的液压缸、增热器,以及早期电视接收器上从布线电路(非小型化的)到印刷电路的完全改变。对与这种问题有关的"较低"形式技术知识的重要性及其困难的讨论,参见 N. Rosenberg, "Problems in The Economist's Conceptualization of Technological Innovation," in his *Perspectives on Technology*, Cambridge, 1976, pp. 61 – 84, esp. 77 – 79.

③　S. G. Winter, "An Essay on the Theory of Production," in *Economics and the World around It*, ed. S. H. Hynan, Ann Arbor, Mich. , 1982, pp. 55 – 93.

④　埋头铆接是一个可见的产品创新(如飞机),虽然作为次一级创新,但它主要取决于过程创新(如机身生产)。因而,它并不完全符合经济学家关于产品或过程创新的任一标准分类。也许并不总能在体现出创新的地方对它加以分类。当然,根据关键创新活动集中出现的地方来做出分类本身也存在问题。

⑤　S. Hollander, *The Sources of increased Efficiency*: *A Study of du Pont Rayon Plants*, Cambridge, Mass. , 1965; A. D. Little, Inc. , *Patterns and Problems of Technical Innovation in American Industry*, report to National Science Foundation (September 1963). 存在着相当多的关于 19 世纪工业生产的学术研究,特别是关于美国制造业方法,如参见 M. R. Smith, *Harpers Ferry Armory and the New Technology*, Ithaca, N. Y. , 1977, chap. 4, 8; P. Uselding, "Measuring Techniques and Manufacturing Practice," and D. A. Hounshell, "The *System*: Theory and Practice," both in *Yankee Enterprise*: *The Rise of the American System of Manufactures*, ed. O. Mayr and R. C. Post, Washington, D. C. , 1981, pp. 103 – 152. 该文在关注生产细节的同时,还涉及大量的绝大多数为描述性的工艺文献,它们由考古学家、工业考古学家和技术史学家汇编而成,如 *Dictionnaire archéologique des techniques* (Paris, 1963), 以及分类 10 可见于任一年度的"Current Bibliography in the History of Technology" [*Technology and Culture*, April (now July)]发行中。

⑥　无论何种铆接都只用在铝制飞机上,在使用其他金属材料的工业领域会优先选择用焊接来代替铆接,这是因为焊接工艺的高温会对飞机所需的铝合金材料的性质以及结构状态造成不利的影响。

⑦ R. Miller and D. Sawers, *The Technical Development of Modern Aviation*, New York, 1970, pp. 18 – 20, 47 – 50, 63 – 65; C. G. Grey and L. Bridgman, eds., *Jane's All the World's Aircraft* 1931, London, 1931, pp. 303c – 3044c; *Jane's All the World's Aircraft* 1936, London, 1936, pp. 276c – 277c. 关于近期对远程商用水上飞机发展作用的有价值讨论,参见 R. K. Smith, "The Intercontinental Airliner and the Essence of Airplane Performance, 1929 – 1939," *Technology and Culture* 24 (July 1983): 428 – 449.

⑧ 在欧洲,埋头铆接的出现最早可追溯至 1922 年的伯纳德(Bernard)C. 1 型飞机,这是一架比赛专用飞机,曾在当年的巴黎航空博览会上轰动一时,T. G. Foxworth, *The Speed Seekers*, New York, 1976, pp. 83 – 84. 我并不打算追溯在欧洲商用和军用飞机上埋头铆接应用的详细情况,但是粗略的考察表明这几乎与美国的埋头铆接是同时发生的。在 20 世纪 40 年代埋头铆接基本确立之前,大西洋两岸的创新似乎基本上是独立进行的。这一事实进一步强调了导论和下文所提到的观点,即发展具有同时的、广泛的性质。

⑨ U. S. Paten 1, 609, 468, C. W. Hall, *Metallic Construction for Aircraft and the Like*, December 7, 1926, pp. 3, 7. 关于霍尔的装备参见 Aluminum Company of America, *The Riveting of Aluminum*, Pittsburgh, 1929, pp. 21 – 22; Hall, "Weight Saving By Structural Efficiency," *SAE Journal* 28 (1931): 77 – 83, esp. 79, 80. 在国家宇航博物馆(National Air and Space Museum)存档的一张照片(信息来自 Howard Wolko)表明,在海军 XFH – 1 单引擎战斗机和霍尔的第一架飞机(1929 年)上就有凸起的铆钉。PH – 1 飞机的照片虽然并不令人信服,但强有力地表明了埋头铆接的出现。波音公司的信息来自与 Edward C. Wells 的个人通信,他是 1931 年后该公司的工程师与首席工程执行官。

⑩ 我能够确认的在那些年间广泛使用埋头铆接的飞机(无疑应该有更多的)包括:1934 年霍尔的 XP2H – 1 巨型四引擎军用水上飞机 ["Navy's Giant," *Aviation* 33 (October 1934): 317 – 319],西科斯基(Sikorsky)的多引擎商用水上飞机和 1934、1935 年的水陆两用飞行器(*Jane's All the World's Aircraft* 1934, London, 1934, pp. 311c – 312c; *Jane's All the World's Aircraft* 1935, London, 1935, p. 335c; 在关于 20 世纪 30 年代前半段革命性飞机上没有广泛出现埋头铆接的早前陈述中,1934 年的 S – 42 飞机是一个例外)。1935 年休斯的 H – 1 单引擎比赛专用机(休斯驾驶该飞机还刷新了陆上飞机 352 英里/小时的时速记录,

Jane's All the World's Aircraft 1935，London，1935，p. 311c)，以及 1935 年的波音 299 飞机(它是 B - 17"空中堡垒"号四引擎机的原型，Wells 的信件)。新的术语是"埋头铆接"，*U. S. Air Service* 19 (February 1934)：32. 局部使用埋头铆接的例子是 1933 年的波音 247D 商用运输机,该机是发展主流中的关键飞机,其中埋头铆接仅用于发动机罩上(参见在国家宇航博物馆中的例子)。

⑪ C. Dearborn，"The Effect of Rivet Heads on the Characteristics of a 6 by 36 Foot Clark Y Metal Airfoil，"*Technical Note No*，461，NACA，Washington，D. C. ，May 1933，p. 5.

⑫ T. Hughes，"The Science - Technology Interaction：The Case of High - Voltage Power Transmission Systems，"*Technology and Culture* 17 (October 1976)：646 - 659，引文见第 646 页,还可参见其 *Networks of Power*，Baltimore，1983，pp. 14 - 15，passim.

⑬ H. Hodges，*Technology in the Ancient World*，New York，1970，pp. 143 - 144，187.

⑭ 1838 年,在 William Fairbairn 的领导下霍奇森进行了第一个铆接接头强度的综合试验,其中包括埋头铆接,W. Fairbairn，"An Experimental Inquiry into the Strength of Wrought - Iron Plates and Their Riveted Joints as Applied to Shipbuilding and Vessels Exposed to Severe Strains，"*Philosophical Transactions of the Royal Society of London* 140 (1850)：677 - 725，esp. 698. 埋头铆接在船舶和锅炉上的使用,如参见 E. J. Reed，*Shipbuilding in Iron and Steel*，London，1869，pp. 196 - 197，329 - 331，340；C. H. Peabody and E. F. Miller，*Steam - Boilers*，New York，1908，p. 200. 截至 1944 年,关于一般铆接接头强度的完整历史与参考文献,参见 A. E. R. de Jonge，*Riveted Joints：A Critical Review of The Literature Covering Their Development*，New York，1945. 其中,共有 1209 个参考文献,de Jonge 为每个文献都附上精心准备的摘要,对很少用到科学或无需科学的工程知识来说影响深远。

⑮ 在生产和设计中材料的问题都很重要。然而,这方面的考虑对埋头铆钉或凸起铆钉来说,并没有什么主要的区别。因而只有在出现埋头铆接的特有情形时,我才会提到材料问题。

⑯ *Aircraft Fabrication. Aircraft Riveting*，Part 1，Scranton，Pa. ，1943，p. 1；E. S. Jenkins，"Rational Design of Fastenings，"*SAE Transactions* 52 (September 1944)：421 - 429.

⑰ 关于其中一些在转向埋头铆接之前的考虑,参见"Riveting of Aluminum and Its

Alloys," *Aero Digest* 30（April 1937）：44 – 46.

⑱ 15 家制造商这一数字是根据在国家标准局在 1941—1943 年进行的埋头铆接接头强度试验中提供所用试样的制造商数目得到的,参见 W. C. Brueggeman,"Progress Summary No. I. Mechanical Properties of Flush – Riveted Joints Submitted By Five Airplane Manufactures," *Wartime Report W* – 79,最初的 *Restricted Bulletin*（未标序号）,NACA,Washington,D. C. ,February 1942. 我找不到这份报告所承诺的任何全面的综述,但在 NASA 兰利研究中心图书馆中找到的单个工艺报告的档案卡展示了 12 家制造商所使用的头角,如下所示:柯蒂斯 – 莱特、格鲁曼公司采用 78°角,马丁、Republic、联合飞机公司采用 100°角,贝尔公司采用 120°角,波音公司采用 130°角。关于同一头角的尺寸差异,参见 E. B. Lear and J. E. Dillon,*Aircraft Riveting*,New York,1942,p. 72.

⑲ 铆钉的规定直径总是钉杆直径。

⑳ *Aircraft Fabrication. Aircraft Riveting*,p. 10；part 2,pp. 7 – 12；A. H. Nisita,*Aircraft Riveting*,New York,1942,pp. 83 – 89；与 Edward Harpoothian 的谈话（1980 年 11 月 4 日）,他是加州圣塔摩尼卡道格拉斯飞机公司结构部门 1939—1962 年的主管。

㉑ A. A. Schwartz,"Flush Rivets for Speedy Airplanes," *American Machinist*,May 14,1941,pp. 443 – 448,引文见第 446 页。G. C. Close,"Flow – form Dimpling at Northrop," *Machinery*,N. Y. ,60（February 1954）：191 – 193,引文见第 191 页。

㉒ Miller and Sawers（n. 7 above）,pp. 131 – 132；*Jane's All the World's Aircraft* 1939,London,1939,p. 245c；与 Harpoothian 的谈话；与 John Buckwalter 的谈话（1981 年 2 月 5 日）,他是道格拉斯公司的资深工程师和 DC – 4E 运输机的设计主管工程师。P. W. Brooks,*The Modern Airliner*：*Its Origins and Development*,London,1961,p. 94,其中说到,DC – 4E 是"首架有埋头铆接蒙皮的美国客机"。由于在 1934—1935 年西科斯基的商用飞机上就使用了埋头铆接（n. 10 above）,因此,这一叙述几乎是错误的。

㉓ V. H. Pavlecka,"Final Report on Flush Riveting," *Report No.* 1645,Douglas Aircraft Company,Santa Monica,Calif. ,July 12,1937. 关于欧洲研究的证据参见 M. Langley,*Metal Aircraft Construction*,2nd ed. ,London,1934,pp. 306 – 307. 与道格拉斯公司从外面将铆钉推入模中的步骤相比（图 6-3a,b）,波音公司则使用特殊的工具来夹紧钉杆并从里面将它推

入模中（Wells 的通信，n. 9 above）。这样做想必可以避免出现道格拉斯铆接法所需的平齐压窝工具造成的蒙皮刮痕。我未曾看到在其他地方使用波音公司的工艺流程的记录。

㉔ G. B. Haven and G. W. Swett, *The Design of Steam Boilers and Pressure Vessels*, New York, 1915, p. 87. 我没能发现最初究竟是出于什么原因而采用了 78°角这一特殊值。也许早期使用埋头铆钉的主要锅炉制造商恰好有那一角度的锥形切削工具可用于机钻埋头孔（当然，这只是解开这一难解之谜的替代性解答而已），之后每家制造商都简单地加以模仿。有时发生在技术上的事情并不见得非要有什么更好的理由。

㉕ 1914 年，道格拉斯公司为其铆接法申请了专利，美国专利号 2233820，帕韦莱克为道格拉斯飞机公司的专利权人，*Method of Riveting*，March 4, 1941. 之后不久，由于与国家防御计划有关，道格拉斯公司向飞机制造业出让了专利；匿名，"Flush Riveting in Aircraft," *Automotive industries*，May 15, 1941, p. 518. 然而，除了铆钉头之外，我并没有发现广泛模仿道格拉斯铆接法的证据，如我们将在下文中所看到的。

㉖ D. R. Berlin and P. F. Rossman, "Flush Riveting Considerations for Quantity Production," *SAE Transactions* 34（1939）: 325 – 334.

㉗ Schwartz（n. 21 above），引文见第 443 页。

㉘ R. L. Templin and J. W. Fogwell, "Design of tools for Press – Countersinking and Dimpling of 0. 040 – Inch – Thick 24S – T Sheet," *Technical Note* No. 854, NACA, Washington, D. C., August 1942；与雷希顿的谈话（1981 年 9 月 2 日），他是我们所谈论的那一时期加州圣塔摩尼卡道格拉斯公司的工艺工程师。尽管田普林与佛格威尔的工作开始于 20 世纪 40 年代早期，但在其他地方被看做是更早期活动的代表。

㉙ *Aircraft Fabrication*, *Aircraft Riveting*（n. 16 above），pp. 18 – 46.

㉚ *Aircraft Fabrication*, *Aircraft Riveting*, part 2, pp. 1 – 15；Pavlecka（n. 23 above），pp. 10 – 12；美国专利，专利号为 2257267, A. T. Lundgren、罗杰斯与帕韦莱克为道格拉斯飞机公司专利权人，*Percussive tool*，September 30, 1941；美国专利，专利号为 2274091，帕韦莱克、雷希顿、C. C. Misfeldt 为道格拉斯飞机公司专利权人，*Bucking tool*，February 24, 1942.

㉛ M. J. Hood, "The Effects of Some Common Surface Irregularities on Wing Drag," *Technical Note* No. 695, NACA, Washington, D. C., March 1939；"Surface Roughness and

Wing Drag，" *Aircraft Engineering* 11（September 1939）：342 – 344；C. P. Autry，"Drag of Riveted Wings，" *Aviation*，May 11，1941，pp. 53 – 54.

㉜ E. E. Lundquist and R. Gottlieb，"A Study of the Tightness and Flushness of Machine Countersunk Rivets for Aircraft，" *Wartime Report L* – 294，最初的 *Restricted Bulletin*（*unnumbered*），NACA，Washington，D. C.，June 1942；R. Gottlieb，"A Flush Rivet Milling Tool，" *Restricted Bulletin*（未标序号），NACA ，Washington，D. C.，June 1942；R. Gottlieb and M. W. Mandell，"An Improved Flush – Rivet Milling Tool，" *Restricted Bulletin* No. 3E18，NACA，Washington，D. C.，May 1943；美国专利，专利号为 2393463，R. Gottlieb 将一半专利转让给 A. Sherman，*Milling tool*，January 22，1946. 关于一般的叙述参见 G. W. Gray，*Frontiers of Flight*，New York，1948，pp. 197 – 202. 将镦头做成埋头的想法在 1934 年之前也出现在了欧洲的飞机工业中，"铆钉"（De Bergue）用于燃料箱［Langley（n. 23 above），p. 267］，1939 年在美国，铆接工艺专利授予了一位德国人（美国专利，专利号为 2147763，E. Becker，*Flush or Countersunk Riveting*，February 21，1939）。

㉝ 美国专利，专利号为 2395348，A. Sherman and R. Gottlieb，*Flush – Riveting Procedure*，February 19，1946；与 Eugene Speakman 的谈话（1981 年 8 月 31 日），自 1947 年他受雇于加州长滩道格拉斯飞机公司，目前是专门研究紧固件的高级结构工程师，还有与该公司材料与工艺工程师 Neil Williams 的谈话（1981 年 9 月 2 日）。

㉞ 美国铝公司的 24S – T 在 20 世纪 40 年代早期就很常见，它含 4.5% 铜、1.5% 镁、0.6% 锰。高强度的 75S – T 在 20 世纪 40 年代中期引入，含 5.6% 锌、2.5% 镁、1.6% 铜、0.3% 铬。美国铝公司，*Alcoa Aluminum Handbook*，Pittsburgh，1956，p. 34.

㉟ K. F. Thornton，"Standard Dimpling Methods Adapted for 75S – T Aluminum Sheet，" *American Machinist*，August 2，1945，pp. 106 – 108；"Hot Dimpling Widens Metal Use，" *Aviation Week*，April 2，1951，pp. 21 – 22；T. A. Dickinson，"How to Hot – form a Dimple，" *Steel Processing* 38（April 1952）：172 – 174；Close（n. 21 above），pp. 191 – 193.

㊱ Thornton（n. 35 above），pp. 106 – 107；"Spin – Dimpling，" *Aircraft Production* 13（January 1951）：3 – 7；与在加州布班克洛克希德—加州公司工作了 20 年的紧固件工程专家大卫·理查森的谈话（1982 年 8 月 12 日）。

㊲ J. E. Cooper, "Production Riveting by Machine," *Western Machinery and Steel World* 36 (November 1945): 494 - 497; E. O. Baumgarten, "Riveting as Applied to Aircraft Production," *Automotive Industries*, March 15, 1950, pp. 176, 265 - 266, 268, 270, 272; "Automatic Riveter Speeds Plane Assembly," *Aviation Week*, December 24, 1951, pp. 34 - 35; "Subassembly Riveting," *Aircraft Production* 13 (January 1951): 12 - 17. 关于机械化普遍趋势的评论与文献,参见 R. R. Nelson and S. G. Winter, *An Evolutionary Theory of Economic Change*, Cambridge, Mass., 1982, p. 260.

㊳ 自旋压窝 (n. 36 above), p. 3; S. F. Hoerner, *Fluid - Dynamic Drag*, Brick town, N. J., 1965, pp. 5 - 8; "Coin - Dimpling. Part I. Basic Principles and Governing Factors," *Aircraft Production* 12 (June 1950): 181 - 183. 关于创新活动演化性质的评论以及其他情形的参考文献,参见 D. Sahal, *Patterns of Technological Innovation*, Reading, Mass., 1981, pp. 36 - 38.

㊴ 与 William Barker 的谈话(1981 年 9 月 3 日),他是 20 世纪 40 和 50 年代美国北美航空公司工程师,曾任 SAE 小组主席;与 Buckwalter 的谈话(n. 22 above);R. L. Hand, "Notes on the Use of Rivets and Other Fasteners," *SAE Journal* (June 1953): 41 - 43; E. Baumgarten and C. A. Sieber, "Fasteners - Conventional and Special," Report SP - 317, *SAE Production forum*, Society of Automotive Engineers, New York, 1956, pp. 62 - 66. 拥有自己的技术期刊——《装配工程》(*Assembly Engineering*)——表明了紧固件共同体的重要性,该期刊前身是创立于 1958 年的《装配与紧固件工程》(*Assembly and Fastener Engineering*)。技术创新的产生与传播关系的研究状态并不太令人满意,关于这方面的评述文章参见 C. Ganz, "Linkages between Knowledge, Diffusion, and Utilization," *Knowledge - Creation, Diffusion, Utilization I* (June 1980): 591 - 612.

㊵ Lear and Dillon (n. 18 above); Nisita (n. 20 above); A. M. Robson, *Airplane Metal Work*, vol. 4, *Airplane Pneumatic Riveting*, New York, 1942; 匿名, *Riveting and Drilling*, Consolidated Vultee Aircraft Corporation, San Diego, 1943; 匿名, *Aircraft Fabrication. Aircraft Riveting*, part 1 and 2, Scranton, Pa., 1943.

㊶ G. Rechton, *Aircraft Riveting Manual and Addendum I. Riveting Methods*, Douglas

Aircraft Company, Santa Monica, Calif. , 1941, 1942. 关于技术中相关的非语词要素,参见 E. S. Ferguson, "The Mind's Eye: Nonverbal Thought in Technology," *Science*, August 26, 1977, pp. 827 – 836;B. Hindle, *Emulation and Invention*, New York, 1981, pp. 133 – 138.

㊷ 与 Buckwalter 的谈话(n. 22 above)。

㊸ 为本章的讨论而与生产、设计工程师的谈话表现出了一种不同于学术研究型工程师的气质和思想形式,后者所起的作用更接近前一章所研究的工程与科学的交汇处。关于"从图画中"来建飞机的困难,还可参见 I. B. Holley, Jr. , "A Detroit Dream of Mass – produced Fighter Aircraft: The XP – 75 Fiasco," *Technology and Culture* 28 (July 1987): 578 – 593, esp. 583.

㊹ 这一假定实际上并不正确。已经做了许多尝试以允许不相等的载荷[如参见 Jenkins(n. 16 above), pp. 421 – 429],但它们显然是复杂的,而且似乎尚未被日常设计所理解。

㊺ S. R. Carpenter, "Study to Determine the Suitability of Countersunk Rivets in Duralumin Airplane Construction," *Engineering Section Memorandum Report* No. AD – 51 – 114, Air Corps Matériel Division, Dayton, Ohio, April 18, 1933; D. M. Warner, "Investigation of Efficiency of Countersunk Rivets with 110 Degree Heads," *Engineering Section Memorandum Report* No. M – 56 – 2601, Air Corps Matériel Division, Dayton, Ohio, January 4, 1934. 一份典型的公司报告来自 H. B. Crockett, "LS 1105 Flush Rivet Tests," *Report* No. 2377, Lockheed Aircraft Corp. , Burbank, Calif. , August 4, 1941. NBS 的报告来自 W. C. Brueggeman and F. C. Roop, "Mechanical Properties of Flush – Riveted Joints," *Report* No. 701, NACA, Washington, D. C. , 1940.

㊻ R. S. Hatcher, "Strength of Flush Riveted Joints," *Structures Bulletin* No. 68, Bureau of Aeronautics, Navy Department, Washington, D. C. , January 30, 1942; Army – Navy – Civil Committee on Aircraft Design Criteria, ANC – 5: *Strength of Aircraft Elements*, rev. ed. , Washington, D. C. , December 1942, pp. 5 – 27 – 5 – 29.

㊼ ARC Rivet and Screw Allowable Subcommittee (Airworthiness Project 12), *Report on Flush Riveted Joint Strength*, Aircraft Requirements Committee, Aircraft industries Association of

America（Washington, D. C. , 最初订立于 1946 年 4 月 12 日, 后修正于 1946 年 6 月 24 日、1946 年 9 月 20 日、1946 年 12 月 3 日、1947 年 2 月 26 日, 附录 F 添加于 1948 年 5 月 25 日）（美国飞机工业协会从第二次世界大战战时飞机生产委员会手中接管了相关的活动）; Subcommittee on Air force – Navy – Civil Aircraft Design Criteria, *ANC – 5: Strength of Metal Aircraft Elements, rev. ed. , Washington*, D. C. , May 1949, pp. 76 – 78; 与 Milton Miner 的谈话(1981 年 9 月 3 日）。如果委员会根据马丁公司在 20 世纪 40 年代中期的广义参数体系来检查它们的结果, 那么会大大减少试样数目, 而且也有利于进一步分析; G. E. Holbeck, "Structural Fastenings in Aircraft," *Detail Aircraft Structural Analysis. Supplemental Pamphlet No. 8*, Glenn L. , Martin Company, Baltimore, n. d. , 基于所列出的参考文献, 可能在 1945—1946 年。然而, 直到 20 世纪 50 年代某一时候这一体系才得到广泛采纳; 与 Richardson 的谈话(n. 36 above）。

㊽ ARC Subcommittee, p. 01. 18.

㊾ D. G. Lingle and G. A. Seitze, "Army – Navy Aeronautical Standardization: The Record So Far," *SAE Journal* 50（November 1942）: 32 – 33, 66 – 80; H. Mingo, ed. , *The Aircraft Year Book for* 1942, New York, 1942, pp. 253 – 256; Templin and Fogwell(n. 28 above）, p. 2; National Aircraft Standards Committee, "Rivet – Countersunk Head 100°," NAS 1, Aircraft Industries Association of America, Washington, D. C. , 1945（飞机工业联合会的前身是标准局下设的航空商会）; 写给作者的个人信件来自美国空军设备工程主管 Capt. John Ross, 1981 年 10 月 19 日。

㊿ 尽管我得到了 Howard Wolk 与 David Richardson 的宝贵帮助, 但这仍是我个人给出的理由。

51 与 Speakman、Richardson、Barker 的谈话。关于不同阶段的疲劳问题, 如参见 L. R. Jackson, H. J. Grover, and R. C. McMaster, "Advisory Report on Fatigue Properties of Aircraft Materials and Structures," *OSRD* No. 6600, Serial No. M – 653, office of Scientific Research and Development, Washington, D. C. , March 1, 1946; J. Schijve, "The Fatigue Strength of Riveted Joints and Lugs," *Technical Memorandum* No. 1395, NACA, Washington, D. C. , 1956; R. B. Heywood, *Designing against Fatigue of Metals*, New York, 1962, pp. 230 – 242.

㊾ 与 Buckwalter 的谈话（n. 22 above）；引文来自 Baumgarten, Sieber（n. 39 above），p. 62.

㊿ 借用了当前社会史学的表达，这一与科学关系密切的研究构成了关于高科技文化考察的组成部分，本章研究考察了大众科技文化。

54 与科学完全分开虽然在此已成历史事实，但它对广泛的创新活动来说原则上并不是必不可少的。如果在整个行业中具备高度的科学能力与训练，以科学为基础的广泛创新就会在需要时出现，这一创新会为继续发展提供众所周知的或明显可见的基本观念。也许这在微电子行业中已经发生了。

55 Mario Bunge［"Technology as Applied Science," *Technology and Culture* 7（Summer 1966）：329 – 347, esp. 338 – 341］以几乎类似的方式对比了"科学规律"与"技术规则"这一对更窄的范畴。然而，这过于简单地将这一区分变成了科学与技术之间的区分，而且忽视了那些很可能不得不涉及事实的陈述（在下文中显而易见的），它们就很难描述为"科学的"陈述。

56 这些陈述需要辅助的限定条件。就破坏载荷（而非屈服载荷）而言，所公布的许用强度是考虑到由试验误差和其他无法估计的因素所造成的差量，通过将初始试验值除以判断系数 1. 15，使其数值降低而得到的。这所具有的作用是在已公布的数值中引入次一级的规定性因素。在这一情形下，初始试验值构成了描述性知识。

57 然而，在不同公司之间并非所有的规定性知识都会有所不同（参见第七章中"数据"部分）。被整个行业认同的工程标准（如本章讨论的埋头铆钉头的比例）就是一个很好的例子。

58 "意会知识"一词来自 Michael Polanyi 的著作：*Personal Knowledge*, *Chicago*, 1962, pp. 69 – 245. 然而，波兰尼是在广义上使用"意会"一词的，用来指所有知识中不可或缺的但不可明言的组成部分。关于技能与意会知识关系的讨论，参见 Neslon and Winter（n. 37 above），pp. 76 – 82.

59 最后四段的观点和术语主要得益于与 Todd Becker 的讨论。

60 一些史学家关注了（尽管是用不同的话语）机械设计中的意会因素，如参见 A. F. C. Wallace, *Rockdale*, New York, 1978, pp. 237 – 239；B. Hindle（n. 41 above）.

㉜ E. Layton, "Technology as Knowledge," *Technology and Culture* 15（January 1974）: 31 –41, 引文参见第 37—38 页。

第七章
工程设计知识的剖析

　　前面章节的案例为工程认识论提供了丰富的证据。本章和下一章将对根据这些证据所做的分析加以概括。

　　依据有限的案例研究——即使是五个研究——来做概括，所冒之险是显而易见的。如第一章所指出的，本书的证据无论如何丰富，都不能代表整个航空工程，更不用说一般意义上的工程。可是，在这些范围之内，我们给出的每个案例确实涵盖了工程设计中极具代表性的独特方面。借助其他学者的观点与研究，以及我身为工程师的经验与观察积累，也可以使所冒之险有所减轻。需要某种经验的基础，而历史的案例研究则提供了这样的基础。不以事实性知识为基础来对如工程这般复杂的、基本上是实践的事物做理论上的说明，将是更大的冒险。

　　尽管所有案例都来自航空工程，但本章打算做出更普遍的概括。当代工程其他分支（机械、电子等）的设计在细节上虽有所不同，但都以极为相似方式来进行。因而，它们也涉及同样广泛的知识种类以及产生知识的活动。自身的经验和其他学者研究的详细情况为这一事实提供了可作为例证的证据。如第一章所表明的，我认为这些概括扩展到其他分支，将只需要增添与改动而无需做基本的修改。

问题，设计与知识

我们可以从工程是问题解决的活动这一显而易见的说法来着手讨论。工程师花很多时间主要用来处理实际问题，而工程知识既为这一工作服务又来自于此。雷切尔·劳丹在一篇有价值的论文"技术与科学的认知变化"（Cognitive Change in Technology and Science）中这样说道："技术的变迁与进步是通过技术问题的选择与求解，随后是对相互竞争的解决方案的选择来实现。由此看来，技术的认知变化是问题解决的一个特例。" [201]

劳丹从我称之为"装置"（devices）与"系统"（systems）[她称之为"单个技术"（individual technologies）与"技术复合物"（technological complexes）]的方面详细阐述了上述论题。装置是相对紧密的单个实体，如飞机、发电机和六角车床等（这是我而非劳丹给出的例子）。系统则是出于共同的目的连接在一起的装置集合，各自的例子如航空公司、电力系统和汽车制造厂。因为缺乏更合适的词，在这里，我将在其中一个严格限定的意义上把技术（technologies）用作装置与系统的统称。装置与系统的区别虽然在分析上是有用的，但在某种程度上又是随意的，因为一个复杂的技术通常可以看做是一个装置（在大部分的而非全部的讨论中我就是如此来看待飞机的），或一个由单个装置逐层组成的系统。对飞机而言，这些装置可看做是动力装置、气动元件、结构部件、电子设备等。劳丹相当详尽地讨论了对装置与系统提出的问题，以及由它们来解决的问题——如何用前述提及的装置进行空中飞行、发电、加工活塞，或如何用系统来运送乘客、配电、制造汽车。她考察了这样的问题源自何处，如何被选择来加以考虑（随后还有更多）。她也讨论了如何评价解决方案是否成功。劳丹只是一般地论述了获得解决办法的"启发法"（heuristics），即技术问题一旦被选定，它们是如何得到解决的。[①]

劳丹观点与本章观点的关系,可以这样来说:劳丹的工作主要涉及由技术来解决的问题。她将如何构想出这些解决方案合并到启发法的一般讨论中。本章工作考察了在技术产生中出现的设计问题,以及这样的问题所需的知识,这实际上是劳丹启发法一个重要方面的详细情形。在这里,使技术产生的问题就像背景与根本原因一样重要,但并非首要的。简而言之,劳丹的工作涉及了由技术来解决的问题(或给技术提出的问题),本章的工作则涉及在这种实体范围内的问题。

[202]　　　可在历史事例中追溯其解决办法的问题表述如下:

第二章:何种形状的翼型可用于 20 世纪 30 年代后期联合飞机公司的远程飞机,以及如何进行一般的飞机翼型设计(如形状)。

第三章:要获得令飞行员满意的飞行品质,对设计有什么工程要求。

第四章:在机械设计(包括飞机设计)中一般如何考虑与分析流动情况。

第五章:在飞机设计中选择什么样的螺旋桨。

第六章:如何为飞机设计与生产埋头铆接接头。

这些显然都是飞机设计中的内部问题。它们由第一章所述的处于较低层级上的常规的、日常的工程设计的要求所引起。解决这些问题,设计师就要得到为解决工作问题而设计出来的飞机,就是说,问题可由装置来解决。如我们看到的,解决这种设计的内部问题又要求产生新的知识。把这些案例汇集起来就在某种程度上显示出设计的认识论蕴含。如第一章所说,在选出五个案例中的三个后并考虑到其他的事情,才浮现出这样的关注重点。知识的基础性作用和设计的决定性作用一直以来也许只是显而易见的先验直觉,事实上,在历史证据中它们变得明显可见。

在考察如何给装置与系统提出问题中,劳丹看到了不少起作用的情况。注意到直接由环境给出而不能被现有技术解决的问题并不多见(至少在现代)后,她看到在技术内部导致认知变化的四种问题来源:(1)当前技术的功能失效;(2)从过去的技术成果中所做的推断(extrapolation);(3)在某一时期相关技术之间的不平衡;(4)潜在的而非现实的技术失效。这些问题的来源全都要求新的或改进的技术,这些技术的设计又需要新的或扩展的知识。技术共同体从这些来源所产生的大量问题中做出选择。如技术文献通常所强调的,选择通常取决于"一般由社会指定(给问题)的社会或经济效用",即取决于情境的需要与社会的意愿。当然,技术内部的考虑也起了作用。就后者而言,重要的是在较大型技术系统内的问题核心及其得到解决的可能性。这种纯粹的技术关注出现在已具"良好结构的技术知识及其所影响的世界"中。② [203]

被劳丹视为选择调节器的社会情境需要,它们自身也可以看做是问题的来源(如我所看待的那样)。经济的、军事的、社会的、个人的需要这样的来源这时就成为问题来源的基础,或与劳丹所给出的技术来源密切地相互作用。社会情境的需要甚至可以独立于失效、不平衡或推断所单独引起的问题。例如,在经济或社会的驱动下必需跨越河流,在现有的知识范围内毋庸置疑就需要建桥。情境来源在本书研究中主要显示为外部的推动作用,如联合飞机公司(第二章)和道格拉斯公司(第三章)对飞机的军用与商用要求。它们只集中出现在飞行品质(第三章)的叙述中,在那里个人(如飞行员)的需要和反应不仅是叙述中的问题来源,而且是主要的因素。③这样有限的考虑并不意味着情境来源在某个方面是次要的,如第一章所认识到的,它们构成了工程问题的基础。④

劳丹所提到的技术来源,除了对装置与系统提出问题外,还直接在设计与知识的层面上发挥作用。从我们的案例(除了潜在失效外)中并不难找到这些例子:传统翼型因速度的提高(第二章)导致了功能失效,这就必须研究如何设计出高速翼型。从波音公司 B-17 轰炸机的成功来做出推断,并以该设计所产生的知识为基础,使弗利特相信联合飞机公司会设计出更好的轰炸机(还是第二章)。提高飞行速度与减小凸起铆钉的阻力之间的不平衡(第六章)就要求工程师学习设计出与表面平齐的铆钉。影响问题选择的考虑还出现在:NACA 察觉到螺旋桨性能对以飞机为代表的系统极为重要(第五章),这就激发了杜兰德与莱斯利去测量选择螺旋桨所需的数据。如果沃纳与航空共同体中的其他成员没有看到飞行品质是一个可能解决的设计问题(第三章),他们就不会积极地朝着那一方向努力。

除了劳丹所列举的来源外,还存在着其他的技术来源。既给技术提出问题也构成技术内部问题的一个来源是觉察到新的技术可能性,即可预见得到某一技术

[204]

进步是可能的,但是没有人知道如何实现它。这是一种不同的选择标准,而且比劳丹的解决可能性的选择标准更为重要。在沃纳和其他人认识到观念与技术的进步会使理想的飞行品质设计成为可能并真正着手研究之前,航空学共同体就已觉察到这是可能的。20 世纪 30 年代中期的航空工程师曾一度意识到如果对大范围的层流能略加控制,那么就有可能设计出阻力更低的翼型。在雅各布斯着手研究的多年以前,这一问题就已被察觉。当他认识到如果可以设计出在足够长距离内保持下降压力的翼型,这一问题就有可能得到解决时,他就展开了深入的研究。爱德华·康斯坦特认为觉察到全新的可能性与预见到的潜在失效(参见劳丹所给出的)一起构成了"假定反常"。⑤

仅在技术中就有三个提供问题的来源:

(1)第一个来源是技术的内在逻辑(internal logic of technology),它通常未被充分认识。也就是说,一旦选定了装置或系统及其目标,物理规律和实用要求(包括成本)就取得主导地位,并规定应当做某些事、解决某些设计问题。一个典型的例子是托马斯·爱迪生对白炽灯照明系统的发明和改进。简单来说,爱迪生决定发明出一套可以与现有煤气照明系统相抗衡的新照明系统,在这套新系统中单个照明可以分别开关,这就要求灯泡、配电网和发电机具有某种兼容的(而且是前所未有的)电特性(electrical characteristics),如果系统的组成部分互不相关,那这一特性就不是必需的。倘若工作能这样来做的话,那么物理学和经济学就规定了它必须以这样的方式去做。由此,这些电特性就为灯泡、配电网和发电机规定了设计问题。⑥爱迪生和他的团队在工作向前推进时工作时必须发现这一逻辑,这不会改变事实固有的性质。

从飞机而非我们的研究中给出的内在逻辑的例子是传统飞机的起落架问题。完全是出于必须让更大型的、更高速的飞机安全着陆,自 20 世纪以来这一装置的设计一直在不断发展。设计较高层级中的决定确定了飞机的重量、着陆速度和一

般布局。一旦这样做,着陆要求的逻辑就成为主导并确定起落架问题的细节。设计较低层级所需的许多装置都可以这样来讨论。[⑦]

（2）设计的内部需要（internal needs of design）构成了另一个问题来源。如果工程师要设计出令飞行员满意的飞机,他们就需要知道应使用何种定量的飞行品质标准。如果他们要在设计中分析流动情况,就需要像控制体积分析那样的合适的理论工具。如果他们要为新飞机选择螺旋桨,他们就需要一系列的螺旋桨性能[205]数据。一般而言,如果工程师想要设计特定用途（当然,也可以对装置和系统提出）的装置,他们就需要知道某些具体的事情,以及知道怎么做这些事情,以便获得一个可建造出来的、符合所需尺寸的详细设计（工程是高度定量的活动,虽然在历史与哲学的文献中不一定能反映出这一点）。在必要的数据与方法还未出现时,这种设计所需的东西规定了知识产生中必须要解决的问题。大量的研究工作就是从这一来源的问题上产生的。

（3）减少不确定性的需要（need for decreased uncertainty）,尽管在第二章的最后部分已经讨论了产生设计内在要求的原因,但这一来源仍值得一提。它为如何进行工程研究以及如何生产工程数据提出了问题。如前面章节所说明的,减小尺度效应和 20 世纪 30 年代翼型数据中的其他不确定性的需要,就产生了风洞与风洞技术中的问题。对雅各布斯的层流翼型研制而言,解决这些知识生产的问题至关重要。当用高速计算机来计算流体流动,要减少其中的不确定性,这向设计这种计算算法的工程师提出了问题。这些问题呈现出自己的生命,并且为整个工程事业提供了研究的重点。[⑧]

如前述提及,工程的问题解决经由各种不同类型的层级来扩散。系统与装置间的关系显然是层级的。这种技术带来的问题与技术内的问题的关系也是如此。如第一章所述,建立在任务、构成和学科基础上的设计层级在本书研究中发挥了相关的且特别重要的作用。层级中的一个层次就给下面的一些层次提出了问题:如 B-24 轰炸机的军用工程定义就向联合飞机公司的工程师提出了详细的翼型设计问题;20 世纪 30 年代的机翼设计需要把气动要求与结构要求结合起来,这就对各飞机公司普遍提出了埋头铆接的问题。知识产生自身也包含了各种层级。需要一类知识就向另一类知识提出了要求：学习如何设计出合适的飞行品质就要求学习如何根据飞行员的活动来表示静稳定性；为设计师提供合适的螺旋桨数据就要求找到如何能最好表示出螺旋桨在障碍物前工作的性能。产生尽可能不含不确定性的知识就提出了又会产生另一层级的问题：对精确气动数据的需要就提出了试验问题，随之产生了具有自身设计与运营问题的内在层级的整个风洞技术。而与这些类型的层级具有相互交叉、相互作用的是共同体的层级结构，以飞行品质共同体及其一系列子共同体为例，它们全都可归入更大的气动力学共同体当中。工程问题的解决在整体上反映出我们在航空领域所观察到的同样的层级特性。详细阐明各种不同层级的交叉作用是一项艰巨的任务。如第一章所示，这样的考察需要更深入地考虑情境来源及其影响。

[206]

对作为问题解决的工程的考察确认了第一章所强调的设计的重要性。解决社会和技术问题的装置与系统要得以实现，就要求设计出这些装置和系统。这样的设计又提出了自身的问题。在工程的工作层次上，问题解决与设计几乎是同义的。

无论何种设计问题的来源，它们的解决都依赖于知识。然而，不一定需要新的知识。即使新的问题得到了解决，问题也不会消失——在我们的叙述完成后，仍需要为特定的飞机与适当比例的、精细的埋头铆接接头选择螺旋桨和翼型。当然，研制与改进仍在继续，而且在个别情况下问题的解决也许需要一定的创造才能。可是，一旦理解与信息得到确定，无需产生大量的额外知识通常也能设想出解决方案。所需的知识可在教科书或手册中获得，而且可以查阅，可以教授给工程学学生，或可以在工作中来学习。我们现在所讨论的问题（除了先进的新型飞机的飞行品质规范外）绝大部分都不是新问题。这些问题的解决——这对日常的设计问题也是成立的——主要基于所存储的工程知识（前面提及的毋庸置疑地建桥情形就是一个恰当的例子）。当人们像劳丹一样关注新技术的问题时，往往会忽视存储知识的重要作用。

当手头上尚未具备知识时，如在劳丹所讨论的情形中，就必须产生它。即使存储的知识也是在过去某个时候产生的。无论哪种方式，设计的要求会推动、限制和约束新知识的增长及其性质。新知识的产生可以离设计很近（如在飞机公司中埋头铆接的发展），或离设计相当远（在大学中形成控制体积分析），或是二者某种复杂的组合（在航空公司、飞机公司和政府研究机构中飞行品质规范的演化）。无论知识在哪里产生，最终要根据它是否有助于成功实现设计来加以评价。如我们所看到的，知识及其产生的情形和过程是丰富多样且复杂的。存储的知识虽有广泛的功用，但知识体系如何增长在史学与认识论上都是引人注目的问题。

[207]

　　工程设计知识的基础性作用激发人们对这一知识的性质与获得加以概括。因此，本章的其余部分将以历史案例为主要的（但非唯一的）灵感源泉，并以此为例，尝试对这一知识以及产生它的活动与因素加以归类。考虑到工程知识的范围及其复杂性，实际可行的剖析必须以终究可发展的知识理论为基础。第八章将为工程设计知识的增长提供一般的理论模型。

　　接下来的分析并不想要彻底而全面。如前述所示，工程不仅与设计有关，而且还与生产以及运营有关。埋头铆接的叙述主要研究了生产，而飞行品质的研究则在某种程度上探讨了运营。在任何关于工程知识的完整研究中，这样的活动将需要仔细的考虑。然而，出于第一章所解释的原因，历史案例集中讨论了较低层级中常规、日常设计的知识，因而详细的分析相应是有限的。尽管有时产生知识的活动完全不是常规的、日常的，但所考察的知识终究是如此来使用的。我需要在某一点上来讨论源自发明与根本设计的知识，但我只是顺便提及这种知识是如何形成的。即使在我的讨论所涉及的范围之内，仍有许多东西要加以分类和说明。

　　任何对工程知识的详细分析似乎都冒着使这种知识与工程实践相脱离的危险。我希望历史案例已表明，知识与其实际应用的不可分事实上是工程的一个显著特征。随后我将再阐述这一点，但必须始终牢记。

　　接下来的两个部分不免是详细且复杂的。为了不至于"只见树木不见森林"，我将在本章的最后提供知识类型与产生知识活动的一览表（表 7‑1）。

知识的种类

　对工程设计知识进行分类其复杂性并不亚于对问题解决同设计之间关系的分析。某些知识项可以清楚辨别出来的,而其他的则不可以。在以下分类中,所做的划分并不是完全排他的,某些知识项可能体现了不止一类知识的特性。它们也不可能是详尽的——尽管主要的知识种类想必是完整的,但其中的子类很可能并不如此。我将按以下标题来着手讨论知识的种类:

1. 设计的基本概念(Fundamental design concepts)

2. 标准与规范 (Criteria and specifications)

3. 理论工具 (Theoretical tools)

4. 数据 (Quantitative data)

5. 实践考虑 (Practical considerations)

6. 设计手段 (Design instrumentalities)

除最后两个术语是我不得不设想出来的之外,上述术语都为工程师所使用,与我在本章中给出的含义大体上是相同的。可是,这种分类与其内容在专业领域中并不常见。

1. 设计的基本概念。着手任一常规设计的设计师都带着对所考虑装置的基本概念。这些概念也许只是不明显地存在于设计师内心深处,但它们必定在那里。即使未被表明,它们对工程来说都是已知的。工程师在成长的过程中,也许甚至在开始正式的工程训练之前,可以说是不知不觉地吸收了这些概念。当然,这些概念有时必须被工程共同体有意地去学习,进而构成设计知识的一个基本组成部分。

首先,设计师必须了解迈克尔·波兰尼(Michael Polanyi)所谓的装置的工作原理(operational principle)。所谓工作原理,用波兰尼的话来说是,指装置的"各特有部件……如何通过组合成可达到其目的的整体工作来实现它们的特定功能",简而言之,即装置是怎样工作的。[9]任一装置,无论是像飞机那样活动的机械装置还是像桥梁那样的静态结构,都体现了这一原理。乔治·凯利爵士1809年关于固定翼飞行器(我们现在称为"飞机")原理的著名表述中就隐含了一个这样的例子,该原理表述如下:

通过将动力加于空气阻力之上,使表面支撑一个给定的重量。[10]

凯利的概念将升力从推力中区分出来,这在当时革命性的,但在今天却是常规的。按照凯利的意思,这一表述实际上是说,飞机的工作是通过推动一个刚性表面向前穿过阻挡的空气,进而产生平衡飞机重量所需的向上力。这一原理是基本的,因为它使得设计师摆脱过去不实际的扑翼飞机概念的限制。现代所有飞机设计师的心中都有这个概念。处理任一装置的工程师同样必须认识到它的工作原理以进行常规设计。 [209]

对装置内的组成部分而言,也存在着工作原理。翼型借助它的形状,特别是锋利的后缘,在与气流形成一定倾斜角时产生升力。传统的尾翼后置飞机凭借机翼、翼尾以及与飞机重心相关操纵面的固定布局,来获得所期待的稳定性与操纵性。依据波兰尼的定义,可以对螺旋桨和埋头铆钉做类似的表述。设计师必须认识到,在这一层次上和在装置整体的层次上一样,工作原理是设计的基础。

如波兰尼所述,正是工作原理提供了纯粹技术意义上的成败判断标准。如果按照其工作原理,装置是可工作,那它就是成功的;如果装置不能工作或发生故障以至于工作原理无法实现,那么它就是失败的。事实上,工作原理还定义了装置。如一组交通工具中的成员——直升机是借助旋翼来获得升力的——只要具备了凯利所规定的工作原理就有资格作为飞机。(这样一个装置就是由它的技术性质而非经济或其他用途来做出规定的。)

最后,工作原理提供了技术与科学之间一个重要的不同点,即它起源于科学知识体之外,并且它的产生是为了服务于某些内在的技术目的。一旦设计出如翼型、螺旋桨和铆钉的工作原理,就可以用物理规律来分析这样的事物,物理规律甚至可以帮助设计出它们的工作原理。然而,物理规律绝不可能包含或独自蕴含工作原理。波兰尼也做了基本相同的阐述,仅略有不同:"在某些情况下,客体的物理化学形态(topography)可作为技术解释的线索,但单靠此并不能让我们完全了解[它如何实现其工作目的]……作为客体的机器的完整[即科学的]知识不会让我们了解到它作为机器的任何知识。"①

　　常规设计中第二个理所当然的组成部分是装置的常规构型。我指的是普遍认为能最好实现工作原理的一般形状和布局。这样的定性限制虽然不像工作原理一样确定,但发挥了极大的决定性作用。20 世纪 30 年代后期,吉尔鲁思团队对一批极为不同的飞机进行了飞行品质测试(图 3‐7),这些飞机的设计师可能从来没有

[210]

想过,除了尾翼后置的拉进式单翼机外,飞机还应当有其他的样子。现今汽车的设计师通常(并不总是)不假思索就认为汽车应该有四个(与可能是三个轮子相比)轮子与一个前置的液冷式发动机。无疑他们认为其他的东西也是如此。在设计过程中,其他的性质也许仍有待解决(如究竟是前轮驱动、后轮驱动还是四轮驱动)。无论详细的情形如何,对于有规定用途的特定装置,其首选构型就是工程共同体必须加以学习的知识,这通常是从技术初期发展阶段的不同构型经验中来学习的。获得飞机常规构型的部分经验将在第八章中做出描述。

　　共有的工作原理与常规构型界定了第一章中康斯坦特所用意义上的装置的常规技术(或设计),它指的是"'在新的或更为严格的条件下'对公认传统或其应用的改进"。②如杜兰德和莱斯利显然就是在探索螺旋桨的常规技术,该装置在他们那个时代已有确定的工作原理与公认构型。根本技术(我在第一章中使用了那一术语)包括常规构型的变化,可能还包括了工作原理的变化。在后一种情况中,显然常规构型不可能一开始就是已知的,但实际上它必须从开始就要确定下来。当出现这种情况时,由此得到的技术在其初期发展阶段也许就有理由被称之为革命性的。正是在这一意义上,康斯坦特把他的著作命名为《涡轮喷气飞机革命的起源》(然而,康斯坦特并没有使用革命性技术一词,或用工作原理的变化来描述自活塞式发动机以来所发生的变化)。根本技术与革命性技术可以发生在整体装置

的层次上,如康斯坦特的例子,或发生在次级组成部分的层次上,如雅各布斯关于压力分布有利于减少翼型阻力的看法。与彻底的改变相比,无法达到革命性改变的基本发展可能只涉及工作原理的改动。这里所做的区分是相对的,很难给出清晰的界定。如早前所解释的,当前工作所考虑的知识及其进程是常规技术(即在基本已确定的工作原理与常规构型下的设计)当中所需的那些知识及其进程。

每个装置都有工作原理,而装置一旦变为常规的、日常设计的对象,那就具备了常规构型。进行常规设计的工程师通常不假思索地就把这些概念放到他们的工作中。由于这样的概念几乎很少被注意到,也许可能还存在着我没有注意到的其他概念。

工作原理和常规构型提供了一个进行常规设计的框架。把这些概念转变为具 [211] 体的设计就需要随后的知识种类。广义上讲,常规设计的余下知识都起着这样的作用。

2. 标准与规范。为了设计出体现了给定工作原理和常规构型的装置,设计师在某种情况下必须了解设备的具体要求。也就是说,设计师或其他人必须把装置的一般定性目标转换成用具体技术术语表达的特定的量化指标。联合航空公司及其有关航空公司的经济目标必须转换成 DC – 4E 运输机的性能规范,在河上建桥以承载车辆的迫切需要必须转换成跨度与加载的具体要求。为了完成这样的任务,负责人员必须了解适合于装置及其用途的技术标准的知识(在早前的术语中,设计问题必须是"定义明确的"),而且必须给那些标准规定某类数值或范围。如果没有这样的技术规范,设计师就不能着手设计出那些最终必须提供给施工人员的详图和尺寸规格。[13] 数值或范围的规定通常是(并不总是,见下文)特定的设计所特有的,而且最好被看做是设计过程的一部分。标准自身是工程规范的关键所在,它构成了一般工程知识的重要组成部分。

1940 年前后的飞行品质要求确立之前,在其有关情境中就显示出工程标准的重要性。如所引用的航空局局长哈彻的内部备忘录(第三章)就表明,那一时期的设计师不得不揣测他们的客户想要什么,而证据表明他们在这一方面或在确立自己的有效目标上并不总会成功。这一情形部分是由于许多必需的标准——短周期振荡的性质、每 g 驾驶杆力,加上我们没有考察的横向标准——要么是未知的,要么只得到了部分的理解。这样的情形在技术的学习阶段并不罕见,但工程师会尽快消除它。在飞行品质的例子中,确立所需的标准只是我们叙述中的一部分,至于翼型、螺旋桨和铆接接头的标准,在我们的叙述开始之前就已被确定。

[212]   设计标准的可辨别性大不相同。像埋头铆钉和飞行品质章节中附带提到的性能规范,必要的量(如铆钉的载荷及其平滑度的尺寸公差;速度、飞行高度和马力性能)是简单而明显的,可以毫不费力地马上识别出来。在其他的例子中,如翼型(如在巡航升力上可能的最低阻力)和螺旋桨(与工作条件有关的最大推力和效率),它们的标准并不是立即清楚的,必须在一段时期内自觉地、有意地设计出来。还有一些例子如飞行品质(每 g 驾驶杆力、在自由升降舵下短周期振荡的时间等),其标准是含混的而且需要较长时间的大量研究。设计标准可应用于整体装置的层次上,像飞机性能及其飞行品质,或应用于组成部分的层次上,如翼型和螺旋桨的特性。在后一种情形中,还必须考虑如何将部件整合到整个系统中。无论它们的性质如何,这些标准应当对适用于它们的装置与条件类别尽可能地普遍,尽可能地容易被工程师所理解和使用。

给适当的标准规定数值和范围对设计而言是必要的。对像前面提及的桥梁或 DC－4E 运输机的整体装置而言,这样的规定发生在第一章所描述的设计层级中的工程定义上。负责这一层级工作的人们会为接下来的具体设计活动提出所需的技术规范。在详细设计的层级上,设计师自己会为次级组成部分设定要求。联合飞机公司中致力于研制 B－24 轰炸机的工程师决定了他们在机翼及其翼剖面中寻找什么。任何飞机设计师都清楚飞机的预期总重与着陆速度,并设定相应的起落架规范。无论在哪一层级上,单个工程项目的规范都是设计过程中的过渡步骤,通常不被看做是"知识"。

当情况十分普遍时,数值或范围的规范就可以适用于整个技术。20 世纪 40 年代早期适用于所有传统飞机的吉尔鲁思的飞行品质要求就是如此。另一个例子是美国机械工程师学会所公布的锅炉设计规范。这类规范通常出现在涉及一般的效用或安全问题的地方，一般受到政府或法律的约束。这样的通用规范，就像作为它们基础的标准一样，成为工程中事情是如何做的储备知识体的组成部分。

把装置有效的、通常是定性的目标转换成具体的技术术语，以及这一转换所需的知识，对工程设计来说至关重要。它们应该得到比从史学家和技术哲学家那里得到更多的关注。确定这些基本标准通常要利用余下知识种类中所讨论的理论工具、数据和实用判断。当然，由于这些随之得到的知识具有专门的作用，应当对其本身加以认识。

[213]

最后，在这里科学与工程之间存在着一个重要的不同。科学家在寻求自身的理解中并不致力于严格规定的目标。为了完成设计装置的任务，工程师必须依照非常具体的目标来工作，而这就要求他们制订出相关的设计标准与规范。由此，我们可以看出工程知识的另一个特点。[14]

3. 理论工具。为了履行他们的设计职责，工程师使用各种各样的工具。这些理论工具不仅包括数学方法和进行设计计算的理论，还包括用于考虑设计的智力概念(intellectual concepts)。这些概念和方法覆盖了这样一个谱带的全部，它从普遍被视为科学一部分的事物的一端延伸到具有工程特有性质内容的另一端。

我先从数学方法与理论来着手，它们可以是用于直接计算的简单公式或较复杂的计算方案。关键的是它们的数学结构使其可用于定量分析与设计。这一具有数学结构的理论知识体正是通常所谓的"工程科学"(参见第四章)，它不包括谱带上工程另一端的内容，而且还要补充下一类知识中的相关数据。[15]

在谱带的科学这一端，我们发现其自身不具有物理内容的纯数学工具。工程师或是直接地或是借助某种改进或扩展，从先前的数学中获得许多数学工具。直接移植的例子是工程领域广泛依赖的笛卡儿的解析几何，或从本书的研究来看，如儒科夫斯基用经典的保角变换推导出一组特殊的理论上的翼剖面(第二章)；改进与扩展的例子来自泰奥多森采用保角变换来分析任意形状的翼型(第二章)。还可精心设计数学工具以供工程之用，例如，现在看到的广泛应用在复杂工程问题上的计算机算法就是如此。

沿着谱带接下来是具有数学结构但基本上为物理的(与纯数学不同的)知识，对它的一般解释力具有科学价值。这样的知识通常来自先前的科学，像发生在控制体积分析情形中的那样，该分析包含了从物理学中已经获得的力学与热力学理论。然而，如我们所看到的，即使是这样的科学知识一般也必须重新表述才可以用于工程的问题。例如，我的大学同事查尔斯·克鲁格(Charles Kruger)和我在一本书中做了这项工作，我们将部分的气体物理学与化学改写和拓展成有用的形式，以帮助工程师处理高压气体动力学的问题。[16]

谱带上离工程方向较远的是这样一些理论，它们建立在科学原理的基础上但由技术上一类重要的现象促成，并且只限于此类现象或甚至是仅限于特定设计。这样的理论具有物理科学的特征，结构上是数学的且有解释力。它们构成了波兰尼所谓的"可以如同纯科学一样进行耕耘的系统技术(systematic technology)"。可是，如下事实显示出这些理论的基本工程特征：如果出于某种技术、经济或社会的原因，这些理论所适用的那类现象或设计不再有用，它们就会"丧失所有的价值"并被遗忘。[17]以一类现象为中心的基本工程理论的例子是那些涉及流体力学(如控制体积分析所示)、传热和固体弹性的理论，很容易找到其他这样的理论。

当这些工程理论仅限于特定设计时，就其在数学上的可行性(工程外的文献很少注意到这一点)而言，通常取决于该设计特有的某一近似法。在本书研究中，这一限于设计的理论(及其有关的近似法)出现在：联合飞机公司工程师使用的飞机机翼的诱导阻力理论(第二章；与跨度相比，平分弦则是微不足道的)，蒙克的薄翼型理论(第二章；与弦相比，最大厚度和翼面弯度则是微不足道的)，以及飞机动稳定性理论(第三章；就纵向稳定性来说，与前进速度相比，因振动产生的尾翼垂直速度则是微不足道的)。航空学领域外的例子包括材料强度中梁的基本理论(与跨度相比，梁的挠度与梁高则是微不足道的)以及电子工程中晶体管的动态模拟(与平均电流相比，输入信号的电流变化则是微不足道的)。随着对大型电子计算机的利用，使数学运算变得可行的这种近似法已不再重要。然而，仍然存在着大量的设计特有的理论。[18]

在谱带上比较靠近工程端的地方,我们还会遇上一种理论,虽然它们在某种程度上可追溯到科学的原理,但包含了关于现象的某种主要的、特定的假定,这些现象对问题至关重要。这种"唯象理论"(phenomenological theories)通常也是设计所特有的,但几乎没有解释力或科学的资格。它们大多只用于工程计算。工程师之所以设计出它们,是因为有关现象了解太少或太难于处理,而他们又需要继续完成设计工作。在这一意义上,唯象理论相当于第五章所讨论的试验参数变化方法的理论。螺旋桨的叶素理论也是唯象理论的一个例子(第五章),该理论假定作用于旋转螺旋桨桨叶微段上的弦向分力可以从做适当直线飞行的同一叶剖面的试验数据中得到。一个更广泛适用的例子是湍流的涡流黏度模型,20世纪大部分时间内该模型被用来计算在技术上至关重要的气流问题。这些理论全都涉及某种湍流混合过程的假定,它们构成了流体内表面应力(湍流相应于黏性力)的基础。这种不断被修改的假定是必需的,因为从基本原理出发很难处理湍流的问题(随着大容量电子计算机的使用,这一情形也在不断改变)。总的来说,唯象理论在物理学上很少是严密的,甚至确实是多少有问题的。使用它们是因为虽不完善但还能起作用,而且也没有更好的分析工具可用。

最后一类数学工具位于谱带的工程远端,是一些定量假设,引入它们仅仅是出于计算上的便利,但它们过于粗糙以至于不可以被夸大为理论。铆接接头的分析(第六章)就是其中的一个例子,在那里接头处的载荷被假定为由各种铆钉均等分担。在这一例子中,这一分析性假定通常看上去就是错误的。使用它们是出于实际的原因,还因为凭经验知道它们可给出保守的或公认的结果。没有它们就不可能进行大量的日常设计。

我把第二类理论工具称为智力概念。重复我前面的话,"尽管工程活动可建造出飞机,但是设计和分析这些飞机需要人们心智中的概念"。智力概念为许多这样的思考提供了语言。它们不仅可以用在定量分析与设计计算上,而且可以用于定性的概念化和推论,而这是工程师在开始进行定量活动之前(以及在定量活动进行的同时)必须做的事情。

智力概念显示出广泛的多样性。它们从高度科学化的概念延伸到极为实用的概念,从(并不是相应地)具体的数学概念延伸到明确的物理概念。有时它们来自[216]前述的数学理论,有时来自物理推论,有时则来自二者。有些概念只适用于特定的设计,而有些则有着较为广泛的应用。

这些概念的特征组合起来是如此多样,因而我并不打算一一列举。具有最广泛适用性的概念包括来自科学的基本概念如力、质量、电流等,以及具有较多工程性质的概念如效率和反馈。我们遇到的广泛适用于流体力学严格限制范围内的概念是控制体积(第四章)和边界层(第二章)。设计特有的概念包括分开考虑翼型的厚度与弯度(第二章),划分飞机纵向振荡中的长短周期(第三章),二者都来自精致的数学理论。装置特有的例子首先是由物理推论得到的,包括在障碍物(第五章),用于分析纵向静稳定性的力矩曲线斜率以及升降舵偏转角与杆力梯度(第三章),随之稳定性标准也是从数学理论中推导出来的。增加这样的例子轻而易举,这表明了这样的概念对工程思维是何等地基本。

4. 数据。即使手头上有了基本概念和技术规范,如果不具备关于物理性质的数据或公式所要求的其他数量,数学工具就没有什么用。展示设计的详细布局或详细说明生产的制造工艺可能还需要其他类型的数据。这些在设计中必不可少的数据通常是由经验得到的,尽管在有些情形下也可以通过理论的计算得到。它们一般用表格或图来表示。[⑩]在第六章关于埋头铆接的讨论中,它们被划分为两类知识:描述性的和规定性的。

描述性知识是关于事物是如何的知识。设计师必需的描述性数据既包括物理常量(如重力加速度),又包括物质性质(材料的破坏强度、液体黏性系数等)和物理过程性质(化学反应率等)。它们偶尔涉及在物理世界中的工作条件(计算飞机疲劳负载的大气阵风频率和强度)。它们还包含了人的信息(飞行员施加的最大[217]力),如我们在飞行品质中看到的。在装置元件或组成部分的性能不能(即使有时能够)根据理论来加以预测时,描述性数据还包括了性能的全面测量结果。铆钉许用强度的参数数据以及翼型与螺旋桨的性能就是恰当的例子。

规定性知识是为实现预定目标应当怎么做的知识,它说的是事实上"为了实现这一目标,这样来安排事情"。制造商公布的、用以引导详图设计师工作的"工艺规程"(在某些方面这是一个错误的名称)就包括了大量这样的规定性数据。[20]我们注意到的一个例子是不同类型埋头铆接的薄板厚度范围。如所指出的那样,这种规定性数据的数值在不同公司之间多少有所不同。其他类型的数据虽然不是规定性的,但透过统一的法令也适用于整个行业。其中既包括为了维修保养与经济的利益而认可的工程标准(如埋头铆钉的尺寸),也包括政府部门为确保飞机结构可以安全承载所施加的负载而规定的安全系数。其他行业也显示出规定性数据类似的多样性。[21]

也许在这里刚好可以指出描述性知识与规定性知识之间的区别并不只限于数据。数学理论也是描述性的,因为它们可以计算出装置和过程在给定的假定与条件下如何运行。有时它们也被用来汇编成供设计师使用的描述性数据。[22]工作原理、常规构型和技术规范规定了装置应如何实现预定的目的,因而都是规定性的。下一类知识中的许多设计程序向设计师表明了如何去实现所要求的设计,在这一意义上,它们也是规定性的。

5. 实践考虑。从定义上来说,理论工具和数据是精确的、可汇编出来的,大部分来自审慎的研究。然而,就其自身而言却是不充分的。设计师为了他们的工作,还需要大量来自实践经验的、未加严格定义的考虑,这一考虑通常不适合加以理论化说明、做成表格或编制程序。这样的实践考虑主要是从工作而不是从学校或书本中学到的,它们一般存在于设计师心中,有时几乎是无意识的。通常很难找到对它们的记录。作为这些考虑来源的实践不仅必需包括设计,而且还必须包括生产和运营,可是,这样的实践也许不是——一般不是——设计师们独自的实践。

从生产中来得知实践考虑的一个特别简单的例子,是公司车间中单人操作的 [218] 台座式铆接机钳口的深度(第六章)。出于制造的经济性要求,设计师总想把结构部件设计得尽可能大,但是,机器的尺寸却为这方面什么能被设计规定了上限。同样,设计师必须知道,通过机械加工、锻造或铸造,由给定金属制成的某类规定部件是否可以最可行、最经济的方式生产出来,这样的知识规定了部件的详细情况。另一个看似简单实则复杂的例子是,在装配那些工人必须伸手进去才能触及的组件中,要知道为工具和人手留出必要的空隙。由于这一要求在一定程度上取决于部分组件与工人所需位置的空间关系,因此很难界定这样的知识。这类知识难以被编订,而且通常必需建造同实物等大的模型(mock-up)或原型来检验设计师的工作。

一个来自运营的实践考虑是这样的判断:驾驶的飞机气动稳定应适度。这一判断的来源在第三章已做了叙述。这一重要的知识来自多年的飞机飞行经验。来自飞机运营的其他例子也许包括这样的知识:便于现场维修的检修口的最佳位置与布局,怎样最好地设计出行李舱门的把手和门锁以确保行李搬运员在装载平巷中能把门完全锁上。飞机设计师还要从事故中来学习如何提高飞机失事时乘客生还的几率,如避免使用那些在燃烧时会释放出有害气体的机舱材料。在责任诉讼频发的年代,各类装置的设计师需要不断了解如何设计才能最大限度减少由粗心操作人员造成的自我伤害。这种来自运营的考虑很容易拓展到所有的工程分支。从定义上看,工程装置是制造出来以供使用的,因此来自使用的知识反馈对设计是必不可少的。

设计的经验还会产生对进一步设计实践有用的知识。这种知识通常表现为设计的经验规则(rules of thumb),如飞机设计师采用的表述:如果运输机的无载重量(empty weight)增加到一定程度就有可能减少某些阻力,那么这一增加就是值得的。设计师从他们的详细经验中汲取这样的规则以便迅速评价设计,而不同公司之间数值也多少有所不同。设计共同体也从多年的经验中认识到,对成功的喷气飞机而言,其发动机推力与加载飞机的重量之比总是维持在约 $0.2 \sim 0.3$ 之间。当进行新的设计时,这一知识就提供了一个粗略的检验,如果计算得到的比率超出了这一范围,那么设计师就会怀疑是否做了错误的判断或计算。来自设计经验的经验规则显现在所有的工程分支当中。[23]

[219]

实践考虑偶尔也可以系统地编订起来,更合乎逻辑地放入另一类知识中。对于不同类型埋头铆接,薄板厚度的范围一开始只是粗略的设计规则,但随着生产经验的累积,它们变得精确起来,足以制成表格并纳入工艺规程中。此时,最好把它们描述为数据。飞行品质规范提供了来自运营的类似例子。20 世纪 20 年代晚期,就设计师有意想要完全获得飞行品质而言,他们使用的显然只是粗略的、定性的考虑,如力矩曲线斜率应该是负的但又不太大(第三章)。在 20 世纪 30 年代早期,斯托克、约翰逊和迪尔全都设法将这一要求转变成更为量化的经验规则。到了1942—1943 年间,由于沃纳、吉尔鲁思和其他研究人员的努力,航空学共同体细化了这些要求,使其可以编入前述分类中的标准与规范。在最后的进展中,来自 20世纪 30 年代中期的想法最终发挥了关键的作用,这一想法认为飞行品质的客观规范实际上是可能的。这整个过程表明了工程师的工作如何使来自实践的(在这一案例中是运营的)要求体现为尽可能具体、明确的技术上的公式化表达。这还表明了我们的知识种类并不会相互排斥,而且有时还可以升到另一类中。

6. 设计手段。除了设计任务所需的分析工具、数据和实践考虑外,设计师还需要了解如何执行那些任务。我分别称为"知道如何做"与"程序知识"的情形主要集中在产生用于设计过程的新的理论知识和定量知识。我们只在联合飞机公司采用戴维斯机翼的情形中才密切注意到设计过程的相关事件,而一个例子很难为概括提供充分的基础。设计过程的手段——设计过程进行所要依靠的程序、思维方式(way of thinking)与判断能力(judgmental skills)——必定是任一工程知识剖析的一部分。它们不仅在那些解决方式一开始就清晰的地方为工程师提供实现设计的能力,而且还在需要某些革新要素之处为他们提供求解的能力。存在着大量由工程学教员与包括人工智能的专家在内的其他人员编写的关于设计过程的专业性和分析性文献。[24]比较与调和这些与史学研究有关的文献将是一项艰巨的工作,设计过程的分析性研究给史学家提出了接下来一项重要的任务。我将本章的工作限制在一些一般性的评论上,这更多是为求平衡起见而非意图做完全的涵盖。 [220]

进行常规设计的设计师需要大量公认的、近乎结构化的程序(structured

procedures,这并非设计师而是我给出的术语)。其中,把整个系统分成子系统(目前的实例是飞机)是基本的,这是第一章所述设计层级的一个基本要素。出现在本书中的这种程序是:在杜兰德和莱斯利的叙述中把飞机分成机身、引擎和螺旋桨,在戴维斯机翼的叙述中把机身细分到翼剖面的层次。第二种程序——在子系统的情形中为优化——被联合飞机公司的工程师在其机翼气动设计中连同理论工具与数据一起尽其所能地运用。由于问题的复杂性与不确定性,即使工程师或许认为自己在做优化,但最终获得的只不过是赫伯特·西蒙(Herbert Simon)所谓的"满意的"(satisficing)解决,即不是最好的而是令人满意的解决方案。[⑤]在工程设计中,满意的程序(工程师很少使用的术语)没有优化程序那么正式,而且更多取决于下文提到的那类判断能力。事实上,大部分工程设计都属于这一类,考虑到在工程师的大部分问题中存在着大量相互作用的变量,他们几乎很少能真正实现优化。在联合飞机公司工作中,明显或不明显表现出来的其他设计程序是并行地进行相关活动与使用迭代法(用早先的说法就是,基于分析或试验的经验对设计进行逐层改进)。如何有效地运用这些以及其他程序构成了设计知识的重要组成。[⑥]

在近乎结构化的程序与我将在下文提到的判断能力之间则是我所说的思维方式,它远不如结构化程序那么具体,但又比判断能力要具体得多。我借此指的是早前曾提及的设计工程师用来明确表述"人们心中思想"的惯有方式。

工程中的许多思维方式来自并依赖于作为理论工具来讨论的智力概念。然而,设计所需的思维方式不只涉及智力概念,还与设计师所遵循的心智过程有关。它们为理解装置的工作与想象装置设计改变的效果提供了共有的方式。如在控制体积的思考中,设计师把流体流动装置的工作理解为由发生在适当体积内的变化组成,这些变化与通过封闭面的流量输送有关,这样一来,就可以按照那一机制来设想装置的改变。在蒙克的薄翼型理论背景下来考虑翼型,设计师认为厚度与弯度的改变是分别起作用的,它们的效果累加起来就规定了翼型性能。这样的思考过程不仅可以发生在定量设计的计算过程中,还可发生在此之前,由此,除了可推导出这些过程的数学理论的直接应用外,它们还有其价值。这样的思考过程同样

[221]

可以向年轻的工程师展示并传授,而且成为了共有工程知识体的组成部分。尽管我所举的例子运用了来自具有数学结构的理论的概念,但还是可以找到基于不那么形式化来源的例子。㉗

前述的思维方式源自特定的智力概念。设计师还会从特定的思考模式出发去发现适合情境的概念。在所有的创造性思维中,其中一种方式是运用类比的方法。例如,航空工程师认为航向稳定性(飞机在绕纵轴角运动中的稳定性)与风标稳定性是相似的。把它们称为"风标稳定性"(weathercock stability),表明了这一简单的类比是何等地根深蒂固。其他更复杂的类比也非常普遍。在课堂中常常用这样的术语来教授工程学。㉘

还有另一种思维模式具有完全不同的性质。如尤金·弗格森(Eugene Ferguson)在一篇重要的论文中所强调的,设计师还以"不易还原为语词的"方式来思考。这样的非言语思维所用的语言并非前述可表达的概念,而是"心智中的对象或图像或视觉意象(visual image)"。在我们的例子中没有明确出现这类思维方式,联合飞机公司的布局设计师至少会初步想象 B – 24 轰炸机及其戴维斯机翼的样子,以便在纸上画出来。控制体积思考的作用在于它把视觉因素与语词因素结合起来。视觉思维的辅助手段包括草图和设计图,二者都是正式的,非正式的辅助手段是工程师在午餐时画在杯垫上和信封背面的图。这些辅助手段还包括了模型、数据图和(今天)计算机辅助设计中的屏幕图像。但是,思维本身是一种心智过程,知道如何做是第六章将要结束部分所述的意会知识的一个方面(对这一很少被研究的思维方式的性质与历史感兴趣的人们应当读一读弗格森的文章)。无疑优秀的设计师也是优秀的视觉思维者。认识到这一点,工程学院都致力于教授这一形式的知识,还出现了以"视觉思维"来命名的课程与著作。然而,实践经验仍是不可或缺的。㉙ [222]

最后,设计师还需要行之有效的判断能力,这是找出设计方案以及做设计决策所需要的。像视觉思维一样,这样的能力不仅需要技术设计的美感,还需要洞察力、想象力与直觉。它们还显示出适用于一系列广泛任务的多样性。在一个限度方面是高度专业化的技术判断,如把控制体积放在何处来分析流体流动装置。在另一个限度方面,我们发现的是大体上有根据的考虑,像在面对不确定的数据和推测的军方偏好时,弗利特和拉登决定是否采用戴维斯翼型的那些考虑。在这种情况下的判断能力必须包括权衡技术考虑的能力,这些考虑跟社会情境需要和约束有关的。设计是"在融资优先性、时间压力、相互对立的偏见、个人和机构政见等的可能世界中"运作的,由此设计师必须知道如何回应和考虑这样的影响因素。^⑩

无论何种情形,如何运用判断能力的知识就像如何进行视觉思考的知识一样,大多都是意会的。尽管可以在课堂中向工程学学生表明这一能力的重要性,但是他们最终只能通过实际经验来学习。这不仅应包括什么起作用的经验,而且还包括什么不起作用的经验。正如加里·古廷(Gary Gutting)所指出的,"系统在某些情形下无法正常工作的事实本身构成了技术工作中必不可少的知识"。^⑪由此,构成判断能力的基础必然是来自过去与现在的广泛的实际经验。尽管在某种程度上这种能力由设计共同体所共有,但与其他类型的知识相比(也许除了视觉思维所涉及的知识之外),它们在更大程度上只是个人的事情。知道如何运用这些能力如同其他事情一样,会使优秀的设计师从泛泛之辈中脱颖而出。

从历史案例中便能看出,上文所述六类知识密切关联,相互影响。^⑫需要适用于给定工作原理的技术规范就要求有相应的理论工具与数据。理论工具引导和组织数据的收集,数据又转而启发和推动工具在表示与应用上的发展。那么所有这些知识就都引了进来,并在某种情形下为各种设计手段提供了基础。尽管工程知识千头万绪,但其自身形成了紧密交织的结构。

[223]

在这些知识种类之中,知识就像制约着它的设计结构一样(参见第一章),也是分层级的。所有六类工程设计知识既包含了关于整体装置的知识,也包含关于附属部件的知识。如相应于完整飞机的凯利工作原理是一方面的知识,飞机可伸缩起落架的工作原理则是另一方面的知识。知识的变化也相应有所不同,革命性的变革可以发生在整体装置层级的工作原理中,它会产生新的装置,其中包含了基于传统工作原理的附属部件(如果总是必须在所有层级上设计出新的工作原理,那么这样的变化就几乎不会出现）。可以对其他知识种类做出类似的分析。尽管我只是顺带提及，但层级的整体问题仍值得做更明确的分析。我在问题解决的讨论中指出存在着诸多不同类型的层级，由此令情况变得复杂起来。在利用知识解决问题时，设计师既要来来回回地从一类知识到另一类知识，还要在其种类中上上下下地从一个层级到另一个层级推进。研究认识论的学者需要注意这一相互关联的结构，而大部分工程师则会毫不犹豫地、本能地进行他们的工作。

　　还应当对各类不同知识的社会情境含义给予更多的关注，而不应仅限于我在判断能力部分及其他地方的简单提及。这样的含义可作为施陶登迈尔所谓"技术设计与其环境之间的张力"的一个方面（参见第一章），它们跟知识种类与设计层级的交叉结构紧密联系。大体上，对第一章所述的较高层级中，社会情境对基本概念、标准和规范的影响往往是最大的。正是在那里设计—环境的张力得到最大限度的彰显。例如，对飞机的经济和军事要求决定了工程定义与总体设计中重要的性能标准和规范。飞行员的需要决定了整个飞机飞行品质的标准与规范的性质。至于设计的基本概念，正是对高速飞机垂直起落的军事要求，导致所谓的"鹞"（Harrier，垂直/短距起落飞机）式战斗机工作原理的开发，在该机上喷气口可以在垂直升降时旋转。正如特雷弗·平奇（Trevor Pinch）和维贝·比克（Wiebe Bijker）所表明的，我们今天所认为的自行车常规构型在很大程度上是由大量社会团体相互制约的要求所决定的。[③]对其他类型的知识与在设计较低层级中，同样存在着情境的影响，只是没有那么明显。飞行品质标准如每 g 驾驶杆力，虽然是应飞行员的需要而定的，但也成为设计较低层级中有用的分析工具。乘客与机舱的尺寸直接决定了商务客机机身横截面所需的比例数据。社会情境在许多方面被纳入工程的认知结构与内容之中。像在本书研究中的诸多事情一样，情境、知识的种类和设计层级之间的关系极其复杂。

[224]

　　这里有些危险的是，本章所提出的知识种类也许显得过于静态。工程知识显然是高度动态的，至少人们会认为对分类有用的范畴不可能是不变的。设计的要求决定了知识，而设计则会随时间而变化，而且这一变化在相当长的时间内还相当多。如第一章所述,本书给出的历史案例进而是基于案例的知识剖析,与 20 世纪的工程是相关的,或多或少就如现在的工程情况一样。300 年前,就有理论工具,但与其他的知识类型相比,显然它并没有起到像现在那么大的作用。而远古时代的装置必定具备工作原理甚至是常规构型,人们就会想知道可用来实现它们的设计标准与规范具有什么样的性质。下一章将讨论知识产生的动力学,其中会分析这一过程自身如何随时间而演化。然而,讨论不会回到目前详细剖析的动态机制中。对于早期时代,特别是工艺设计的时代,本章所提出的知识种类在何种程度上是有效地还需要仔细的研究。

为进行常规设计,工程知识特别是理论工具与数据,会整合起来并保存在教科书、手册、专业期刊、政府出版物、私人公司报告和个人的记忆中。设计工程师首先会去那里查找知识。如果找不到,就必须从当前研究的问题中产生,如在我们的五个详细案例中所看到的那样。此外,如前述所指出,储备的知识同样也是在过去产生的。如何产生知识本身构成了一类工程知识,这是在第一章中提及的知道如何做的知识的一个方面。然而,这是完全不同的一类知识,在其产生中涉及了学习的认知过程,因而需要单独分析。下一章将提出工程知识产生过程的模型。在本章余下部分,我将对产生知识的技术活动以及个人与社会的因素加以分类。

[225]

知识产生的活动

除了一个以外其余所有的叙述都表明,工程设计知识的增长主要源自先前的工程知识,而且主要是借助工程活动获得的。戴维斯和雅各布斯虽各有不同,但两人都把他们的观念建立在翼型原有的工程传统的基础上,并用工程特有的方法来展开工作。1918 年后发展起来的飞行品质共同体根据早期设计师与飞行员的经验来开展工作,并在很大程度上借助工程手段来解决问题。还可以对杜兰德与莱斯利的螺旋桨研究以及埋头铆接的革新做类似的分析。只在控制体积的分析中才可以说,工程师必须在工程之外寻求帮助,在该情况下是依赖早先的科学,但即使如此,那也是已经有相当多工程应用的科学。此外,工程师要对此做出转换,并完善知识使之成为他们工程活动的一部分。我认为在这些研究中所观察到的情形是普遍的,也就是说,虽然根本设计的观念也许(或也许并非)来自其他地方,但常规设计所使用的知识主要还是来自工程内部,而且在工程内部得到发展。研究技术的其他学者也得出了类似的结论。④

这样的辩护并不是说可以忽略科学对常规设计的贡献。毕竟,任何想把这样的贡献考虑进去的做法会遭遇到众所周知的棘手的困难,即如何区分科学与工程以及定义科学－技术的关系。在刻画理论工具谱带的特征时,事实上已经引入了不明显的区别。当我们设法区分出产生设计知识的活动时,就要正视这一问题。尽管严格来说这一问题也许无法得到解决,但如果坚持技术史学家的观点把工程知识视为一类独特的认识论(参见第一章),那就难以完全忽视它。⑤

要表明我的想法,我发现图 7-1 是有帮助的。它可以作为讨论的框架,而不只是一组难懂而草率的区分,接下来的详细阐述也可以本着这一精神来解读。图中其他部分取决于这样一个根本特点,就是对科学家、工程师运用的知识(较下的方框)与那些共同体产生的知识(中间的实线带)加以区分。

在图中知识运用的层面上,工程与科学的区分相应是简单明了的。如前所述,[226]
工程师运用知识主要用来设计、生产与运营人工物,这些目的能够用来定义工程(在本书中我只探讨了设计的目的)。相比而言,科学家运用知识主要是用来获得更多的知识。正如休·艾特肯所评述与讨论的,“科学的大部分信息输出——新知识的产生——又传递回科学本身”。⑥产生这一反馈过程的原因在于科学家致力于无限的、累积的探索以求得对可观察现象的理解。就理解是知识的一个方面来看,我们也可以这样说科学家致力于无限的、累积的知识探索。由此,科学知识进程的反馈性质就是在科学中运用知识来产生更多的知识。当然,工程师也运用知识来产生更多的知识,但这并不是他们主要关心的事。从工程知识具有两个而非一个用途来看,在科学与工程的知识运用中就呈现出一种不对称性。

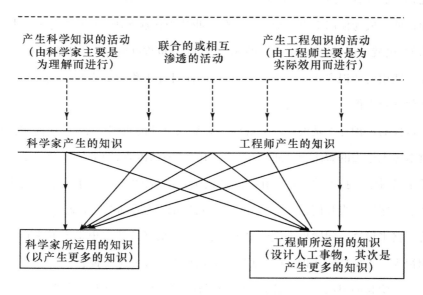

图 7-1   知识及其产生活动示意图

[227] 　　考虑到前面的主要差别,就有可能在科学与工程之间做出认识论上的区别,而且用分隔开的方框来表示知识集也是合理的。要落实这一区别,人们只需在大部分科学家与工程师工作的很不一样的机构中——工程师的工业设计部门与科学家的研究实验室——来考察他们对知识的运用就可以了。⑤前一部分所述的分类实际上是为工程而做的一个尝试,由此可解释清楚右边方框中(与常规设计有关的)的内容。

　　在知识产生的层次上,特别是在产生它的活动的层次上(图上方的虚线带),工程与科学的区别变得没有那么客观。这一众所周知的困难可以朗缪尔的职业生涯为例,他在通用电气研究实验室(General Electric Research Laboratory)的 40 年工作由莱昂纳德·赖希在一篇颇有价值的文章中做了考察。朗缪尔(特别是)对白炽灯丝的物理性质以及高压气体导电的研究既带来了基本的科学理解,也带来了对通用电气公司新产品的开发与设计至关重要的技术信息。由于他所取得的成就,朗缪尔既被授予了诺贝尔化学奖,也获得了美国工程协会最高奖。⑥虽然朗缪尔的例子或许并不典型,但也不是唯一的。尽管并不总是由同一个体来为科学和工程产生知识,但在许多工业与政府的研究实验室以及大学的应用科学和某些工程部门中,都是有意联合起来进行的。在这些机构中工程师和科学家并肩致力于同一研究,而其中一些个体像朗缪尔就难以归入这种或另一种分类中。他们所生产的知识既可用于理解,也可用于设计。

然而,确实存在着明显分开的事例。单独且特意为设计产生知识的人们——显然是工程师——的例子比比皆是(有一些出现在前面章节中)。无数科学家同样纯粹为增进他们的理解而努力工作。这两类工作都只能有意识地把产生的知识添加到图中的一个方框中。

总的来看,所产生的知识与产生知识的活动最好用谱带(spectra)来表示。朝向右边,产生工程知识的活动主要是(越向右端则愈来愈多地是)致力于产生切实有用的知识;朝向左边,进行科学活动主要是(愈来愈多地是)为了获得理解,或根据我前面提到的,是为了获得知识本身。相应地,工程师与科学家则主要是追求那些目标的人们。认识论上的区别是基于目的而非方法的一个优先考虑,且只是程度之别。尽管这一区别有点模糊,然而这就是真正的区别。[20]赖希甚至认为这样的区别是有必要的,为了证明朗缪尔同时以科学家与工程师的身份工作的观点,他在整篇文章中都提到了科学理解与工程效用的不同目标。

［228］

从知识产生谱带上的任一处,知识能够且确实都可以放入知识运用的两个方框中。其中,从谱带的工程这一边流向科学运用方框的知识项包括仪器知识以及由工程装置提出的科学问题的知识。在历史文献中镜像(mirror-image)方向流动的例子众所周知,其中一些就出现在我们的事例中,我将很快谈到它们。事实上,知识产生谱带上的出发位置就已经为右方框中理论工具的分类提供了标准(放入过程发生的频率是否会随着出发点与方框之间的距离的减少而同样减少,是一个有争论的问题。但我猜测大体如此。)。朗缪尔产生的知识正好位于谱带中心,他把研究结果发表在科学家与工程师各自的刊物上,使其对二者都有帮助。例如,他从白炽灯丝工作中得到的发现就发表在美国物理学会刊物《物理学评论》

(*Physical Review*)以及《美国电机工程师学会会刊》(*Transactions of the American Institute of Electrical Engineers*)上。[40]由此,来自同一研究的密切关联的知识就从知识谱带上的同一处放入两个方框中。在许多情况下,如下文提到的光谱数据一样,同一项知识可以对科学与工程都有用,并且一样显示在两个方框中。[41]

　　一个耐人寻味的情况必须予以注意:我把工程知识一词理解为习惯的用法,指的是工程师运用的知识。相比之下,科学知识通常意味着科学家产生的知识。这一习惯反映了这样的事实,科学家主要被认为是知识的生产者,而工程师则是知识的使用者。直到最近才有学者开始真正将工程师与工程活动视为产生知识的主体。尽管我往往趋于习惯的用法,但是我并不赞成习惯的看法。

　　接下来主要是阐明谱带上半部分工程这边的活动。来自科学这半边的知识将作为"来自科学的移植"(transfer from science)合在一起,但我不打算讨论产生这一知识的活动。虽然我详细地论述了图中工程这一边的活动(与本书主题相一致),但我并不试图去分析科学那一边的活动。这种做法与集中于知识的工程来源的史料相一致。反过来,这一重心又反映了早已提到的假定(一定程度上是我的判断),即常规设计中运用的知识主要来自于工程活动。

[229]

　　产生知识的活动将用以下标题来描述:

　　A. 来自科学的移植

　　B. 发明

　　C. 工程的理论研究

　　D. 工程的试验研究

　　E. 设计实践

　　F. 生产

　　G. 直接试验(Direct trial)

像前面讨论的知识种类一样,这些活动通常相互交叠、相互作用。

　　A. 来自科学的移植。将其放在首位并不意味着它具有第一位的重要性,而是为了与上述假定相一致,而且在讨论内在的工程来源之前,这么做只是出于便利。

如前一节中"理论工具"所示,本书研究中来自科学移植的例子出现在儒科夫斯基与泰奥多森在翼剖面理论中对保角变换的运用,以及控制体积分析的整个发展中。这也反映在布赖恩运用刚体动力学作为其飞机稳定性数学理论的基础。如前述所强调的(特别是以控制体积分析为例),这种来自理论科学的移植通常需要重新做出表述或调整才能供工程师所用。其他作者研究了在各种情况下的类种改动。[42]

刚才提到的例子是关于理论工具的。然而,科学上所产生的知识也能提供数据。在亲身经历中,我还记得当 20 世纪 60 年代实用气体动力学中能量辐射传递变得重要起来时,工程师是如何借助科学家已得到的光谱数据来理解分子结构。不难发现其他的例子。尽管有时也许需要对用来制表或表示的参数加以改动,但数据基本保持不变,与理论工具不同,对数据进行重新表述既不可行也非必要。

所有这些例子都需要来自先前的、已经确立的科学的移植。还可能发生来自当前科学活动的移植。本书研究中(第五章)一个不太重要但典型的实例是埃德加·白金汉的一般定理,他从 1914 年开始将量纲分析应用到工程师用于指导和解释比例模型试验的相似理论上。白金汉作为美国国家标准局的物理学家,显然从工程问题中得到了启发。可是,他的目的是尽可能用最一般的方式来理解物理量的量纲对物理量之间的可能关系所施加的约束。白金汉的理论刚一出现在科学文献上就被航空研发工程师用来收集设计数据。[43]

[230]

虽然工程设计是一门技艺,但它是一门(不断)利用成熟的和发展中科学知识的技艺。然而,这还不足以说,科学是工程的唯一(或主要的)来源而工程实质上是应用科学。

B. 发明。尽管我有意很少关注发明活动,但至少需要提到这一点,即它可作为构成常规设计基础的工作原理与常规构型的来源。从定义上说,创建或靠运气发现基本概念即发明行为。我们的其他活动也有助于发明,但正是这种难以把握的、创造性的进取精神产生了基本概念。

发明活动只是附带出现在我们的事例中,如雅各布斯对层流翼型原理的证明,以及压窝埋头铆钉的寻常发明(飞机常规构型的获得将出现在下一章)。可是,在历史文献中这样的例子比比皆是,毕竟发明行为是工程技术研究关注的重点。[49]尽管发明远离常规设计,我之所以在这里提到它是因为如果对所考虑的装置没有合适的基本概念,那么进行常规设计的工程师就不可能去做设计。

C. 工程的理论研究。现代大量的工程师主要在研究机构以及工业与政府的研究实验室工作,他们通过理论活动来产生知识(在这一语境下,工程师像我那样把"理论的"看做与"数学的"是同义的)。我们的案例包含了许多的例子:普朗特与夏皮罗设计出了控制体积理论,为一类工程装置提供了一般的分析工具和思维方式。蒙克,其后是雅各布斯及其团队发展出新的数学工具来设计特定装置——翼型。琼斯与科恩把布赖恩的动稳定性理论拓展到自由操纵中,这样就为设计师提供了分析工具以及适用于飞行品质规范的重要结果。盖茨进行了精致的理论分析,表明每 g 驾驶杆力可作为规定机动性的标准。由理论研究得到的公式还提供了计算设计参数根据的手段(这些参数变化是由计算机而非试验得到),虽然这没有出现在我们的例子中。工程师还展开理论研究来提供设计程序,用于优化计算的计算机程序就是一个佐证。

[231]　　以上述方式来增加各种设计知识的工程理论研究与科学的理论研究有许多共通点。像科学研究一样,工程的理论研究是系统化的,对概念有严格要求,而且通常在数学上是棘手的。在由像朗缪尔这样的研究者所负责的工业研发实验室中,这两类研究通常难以区分。在上述一些例子中,它们之间的区别也可以说是难以处理的。然而,确实存在着不同的风格与重点,如在工程学院跟在物理系、化学系中进行的理论研究有着也许微妙就可以辨别的差异。我们早已指出,工程研究的最终目的是生产对设计(以及生产和运营)有用的知识,而科学研究的目的基本上是解释与理解。因而,着手工程研究时就有不同的优先次序与态度,而且这种研究与特定的装置有着更密切的关联。它强调应用而不是阐释,而且对替代方案、方法与重要结果所做的决定也相应受到影响。作为活动的工程理论研究明显倾向于满足设计的要求(如第四章的详细讨论),它与科学的理论研究之间的差别大概要少于由此得到的知识的差别。然而,过程的差别并非是微不足道的。

　　D. 工程的试验研究。大量的工程师致力于试验研究。作为前述那类数据的主要来源,这一庞大的活动对工程而言是必不可少的。除了涉及埋头铆接之外,我们的案例没有包括材料与工艺基础数据的获得。然而,试验研究确实表明了如何获得装置(如翼型、飞机、螺旋桨和埋头铆钉)的性能数据。这类研究需要特殊的测试设备、试验技术和测量设备,如在我们的案例中包括了风洞、试飞法、强度测试机以及与所有这些一起所需的仪器。除航空学以外,在其他工程领域中的情况有不同的细节,但非原则的差别。由于某类数据对任何领域的设计都是至关重要的,因而提供这些数据的试验研究同样如此。

　　然而,试验研究不仅仅提供设计数据。像杜兰德与莱斯利对螺旋桨在障碍物前的推进效率的考虑一样,试验研究还产生了分析的概念与思维的方式。同样的 [232] 例子是沃纳和诺顿得到关于纵向静稳定性的升降舵偏转角与驾驶杆力的标准。人们可以发现许多这样的例子,它们出自于作为一流试验计划组成部分的理论思考。也许有人倾向于把这一部分工作归入到理论研究中。然而,要是在这里思考主要是物理的而不是数学的,那么工程师会把它看做是试验活动的内在方面。吉尔鲁思小组对飞机横截面的飞行研究还产生了技术规范(在该情形中是飞行品质)所需的一类特殊信息。这样的例子表明了试验研究如何提供各种工程知识。

　　另一方面,像由精通试验与数学的朗缪尔所负责的工程试验研究,不可能与科学的实验研究完全分开。方法、技艺和仪器设备也基本类似。然而,二者的总体差别要大于它们在理论研究上的差别,而且工程以其特有的方式来使用某些方法。如我们用杜兰德与莱斯利的螺旋桨试验所看到的,在缺乏有效的理论知识时,工程师广泛使用试验参数变化来提供设计数据。他们同样以特殊的方式运用工作比例模型,并加上相似律来考虑伴随的尺度效应。破坏试验程序(只是把东西拉开并记录破坏载荷,这对发现埋头铆接接头的许用强度是必要的)可能在现代科学中根本没有什么地位。大量的工程试验极具自身的特点。

　　当共同(或至少接近于相互影响地)进行工程和科学的实验与理论研究(还是以朗缪尔来加以说明)时,通常所取得的成果是最丰富的。层流翼型的研制如果不具备最初的构想,在没有与之协调配合的理论进展以及雅各布斯团队的风洞试验的情况下,就几乎不可能发生。理顺动态响应与飞行品质的关系,得益于琼斯、科恩的理论研究跟吉尔鲁思、高夫及其合作者的飞行试验之间密切的相互作用。试验与理论相辅相成。尽管对试验与理论加以区别是认识论分析的需要,但只有当对二者做最小程度的区分时,它们在实际上才得到最好的探究。

[233]　　　E. 设计实践。日常的设计实践不仅运用工程知识,而且还对知识有所贡献。对基本概念、理论工具和数据而言,这种贡献是间接的,毕竟实践只反映了为产生知识的要求加以研究的问题和需要。我们可以找到发挥这一作用的影响,如像 DC−4E 的设计那样激发了飞行品质的研究。设计实践对标准和规范、实践考虑与设计手段的贡献要更直接。虽然我没有例子,但我可以想象在实践过程中找到具有普遍适用性的设计标准。在设计手段中,前述视觉思维和判断能力最好就是(也许只能)通过做来学习,对许多实践考虑来说同样如此。当工程学教师在课堂上通过模拟设计情境来教授这些事情时,就会认识到这一事实。尽管我还是没有例子,但我可以设想,设计师会积极地创造他们所使用的那类结构化程序和言语的思维方式。随后,学者型与研究型工程师通常会对设计中所发明的专门方法加以编码。

　　　F. 生产。如我们在埋头铆接章节中所看到的,生产提供了设计知识的另一种来源。工场会告诉设计师一定尺寸的台座式铆接机限制了可能是为铆接而设计的组件大小(实践考虑)。生产还显示了如果铆钉头角过小或薄板过厚就会在钉窝成形中出现断裂(还是实践考虑)。生产经验同样帮助制订在不同类型埋头铆接中适合不同尺寸铆钉的薄板厚度表(数据)。这是一种典型的经验。生产对所有工程分支来说都非常普遍,就此来看它对设计知识也是有所促进的。

　　　G. 直接试验。工程师会仔细地测试所设计和建造的装置,购买装置的客户则会在日常运营中使用它们。这两类直接试验都提供了非常重要的设计知识。

　　如果可能,工程师会进行专门的验证试验(proof test)以查明他们的设计是否达到预期效果。他们想要弄清设计实现其目标的程度如何,即是否遵循它的技术规范。这些调查结果可以使设计师与客户确信装置能够如预定那样工作,或如果它不能令人满意地达到要求,应如何重新设计或修改。测试已完成的装置以获得具有普遍适用性的知识(如沃纳、诺顿、吉尔鲁思以及其他研究人员在兰利基地进行的飞行研究)最好归入工程的试验研究中,它可归入在那里所提及的那些知识类。验证试验只是附带出现在我们的事例中,如顺便说到的道格拉斯飞机公司的DC－4E 运输机以及更实质性的可测性传统(traditions of testability)(第三章),但它仍然是工程的重要组成部分。尽管验证试验旨在获得设计特有的信息,但它提供了在预测与成功之间的校核有,这助于提高设计师的判断能力。如果这样的一系列校核提供了一致的差异,就会为未来的设计提供有用的经验修正系数(如数据)。验证试验对确立工作原理也很重要,在第八章中将以法国早期飞机试验为例说明它们如何帮助获得常规构型。它们还可以揭示设计所用的理论工具的不足。知道某种事物在实践中不起作用是这些测试的一个重要结果。

[234]

　　类似的分析也适用于日常运营(我早前只是称之为运营——指的是日常运营——在这里是作为一种直接试验包括在内。使用这一分类与术语的理由会在第八章中出现)。在某些情况下像大型桥梁,不可能进行验证试验,即便可能,通常也看不出问题。而日常使用则可以提供关键性的试验。制造中出现了不规则与其他现实的情况使得层流翼型不能实现它的目的,而借助运营经验就可以得到解决。道格拉斯埋头铆接法产生的不牢固接头只在使用中出现。由日程运营获得必要知识的其他例子包括,德·哈维兰彗星喷射机 (de Havilland Comet)由于金属疲劳导致压力舱的灾难性爆炸,以及近期挑战者号航天飞机由于助推火箭接头处的 O 型环密封圈失效导致的爆炸性毁灭。[45]然而,并不只限于从失效中来学习,日常使用也能提供什么是可取的正面知识。泛美航空公司飞行员哈罗德·格雷(Harold Gray)提出的飞行品质标准就来自其公司对马丁 M－130 海上运输机的运营经验。大量关于各类客户在其购买的装置中想要什么的知识就是从使用的反馈中获得的。

　　如果这一节和前一节在细节上显得有些令人生畏,那么表 7－1 的概括(与接下来的解释)也许会对理解有所帮助。

　　表中的 X 表明哪类产生知识的活动(左边)对哪种知识(整个顶部)是有贡献的。可能最好从垂直方向上来理解该表,例如,理论工具是工程的理论与试验研究的产物,可从科学的移植以及(就其提供了评价并表明什么不起作用)直接试验中得到。表中只显示了直接贡献,如理论研究是理论工具的直接来源。间接影响——像设计实践在揭示问题上的作用,而问题的理论研究又带来了理论工具——没有包括在内。

[235]

表 7-1　知识种类与产生知识活动的概括

活动　　　　　种类	设计的基本概念	标准与规范	理论工具	数据	实践考虑	设计手段
来自科学的移植			X	X		
发明	X					
工程的理论研究	X	X	X	X		X
工程的试验研究	X	X	X	X		X
设计实践		X			X	X
生产				X	X	X
直接试验(包括运营)	X	X	X	X	X	X

　　无论是知识种类还是产生知识的活动,都不应看做是相互排斥的。如前面所指出的,一项知识不止属于一类知识,如一个理论工具或一项数据可以同时是技术规范的一部分。在这些活动中,研究与发明两者都可以同样发生在设计实践中。可以通过布列坦尼亚桥的设计来说明这种情况,罗森伯格和我曾在其他地方对此作了考察。布列坦尼亚桥作为第一座函梁桥建于 19 世纪 40 年代,在北威尔士用于铁路运输,当时必须在严格期限内完成施工设计。同时,工程师急切且成功地进行了试验,设计出结构的工作原理来避免环形截面梁(tubular beam)的薄板出现局部屈曲。这种屈曲是一个新的、令人费解的现象,在最初针对其他设计数据的试验研究中他们就曾遇到这个问题(使用大型环形截面梁作为整体结构本身就是一个

新的工作原理）。^⑯这种同时发生的活动与相互重叠的知识种类是常见的。像前面第六章把知识分为描述的、规定性的和意会的一样,表7-1与其说提供了一组严格的区别,不如说提供了定位与分析的框架。（如果人们希望的话,第六章的划分可以看作是在垂直方向上应用于本表。）

[236]

表的指向功能如下所示:一旦一项新技术的工作原理（必要的基本概念）被设计出来,工程共同体接着就会确定必需的"技术基础"（technological base）,即设计应用所需的知识体。通常认为这包含了技术的分析工具和数据。在某些情况下,也许还需要实践考虑。接下来的共同体学习过程一般包括工程的理论与试验研究再加上来自科学的移植,此外还包括对至少是已完成设计的第一批实例进行直接试验（验证试验）。就实践考虑所涉及的范围,也许还需要生产和运营的初步探索。

如本章开始所说的,我认为表格及其背后所蕴涵的观念可适用于现代工程所有分支（航空、机械、电子等）的设计。此外,我相信它们很容易就可用于工程的生产与运营中,虽然我没有对此做全面深入的考虑。我想这还将需要增添与改动,术语也许会有些变化,但无需做基本的修改。如果确实如此,那么在设计（如表7-1所示）中成立的知识种类与产生知识的活动在工程的其他领域中也可能是成立的,只是相关程度有所不同。如果我的两个观点都是正确的,那么像本章这样的表格也许适用于现代工程的所有分支及领域。^⑰

表格及其支撑它的材料加强了对技术史学家观点的强调,如果这仍需要强调的话,那就是工程知识可作为一类独立的认识论。尽管这种知识与前面讨论的科学知识有共同之处,但其他的特点仍是工程所特有的。如波兰尼所解释的,工作原理不在科学领域之内。在设计的基本概念中,另一子类常规构型也是如此。根据定义,标准和规范、实践考虑以及设计手段几乎都属于工程的范围。出于同样的理由,任何扩展这些知识类所需的专门活动都不属于科学（在做这些声明时,我把用来为大规模科学实验提供设备的工程知识及其活动视为工程理所当然的组成部分）。

[237] 前述知识的区别反映了被西蒙所注意到的一个更广泛的区别。如西蒙所述，自然科学涉及事物是如何的。工程设计像所有的设计一样，涉及事情应该如何（对生产和运营中的工程同样可以这么说）。飞机应当保持适度稳定的实践考虑就是一个佐证，它被纳入第三章所述的飞行品质标准与规范。这绝不是飞机本身是如何的知识，相反，它是飞机应当如何使飞行员能轻松自如地、有信心地、精确地驾驶飞机的知识。对科学家而言，这种知识并没有什么价值或重要性，但它是工程师和飞行员出于重要的工程目的共同工作所发现的知识，而且几乎完全是由他们来产生。对我们所考察的其他知识种类也可以做同样的评论。总的来说，工程设计（以及工程的生产和运营方面）的所有知识都可以视作是以某种方式来帮助实现事情应当怎么做。那实际上就是知识的有用性（usefulness）与有效性（validity）的标准。事情应当怎么做显然需要各种既是规定性的又是意会的程序知识（即"知道如何做"）（参见第六章）。如我们所看到的，当然它还需要大量的描述性知识，这一知识与"知道什么"或事物是如何的知识是同义的。一部分描述性知识来自科学，但大量知识（如埋头铆钉的许用强度）还是在工程自身中产生的（尽管科学涉及事物是如何的问题，但它们并不是这种知识的唯一来源）。工程知识要得到全面的理解，显然应该根据它自己的情况来加以讨论。[48]

个人因素与社会因素

大量的个人和社会因素穿插并且体现在知识产生的活动中。这些因素是如何相互关联并且对它们所产生的知识发挥作用的，将需要由成长中的技术史学家和社会学家共同体来详加分析。[49]考虑到自己缺乏社会学的背景，我能做的无非就是把它们指出来。我并不尝试对社会进程进行理论说明。然而，这一进程还是明显地贯穿在所提到的历史案例当中。

工程知识的产生所涉及的个体范围令人惊叹。本书案例展现了来自以下（并不相互排斥）群体的人们：气动力学家、设计工程师、研发工程师、应用数学家、仪表工程师、生产和工艺工程师、飞机制造的主管人员、发明家、(航空公司、军方的和研究型的)飞行员、学者、现役管理员和航空公司主管。来自工程其他分支的案例将使这一名单不断延长下去。工程技能与训练有着显著的多样性，而且远远要多于知识的其他主要分支。这表明工程是一项异常广泛且复杂的人类活动领域。在现代社会中工程师做各种各样的事情，来自众多领域的代表人物为这一复杂活动提供了所需的大量知识。 [238]

　　个体对知识的贡献还需要各种各样的才能。蒙克和雅各布斯(第二章)两人都体现出敏锐的洞察力与独创性，尽管前者多为数学的思维方式，而后者为物理的方式。布赖恩(第三章)是一位走近乎传统路线的杰出而严谨的数学分析家。普朗特(第四章)身上融合了对物理学的非凡洞察力、超凡的数学分析能力以及对理论与应用气动力学罕见的广泛、综合的视野。尽管沃纳(第三章)在其他方面与普朗特截然不同，但在一般气动力学上同样有着广泛的视野，在既定时期内对(可能)需要的知识有着无与伦比的直觉与悟性。吉尔鲁思(第三章)懂得如何组织和完成涉及众多人员的大型飞行试验计划，其中包括高夫，他的积极性与驾驶技能帮助提供了飞行必需的专门知识。杜兰德(第五章)的认真仔细使其坚持了长达10余年的螺旋桨参数研究，莱斯利以其敏锐使实验室有效运转起来，很好地补充了杜兰德的试验技能。许多生产与工艺工程师学习如何进行埋头铆接(第六章)，在具体的任务中取得了令人满意的结果，这些任务可能会使上述提到的人们失去耐心。出现在我们的叙述中的只是这些人物的代表。正是现代社会中的一部分天才才能够组织起如此多样化的群体活动以获得关于装置(或装置系统)的知识，如飞机的知识。

　　这种组织方式——生产知识的社会因素——可以分为正式机构与近乎非正式的共同体。我首先讨论专业人员共同体所发挥的至关重要的作用，它在飞行品质的叙述中得到了明显的体现。紧固件共同体也明确出现在埋头铆接的发展中，国际性的流体力学共同体显然在控制体积分析的形成与传播中起了作用。可以看到在一般气动力学共同体下的机翼—翼型子群体为翼型问题所做的努力，以及杜兰

[239]   德与莱斯利跻身于同样可识别的螺旋桨研究子共同体的前列。这些共同体不只是
具有附带的作用,他们成为了各自领域中长期知识产生和积累的主力军。尽管个
体是工程知识的直接生产者,但是,康斯坦顿指出致力于解决给定的实践问题或问
题域的共同体是"技术认知的聚集地"(the central locus of technological cognition),
这无疑是正确的。[50]

　　这样的共同体对学习过程起到了极为重要的作用。成员之间的竞争有助于推
动解决复杂的实践问题,同时,合作则在克服困难中给予了相互的支持与帮助。这
些相互对立但又不断加强的过程——以及彼此间的张力——明确出现在第六章紧
固件共同体中,在其他地方则不太明显。知识与经验在合作中相互交换,这也促进
了进一步的认识,这样的活动在紧固件与飞行品质共同体中特别明显。知识一旦
产生出来,若证明是有用的,就会借助口口相传、出版物和教学传播出去,尤其可参
见控制体积分析的叙述。知识还通过各种手段被纳入共同体的实践传统中从而被
保存下来,如在飞行品质规范的情形中。尽管我们没有必要直接考察这一问题,但
正是某一层次上的共同体提供了有助于激发认知进取心的承认与(既是金钱的又
是荣誉的)奖励。这样工程知识就成为了共同体的产物,这些共同体"致力于
'做',并且通过一定程度上基于一个共有问题的复杂合作拥有了不断增强的集体
认同感"。[51]

　　正式机构为知识产生共同体发挥作用提供了组织与支持。在本书的研究中,
扮演主要机构角色的是政府研究机构(主要是 NACA)、大学(如在加州理工学院、
麻省理工学院和斯坦福大学中的)工程系、飞机制造商(联合飞机公司、道格拉斯
飞机公司、柯蒂斯－莱特飞机公司等)、军工部门(海军和陆军飞机公司)。发挥了
重要但不太突出作用的机构包括:航空公司(特别是联合航空公司)、专业学会(航
空科学研究所和汽车工程师学会)、政府管理部门(民用航空局)、设备与零部件供
应商(美国铝公司、欧科公司等)。在除航空工业外的领域中,机构的结合可能都
差不多,可能会增加大学科学研究组织以及(特别是)工业研究实验室(比起工业
实验室,政府研究机构的优势作用并不是航空业的典型特征)。在各种机构中,政

府和工业的研究机构以及大学的工程与科学组织除了传播知识外,主要是产生知
识。相比之下,飞机制造商以及设备与零部件供应商则主要是与装置的设计和生
产有关,军工部门、航空公司和管理机构则与运营有关。尽管这些机构在知识产生
中的作用较小,但如我们所看到的,它们对知识的目的和性质有着决定性的影响。
专业的工程学会参与前述所有活动,并且对如何进行这些活动起到了制约和促进
的作用。

关于这些工程机构如何促进与影响共同体与个体活动的详细情况,实在是数
不胜数,难以完全一一展示。航空公司和军方提供了什么是必需的信息(如 DC -
4E 运输机和 B - 24 轰炸机的设计),以及在日常使用中什么起作用,特别是什么
不起作用的信息(如层流翼型和道格拉斯铆接法)。研究实验室聚集了一群有不
同才能的人(如兰利基地的飞行研究团队),在他们的相互交流中新知识涌现出
来。政府研究机构通过其咨询委员会(如 NACA 中气动力学委员会及其主席沃
纳)协助推动与集中特定领域(如飞行品质)的研究。大学通过要求知识部门组织
教学来加速知识的增长与传播(如控制体积分析)。专业学会在特定共同体内召
开专业人员的各种会议,鼓励知识和经验的相互交换(如关于飞行品质和铆接工
艺)。制造商团体与政府管理机构联合起来确定装置的标准化及其性能知识(埋
头铆钉就是证据)。很容易举出机构的其他作用。像每个工程师一样,正式机构
开展各种复杂的活动来推动和引导工程知识的产生。然而,它们并不可以取代非
正式机构在产生知识中的重要地位。在我们所论述的工程认知的有限范围内,正
式机构的作用是为这些非正式共同体提供支持与资源。㉞

注　释

注:在本章和下一章中,我特别感激林伍德·布赖恩、爱德华·康斯坦特、Bruce Hevly、
巴里·卡茨、雷切尔·劳丹、埃德温·莱顿和威廉·里夫金所做的评论与批评。本章还得
益于 Mark Cutkosky, Henry Fuchs, Ilan Kroo 所提出的建议。

① R. Laudan, "Cognitive Change in Technology and Science," in *The Nature of*

Technological Knowledge. Are Models Of Scientific Change Relevant? ed. R. Laudan, Dordrecht, 1984, pp. 83 – 104,引文参见第 84 页。劳丹保留了"系统"一词,用来指历史时期共有的技术,如有时根据"木头、风和水"以及"铁、煤炭和蒸汽"来加以辨识的那样一些技术,她只是在顺带讨论中给出了这一类(她的分类中第三类)。把工程作为问题解决的富有启发性的一般讨论,还可参见 S. G. Winter, "An Essay on the Theory of Production," in *Economics and the World Around It*, ed. , S. H. Hynan, Ann Arbor, Mich. , 1982, pp. 59 – 93, esp. 68 – 71.

② Laudan,(n.1 above) , pp. 84 – 99. 如她所指出的(见有关提及),归入(3)的不平衡的变体可用下述语词来描述:反向突破点、后向联系、强制序列与技术的共同演化。

③ 我保留在第三章所解释的观点,这也是在叙述时普遍的观点,即飞机作为一个开环系统,而飞行员则是外部(如情境的)因素。在现代闭环系统的观点中,飞行员与飞机共同构成了一个单独的系统,而且飞行品质则是纯粹系统内的设计问题。

④ 在第一章提到的施陶登迈尔的设计—环境张力概念中(如我理解的概念),情境因素是工程问题的主要来源,劳丹的"来源"可以看做是广义"设计"的一部分。由此,劳丹讨论的问题就是设计及其文化环境之间张力的一个方面。任一种观点都可以是有用的,这取决于分析的重点(在劳丹及本书的工作中是工程问题解决,在施陶登迈尔的著作中则是技术的文化功能)。

⑤ E. Constant, *The Origins of the Turbojet Revolution*, Baltimore, 1980, p. 15.

⑥ T. P. Hughes, Networks of Power , Baltimore, 1983, chap. 2.

⑦ C. Ellam, "Developments in Aircraft Landing Gear, 1900-1939," *Transactions of the Newcomen Society* 55 (1983 – 1984): 48 – 51. 这里的观点与近期所谓的"技术的社会建构"研究相关联(如参见 W. E. Bijker, T. P. Hughes, and T. J. Pinch, *The Social Construction of Technological Systems – New Directions in the Sociology and History of Technology*, Cambridge, Mass. , 1987,特别是 Pinch 和 Bijke 的文章)。尽管这样的研究显然有其自身的价值,但很难看出在向起落架设计团队所提问题(或在类似的问题)的内在逻辑之外的价值。出于同样的理由,这也几乎没有为社会建构影响问题(有时是艰难的)解决留下余地。当然,规定问题和得到问题的解决都需要众多人员的相互合作。然而,这一社会进程对问题或问题解决几乎没有什么影响。所发生的协商与折中主要是技术层面的,而且技术考虑对问题解决

的结果具有决定性的影响。

⑧ 前述工程问题的起源和选择几乎没有说到这种问题是如何表述的。这种表述可以是直接的、明确的,如联合飞机公司的翼型选择或飞机工业中的埋头铆接接头,或者它开始时不太明确而且持续了几十年,像发生在飞行品质中的情形一样。无疑应该对提出问题过程的这一重要方面给予比我所做的还要多的分析。

⑨ M. Polanyi, *Personal Knowledge*, Chicago, 1962, pp. 174 – 184, 328 – 332,引文参见第 48 页。

⑩ C. H. Gibbs – Smith, *Sir George Cayley's Aeronautics*, 1796 – 1855, London, 1952, p. 48.

⑪ Polanyi (n. 9 above), pp. 328 – 332,引文参见第 330 页。

⑫ Constant(n. 5 above), pp. 10 – 12,引文参见第 10 页。

⑬ 这里使用的技术规范(如设计目标的规范)不应与材料和工艺的规程相混淆,后者是工程师用来指导工厂工人的详图。

⑭ 劳丹已经向我指出这一差别。

⑮ 关于工程科学还可参见 G. F. C. Rogers, *The Nature of Engineering: A Philosophy of Technology*, London, 1983, pp. 52 – 54.

⑯ W. G. Vincenti and C. H. Kruger, Jr., *Introduction to Physical Gas Dynamics*, New York, 1965.

⑰ Polanyi(n. 9 above), p. 179,波兰尼的术语系统技术也许是不合适的,因为我们的下一类理论也是系统的。由此,Henry Petroski 在 *To Engineer Is Human: The Role of Failure in Successful Design*(New York, 1985, p. 49)中也指出,"工程师认为有必要研究梁与其他建筑元素,就好像它们是科学的内在组成一样"。

⑱ 比这里所引用的那些例子更复杂的例子,参见 R. Kline, "Science and Engineering Theory in the Invention and Development of the Induction Motor, 1880 – 1900," *Technology and Culture* 28 (April 1987): 283 – 313.

⑲ 由经验获得的数据有时也表示为"经验公式",是在某些方面与数据相符的数学表达式。这种表达式也可用作分析工具,像前一类知识中由理论获得的表达一样。是否称

之为数据或分析工具不过是选择而已，我倾向于前者。

　　⑳ 工艺规程与前述的技术规范截然不同，see n. 13 above.

　　㉑ 关于电力输送中规定性数据的例子（在额定电压下，导体的直径和间距可避免输电线路中的损耗），参见 T. P. Hughes, "The Science – Technology Interaction: The Case of High – Voltage Power Transmission Systems," *Technology and Culture* 17(October 1976): 646 – 662, esp. 653 – 654.

　　㉒ 关于作者参与收集的一个广泛使用的例子，参见 Ames Research Staff, "Equations, Tables, and Charts for Compressible Flow," *Report* No. 1135, NACA, Washington, D. C., 1953. 随着个人计算机的出现，这样的数据现在能够按要求迅速得到计算，减少了许多对先前数据收集的要求。这一趋势模糊了本章对理论工具与数据所做的区别。

　　㉓ 第一个例子是由 Richard Shevell 提出的，第二个例子则是 Ilan Kroo 提供的。关于其他经验规则与相关设计知识的例子，参见 B. V. Koen, *Definition of the Engineering Method*, Washington, D. C., 1987, pp. 46 – 48, Jonathan Coopersmith 让我注意到这一文献。

　　㉔ 关于代表性的工程论著参见 E. V. Krick, *An Introduction to Engineering and Engineering Design*, 2nd ed., New York, 1969; P. Gasson, *Theory of Design*, New York, 1973; T. F. Roylance, ed., Engineering Design, Oxford, 1966. 关于补充了本书研究的启发性哲学讨论与设计分析，参见 D. Pye, *The Nature and Aesthetics of Design*, London, 1978. 从人工智能的立场进行的研究，参见 J. M. Carroll, J. C. Thomas, and A. Malhotra, "Presentation and Representation in Design Problem – Solving," *British Journal of Psychology* 71 (1980): 143 – 153; J. M. Carroll, J. C. Thomas, L. A. Miller, and H. P. Friedman, "Aspects of Solution Structure in Design Problem Solving," *American Journal of Psychology* 93 (June 1980):269 – 284.

　　㉕ H. A. Simon, *The Sciences of the Artificial*, 2nd ed., Cambridge, Mass., 1981, pp. 138 – 140.

　　㉖ 规定前述有用的技术规范的程序又是另一个例子。虽然个别工程的规范几乎不能被看做是知识，但知道如何获得它们无疑应当视为知识。

　　㉗ 在结构设计中涉及综合性思维的历史例子，参见 N. Rosenberg and W. G. Vincenti,

The Britannia Bridge：*The Generation and Diffusion of Technological Knowledge*，Cambridge，Mass.，1978，pp. 38 – 39.

㉘ Ilan Kroo 给我指出了风标的类比。关于具有特定历史作用的简单类比，see ibid.，pp. 24 – 25.

㉙ E. S. Ferguson，"The Mind's Eye：Nonverbal Thought in Technology,"*Science*，August 26，1977，pp. 827 – 836，引文参见第 835 页；还可参见 B. Hindle，*Emulation and Invention*，New York，1981，pp. 133 – 138. 关于工程学的教科书参见 R. H. Mckim，*Experiences in Visual Thinking*，2nd ed.，Monterey，Calif.，1980.

㉚ 在讨论设计所需的能力时，我没有讨论前述绘制草图与设计图所需的显而易见的手工技艺。无论如何，计算机辅助设计使得这些技能不再像过去那么重要。援引的语词来自与施陶登迈尔的个人通信。

㉛ G. Gutting，"Paradigms，Revolutions，and Technology," in R. Laudan，ed.（n. 1 above），pp. 47 – 95，引文参见第 63 页。

㉜ 后面三类知识与施陶登迈尔所看到的反映在技术史学文献中的"技术知识的四个特征"有许多共同之处。本章的理论工具、数据与设计手段包含了（尽管显然不是一一对应的）大部分他所谓的科学概念、尚有疑问的数据、工程理论和专门技能。然而，施陶登迈尔的史学研究与我的认识论研究截然不同。他照史学家的观察方式来研究一切技术知识，而我则从设计师需要的立场来考察工程常规设计中的部分知识。这两个角度导致了多少有些不一样的剖析。J. M. Staudenmaier，S. J.，*Technology's Storytellers*：*Reweaving the Human Fabric*，Cambridge，Mass.，1985，pp. 103 – 120.

㉝ F. K. Mason，*Harrier*，Cambridge，1981；T. J. Pinch and W. E. Bijker，"The Social Construction of Facts and Artifacts：Or How the Sociology of Science and the Sociology of Technology Might Benefit Each Other," in Bijker，Hughes，and Pinch，eds.（n. 7 above），pp. 17 – 50.

㉞ E. g.，M. Kranzberg，"The Disunity of Science – Technology,"*American Scientist* 56（Spring 1968）：21 – 34，esp. 28 – 29；D. de. S. Price，*Science since Babylon*，enlarged ed.，New Haven，1975，pp. 129 – 130.

㉟ 关于尝试处理科学与技术关系的讨论与评论，参见 O. Mayr，"The Science – Technology Relationship as a Historiographic Problem," *Technology and Culture* 17（October 1976）：663 – 673. 迈尔的结论认为（p. 668）在科学—技术的关系中，变量数目是如此之大，以至于"一个可能尽量利用所有变量的动态模型将会是非常复杂的"。这一结论也许是正确的，但是完全放弃建模也许会使本章所尝试的认识论讨论变得更加困难。Barry Barnes and David Edge，"Introduction to Part Three, The Interaction of Science and Technology," in *Science in Context：Readings in the Sociology of Science*, ed. B. Barnes and D. Edge, Cambridge, Mass. , 1982, pp. 147 – 154, esp. 147 – 148, 在评论这一问题时，他们指出了迈尔论证的普遍有效性，并说到"出于专门的用途，模型还是保留一些实用价值"。关于科学与技术关系的一种隐喻模型，还可参见 A. Keller，"Has Science Created Technology?" *Minerva* 22（Summer 1984）：160 – 182, esp. 175 – 177.

㊱ H. Aitken，*Syntony and Spark – The Origins of Radio*, New York, 1976, p. 314.

㊲ Mayr（n. 35 above, p. 667）认为这种工作上的区别是可能的。他谈到了都"在实验室"工作的工程师与科学家，可是，却没有考虑到在设计办公室工作的大量工程师，这在科学中并无对应。

㊳ L. S. Reich，"Irving Langmuir and the Pursuit of Science and Technology in the Corporate Environment," *Technology and Culture* 24（April 1983）：199 – 221, 引文参见第 201 页。关于工程与科学相互渗透的更复杂的例子，参见 J. L. Bromberg，"Engineering Knowledge in the Laser Field," *Technology and Culture* 27（October 1986）：798 – 818.

㊴ 这一情境类似于光谱：人们不能精确说出黄光在哪里成为绿光，但这并不意味红光与紫光之间不存在真正的、可定义的差别。

㊵ "The Characteristics of Tungsten Filaments as Functions of Temperature," *Physical Review* 7（1916）：302 – 330；"Tungsten Lamps of High Efficiency," *Transactions of the AIEE*, October 10, 1913, pp. 1913 – 1954.

㊶ 人们可以想象，对图 7 – 1 做进一步引申，可以更多地体现出所提到的特征。用知识来产生更多的知识可以用一个反馈回路来表示，它从每个运用知识的方框出发垂直回到产生知识活动的上方（工程的回路比科学要少一些，且没有那么明显）。与此相一致，可以在

运用知识的右方框下面添加一个与之相连的虚线框,来表示工程中以设计为目的首要的活动(区别于次要的但基本的产生知识的活动)。这样,在图中工程与科学在运用知识上的不对称性就很明显了。由于图本身对目前的讨论已很充分,因此我没有列入这些特征。

㊷ E. F. Kranakis, "The French Connection: Giffard's Injector and the Nature of Heat," *Technology and Culture* 23 (January 1982): 3 – 38; D. F. Channell, "The Harmony of Theory and Practice: The Engineering Science of W. J. M. Rankine," *Technology and Culture* 23 (January 1982): 39 – 52; R. Kline(n. 18 above).

㊸ 参见第五章, n. 49 above. 白金汉本人为亨塞克的 1916 年史密斯森出版物(Smithsonian publication)撰写了其中一节"风洞试验的量纲理论"(The Dimensional Theory of Wind Tunnel Experiments),促进了该理论向工程的转移。

㊹ 关于代表性样本的讨论参见 Staudenmaier(n. 32 above), pp. 40 – 45.

㊺ 在结构设计中工程师如何从失效中学习的一般与具体的有益讨论,参见 H. Petroski (n. 17 above), passim; Rogers(n. 15 above), p. 55. 哈维兰彗星号喷射机的例子来自前者,第 176—184 页。委员会关于挑战者号爆炸报告的关键部分,参见 the *New York Times*, June 10, 1986, pp. 20 – 21.

㊻ Rosenberg and Vincenti(n. 27 above), pp. 9 – 43.

㊼ 读者也许发现把该表(以及它所概括的材料)与 J. Kline["Innovation Is not a Linear Process," *Research Management* 28 (July – August 1985): 36 – 45]提出的关于工业创新的极富洞见的"链形模式"关联起来是很有启发的。实际上,本章的工作可看做是对克兰图中称作"知识"层级的大部分内容的详细说明。

㊽ Simon(n. 25 above), pp. 132 – 133. 还可参见 Staudenmaier(n. 32 above), pp. 169 – 170.

㊾ 关于近期代表性研究的文集,参见 Bijker, Hughes, and Pinch, eds. (n. 7 above).

㊿ E. W. Constant, "Communities and Hierarchies: Structure in the Practice of Science and Technology," in Laudan, ed., *Nature of Technological Knowledge* (n. 1 above), pp. 27 – 46, 引文参见第 29 页。还可参见他的 *Turbojet Revolution*(n. 5 above), pp. 8 – 10.

(51) 引文来自威廉·里夫金的宝贵意见。

㊾ 在人工物与服务的生产和分配的更广泛领域中,情况也许会有所不同。康斯坦特认为工业企业这类机构在这些领域的技术"职能"中扮演了核心的社会角色[特别参见他的论文"The Social Locus of Technological Practice：Community, System, or Organization?" in Bijker, Hughes, and Pinch, eds. (n.7 above), pp. 223-242]。康斯坦特还指出涉及一种特定产品与服务(如飞机、航空运输、汽车、电力)的工业企业组群,可以形成像个体一样的共同体。这样的行为在本书中是明显的,例如,九家飞机制造公司合作测量埋头铆接接头的许用强度,以及五家航空公司联合订购 DC-4E 运输机。纳入这些考虑可能会使我给出的要点变得复杂,但我想这不会影响它们的基本有效性。

第八章
工程知识增长的变异—选择模型

在这些历史的案例中，我更多地通过考察工程知识的产生及其动机，而较少地通过直接注视工程知识在设计中的应用，推论出工程知识的性质。除了在第二章中对联合飞机公司飞行器设计过程的说明之外，我一直把注意力集中在当设计者缺少所需要的知识时新知识的生成这样的焦点上。这样的关注在历史的著作中是很自然的——因为变化比惯常的活动具有更大的吸引力。这在认识论上也许更加重要。让我再重复一下在第二章开头所摘录的波普尔的话，"认识论的中心问题一直是并且仍然是知识的增长问题"。

本书最后的这一章进一步探讨在本书第二章结尾部分提出的思想，即在工程中知识的增长可以用由唐纳德·坎贝尔提出的盲目变异和有选择保留的模型（blind – variation and selective – retention model）这一术语来描述。在我看来重要的是，已经有人尝试为这一增长建构理论的模型，而坎贝尔的概念可能是有用的出发点。尽管本章工作把坎贝尔的模型当做起点，并且严格地依靠他的概念，但是也结合了我自己独有的思想,其中某些思想并没有在先前的各章中出现过。研究结果提供了一个比通常出现在认识论和历史研究中的更加明确的变异—选择方法的范例。可是,绝不要把这一模型当做本书的全部和全书的终结。我最初的目标并不是追求这样一种结果,这一可能是可取的思想是从实例研究以及前一章的分析中涌现出来的。假如读者发现这一模型是错误的,那些章的材料仍然可以有其自身独立存在的价值。

[242]   正如本书第二章所述,坎贝尔声称,对于所有知识的真正增加,从具体体现在通过生物学上的适应获得的遗传密码当中的知识,到现代科学的理论结构,变异—选择模型的某种描述,都是基本的。[①]这里我不可能期望对他的广泛的、全部的论证给以合理的评价。只要说说他的模型的内容就够了,用坎贝尔的话来说,他的模型包括三个必不可少的、基本的元素:"(a)导致变异的机制(Mechanisms for introducing variation);(b)始终如一的选择进程(consistent selection processes);以及(c)保存以及/或者繁衍被选择的变异的机制(Mechanisms for preserving and/or propagating the selected variation)。"[②]这里讨论将集中在变异的机制和选择的进程上。工程知识保存和繁衍的方法(杂志手册、教科书、工程院校的教学、设计的传统惯例、口头语如此等)在我们的案例中是显而易见的,并且无需作详细论述。我还将避开一直以来针对坎贝尔的模型的批评,特别是涉及科学进步方面的批评。此处也可能被提出来的这样一些相关问题,一直以来被托马斯·甘布尔(Thomas Gamble)小心地加以考查。尽管该模型持续地处于争论之中并且不断地遭受到抨击,甘布尔的论证却使我相信,这一模型"经得起这样的批评"。[③]在本书研究中出现的模式反映出工程知识增长具有两个过程,通过这过程,不仅在比较短的时期内工程知识增长着,而且在比较长的时期内方法上进行转变,借此使知识增长的过程得以实现。这一模型围绕第七章讲述的知识种类和知识产生的活动,尽管并不总是很明确。但是,正如大家所见,通过五个案例的研究,模型的特征还是明显可见的。

反映在名为坎贝尔模型中的概念"盲"(blindness)(它一直是关于科学进步问

题众多批判的焦点），是通过变异的机制引进的。在坎贝尔看来，任何导致真正的新知识（指在以前一直没有获得的知识）的变异，在超越"预见"（foresight）或者"预知"（prescience）界限的意义上必定是盲的（blind）。由于这一点有可能引起误解，在此作出以下澄清是很重要的：在这一意义上的"盲的"并非意味着"随机的"（random）或"非预计的"（unpremeditated）或"不受约束的"（unconstrained）。依据坎贝尔的描述，它只不过是指，在论及的相关问题的范围内，变异的结果是不可能预见或预测的——假如可能，所获得的知识就不可能是新的。正如甘布尔所论证的那样，在这种意义上的盲，并不是同受到物理要求或先前获得的知识约束的变异相矛盾的。其情况就好像一个盲人独立无援地置身于不熟悉的狭窄小巷之中一样。这位盲人也许熟悉邻近地区的一般布局，并且有一根手杖用于提供触摸得到的信息，以及使得侧边的墙壁所提供的约束显现出来，以便在特定的方向上行进。即使如此，这样的一个人并不能看到前面以便知道这一通道能否通向何方，或者是不是一条死胡同。这只能通过"盲目地"向前的进程中被选择（注意，即便如此，并非完全随机的）。与坎贝尔的描述相一致，知识通过扩展所能预见或预测到的范围而增长，就是说，盲目性减少了。不管在其他领域中是否存在分歧，在我看来，这样的陈述在工程设计中是有充分根据的。④

［243］

可是，盲不但不是绝对的，还有如波普尔所说的："对于过去的知识所达到的程度来说，……盲只是相对的：它起始于过去知识的终结。"⑤对于许多常规设计来说，牵涉到新知识生成的盲的程度可以说是非常微小的。这一观念是很重要的：当结果不能完全地预见时，该变异在某种程度上必定是盲的。

在工程中的变异—选择进程以其基本的和直接的形态出现于 1901—1902 年（当时费迪南·费贝尔学习了莱特兄弟的滑翔试验）与 1908 年（当时维尔伯·莱特在法国演示可控的动力飞行）间法国飞行器设计的尝试当中。正如弗雷德里克·库利克（Frederick Culick）所强调的，法国主要是用试错方法前进的，就是说，通过建造各种各样的飞行器并且依靠飞行验证试验来测试它们这样的途径而前进的。他们几乎没有做系统的研究和开发（这和莱特兄弟大不相同），并且很少去强调分析或者试图去尝试得到基本原理。他们所探寻的一个基本知识因素是如何更好地构造出能体现凯利工作原理(第七章)的飞机。在这一知识的增进当中,设计者们尝试了各种各样的解决方案,最为不同的是路易·布莱里奥(Louis Blériot)的解决方案。在 1906 年两个双翼机失败之后,布莱里奥于 1907 年迅速(或者说,比较杂乱无序地)建造了一架具有鸭式(canard)["前尾式"(tail-first)]水平面及推式螺旋桨的单翼机,一架具有牵引式螺旋桨(类似于美国兰利的飞行器)的串翼式单翼机,以及一架具有后尾翼的牵引式单翼机。最后一架飞行器使得布莱里奥最终踏上了实用飞机的发展之路。没有其他方法对他们来说是显而易见的,布莱里奥和其他人只能依靠尝试去飞行来检验他们的想法,有时带来过灾难性后果(幸好,直到 1909 年没有出现致命性的后果)。在 1908 年之前,这些没有条理的努力只导致了不大不小的成绩,但是,一旦维尔伯·莱特向他们演示了如何实现真正成功的飞行,随之得到的经验和出现的设计师、飞行者共同体就使法国迅速跻身于领先行列。根据法国的这些工作,出现了前置发动机、后机翼的双翼飞机(偶尔也有单翼机)构型,到第一次世界大战开始时,它已成为飞机设计的常规构型。⑥

[244]　　法国飞行器的变异,正像所有的设计的变异一样,起源于人们的心智。如同所有的创造过程一样,有关的认知机制难以评估。它们明显地包括对莱特兄弟和兰利工作中几乎不被人所知的东西的注意,头脑中对于什么东西有可能或者不可能成功飞行的猜想,以及随着飞行经验的增长,来自于飞行经验的指引。法国设计者尝试作出的(即使是布莱里奥所致的)变异几乎都不是随机的或非预谋的,不过,由于信息和经验的贫乏,盲的水平至少在开始阶段是接近于完全盲的状态。这些设计者们有一个清晰的目标——要飞——但是他们根本没有方法预见到一个给定的变异是否会成功,而多数的变异都是不成功的。由于法国设计者并不偏爱理论分析,变异只能通过飞行试验加以选择而得到保留和改进。从这些试验中进行选择的标准(以及在心理过程中引导这些变异去进行试验的标准)就是,"它工作吗?(或者,它可能工作吗?)"在坎贝尔和波普尔的意义上说,一个盲目的变异和选择性的保留的过程正在进行着,这看起来是很明显的。这个例子虽然不是来自于常

规的设计,但是,对于说明这些思想还是适合的。

　　此处出现的一个观点是很重要的:如前所述及,最终的选择是通过对一些变异进行可见的、直接的试验而作出的。可是,为了得到这些变异,设计者们必定通过头脑中某种预先选择过程去对肯定可以想象得到的更大数量的变异进行辨别扬弃。在随后的讨论中,我将这一思想试验当做是变异机制的一个部分,并且把"变异"的意义限定为仅仅是指通过某些方式被"公开地"(overtly)审查过的那些变异。当然,这种区分有些随意,因为工程师们在思考时通常都会画大量的草图和随意写写画画。无论如何,这样做是相当可行的,而且为开展讨论提供了一个有益的界限。("公开"的观念,它作为区别于不明显的"捷径"过程的观念,来自于坎贝尔的类似考虑。)⑦

　　以法国的事件为例,设计本身构成了知识产生的变异—选择过程。这一陈述不仅在某一新技术的早期阶段是有效的,在那个时候知识的探求就是寻找可行的一般构型;它也适用于得到这一构型之后,这时,设计的对象是这一构型的一个特例。在这种更为通常的情况下,所要求的知识就是如何安排和协调好装置,以便在给定常规构型的约束下完成任务。在 20 世纪 10 年代初期以后,大多数飞机的设计或多或少都是这一类型。在这种情况下,设计师通常在某一基础上作一些似乎有道理的变化,并且通过某类分析,或者试验检验,或者联合运用两者,选择出最终的设计方案。上述的过程时常反复发生,某一变化的结果提示了接下来部分的性质与比例。⑧我打算要仔细考察的,正是这个与常规设计相联系的(与法国那样的探索活动大不相同的)变异机制和选择过程。在补充一些评述后,我将着手这一分析。 [245]

　　常规设计需要第七章中做出归类的那类详细知识。这一知识,就其是或者在某些时候它曾经是确实新的来说,它也必定来自于某一种次级的变异—选择过程(次级,这是从设计的观点上来说的)。本书的案例提供了关于这一过程的大量丰富的实例,正如我在下文表明的那样。这些过程转而也许要求来自依然是次一级的变异—选择过程的知识,正如也将出现的那样。这样一来,总体设计是一个盲目的变异和选择性的保留过程的嵌套式层级结构,在这一层级结构中,在某一层级上产生的知识被用于处于紧接的外一层级上的过程之中。所有内部层级最终都对起初的设计过程所需要的知识作出贡献。嵌套式层级结构的概念是坎贝尔模型的本质特征,尽管他是在一个不同的情境中来使用它。⑨

工程中变异—选择过程如何运作在细节上并不是固定不变的;正如上述有关飞机早期发展历史所暗指的那样,它们在所有时间内是进化的。概括地说,作为单独的变异—选择过程结果的工程知识的渐进累积增长,会改变如何实现那些过程的性质。这一方法论上的长期转变,使得试图对变异—选择过程作出普遍概括的工作复杂化。但是,这一转变本身的特征还是能够相当简单地加以描述:在层级结构的所有层次上,知识的增长通过以下途径增加变异—选择过程的复杂性和能力:(1)修改变异机制,因而影响盲的程度与公开变异的范围大小(即从其中可作出明显可见选择的变异的数量);(2)通过分析和试验取代环境中的直接测试以检验公开的变异,扩展选择的过程。这一用以替代直接试验的间接的选择观念,也来自于坎贝尔。⑩自从20世纪最初的10年以来,在航空的常规设计中,变异—选择过程的长期进化一直遵循着上述的模式。这一事实也反映在我们的案例之中。

根据上面的全面考察,我们可以更密切地看到与常规设计相联系的变异—选择过程的两个要素,以及这些要素在整个时间内是如何进化的。从一个案例到另一个案例,细节上有相当多的变化,而所作的一些概括看起来则是有根据的。

[246]   产生公开变异的机制,无论是在嵌套式的层级结构内的设计层级上或是在知识产生的层级上,至少包括三个不明显的心智活动:

1. 搜索具有相似情况的以往经验以便找到通常已被证明是有用的知识。这种搜索也要回顾有关一直不能工作的变异的知识,除非情况达到异乎寻常新颖的程度,这样一种变异多半都应该先验地给以抛弃。

2. 按照要求,根据新的环境以及可能有某种机会工作的情况,对想到的无论什么样的新颖特征进行概念上的综合。在这些特征背离了过去曾一直在工作的要求的情况下,所导致的变异只可能是处在某种程度的盲的状态。正如甘布尔所断言的那样,"在知识的进步不能**完全地**用以前得到的知识的术语来说明的任何情况下,某一个(盲目的变异和有选择的保留)过程必定在运作中"(强调的重点是加上去的)。①

3. 头脑中对所构思的变异进行扬弃,以便挑选出最有可能工作的变异。在这一不明显的预选过程中评判的标准就是:"假如用某些方法对它进行试验的话,它有可能会工作吗? 或者它对设计能工作的某种东西大概会有帮助吗?"

此处的序列并不意味着这些活动是按照此次序发生的,它们在设计者和研究工程师的头脑中以或多或少是无序的方式同时地或交互地进行着。正如任何一个参与其中的人所知道的,多数过程都是无意识地发生的。②这同样明显会犯错。先验的抛弃和错误的扬弃可能会缩小公开搜索的范围,其结果是可能错过有用的变异。这一过程可能产生出当公开试验时事实上不能工作的那种变异——盲目性引导人们落入到一条错误的道路上。从外边或从内部来考察,整个过程似乎趋向于比通常的情况更加有序和有目的,即更少盲目性。要了解其他人的即便是有意识的内心活动是困难的,而我们大家都比较喜欢记住我们取得的合理的成就,并且忘记那些笨拙的失误和不能产生预期效果的想法。运气也能起到一定的作用。

当某一技术中的知识累积时,这些变异机制的修改以如下几种方式发生。首先,有关过去什么在工作什么不在工作的经验本身在增长,使得做出先验的判断更容易些。第二,在某一已确立的技术内部的经验,在一定的时期内会增强构思有可能起作用的新颖特征的能力,然而,其新颖的程度最终有可能趋于穷尽(在缺少来自于外部的基本输入的情况下,该技术结果就会被某一个新的技术所代替)。③第三,被扩展的替代性的公开试验的过程(后面将详细论述),扩大了这样的框架,在该框架中,工程师们对什么东西有可能工作进行构思。随之而来,他们不仅对于某一装置或某一项知识在直接试验中是如何可能工作的,而且对于这一装置或知识是如何可能经受理论和试验的检验的,都会形成更加准确的看法。

由于这些影响是在交叉的目的上起作用,就很难对它们在整个时间内影响盲的程度和公开变异范围的实际效果作出评估。就其对公开变异范围的影响效果而

[247]

言,构思新颖特征的能力在经验上的增进,至少在一段时间内会使公开变异的范围趋向于变宽;而基于经验之上的先验的抛弃,以及对什么东西可能工作的更加精确的看法,两者又使公开变异的范围变窄。可是,产生准确看法的扩展框架同时产生了一种相反的作用——就扩展的试验过程变得更便宜、更迅速而言,它也拓宽了易受到公开考察的变异范围。近年来,电子计算机已极大地扩展了这一能力。哪一种影响将长远地占支配地位,是一个很可能没有答案的问题,公开搜索的领域非常可能要随着个别案例而定。在既相分离又相联系的盲目性的问题中有什么情况发生,以后当我着手讨论完整的变异—选择过程中的不确定性问题时再来讲。

选择过程,变异—选择模型的第二个要素,全部都要求这一类或另一类的公开试验。如前所述,某一技术的知识增长特点是起到扩展代替直接试验的能力的作用。这样的扩展是借助两个手段达到的:

(1)用局部实验或完整的模拟试验来代替验证性试验或日常使用。这样的替代性试验在广泛依靠风洞的航空学当中可以特别明显地看到。当然,这还出现在运用工作比例模型的任何技术中,在电子工程使用的"模拟电路板"装置中,以及在化学工程中的试验工场中,以上所提到的仅仅是少数一些例子。这类试验,其目标也许是为了获取设计某一特定的装置或它的某些组成部分所需要的知识,或者是为了获取设计中普遍需要的知识。为了特定的模拟试验所建立的设备(例如,提供给变化多样的飞机模型使用的风洞),也可以为旨在获取普遍性的知识的研究工作服务。

(2)导入分析性的"试验"来代替真实的物理试验。这也构成替代性试验的一[248]种形式——在设计过程中对每一性能和强度的计算,事实上是一种在纸上的试验操作。亨利·皮特罗斯基(Henry Petroski)在他的颇有教益的著作《工程师是人:失败在成功设计中的作用》(*To Engineer Is Human: The Role of Failure in Successful Design*)中说,在讨论迭代结构设计中说了许多同样的东西:"当各部件的假设安排在计算本上或计算机显示屏上用文字或用图形勾画描述出来的时候,候选的结构必定是通过分析来挑选的。这一分析是由关于这些部件在**建成以后处于想象的使**

用条件之下的行为的一系列问题组成的。"（重点是加上去的）⑬即是说，分析可以看做是检验不同变异的一种替代性的手段。如同实验和模拟试验的情况一样，分析性的试验除了能产生特定的设计，有时候也产生一些通用的设计知识（如通用的分析技术）。使用替代性试验，既是实验性的又是分析性的，是莱特兄弟与他们同时代的法国同行相比的一个优势。

上述两种手段的进化，包括愈加成熟完善的试验和分析技术的发展，它们本身是嵌套式层级结构中的变异—选择过程的产物。随着这一进化持续，层级结构总是变得更大和更复杂。而且，正如先前所指出的，由这些替代公开试验的手段所提供的智力框架，被结合到不明显的思想上的扬弃当中，用于选择待试验的变异。扬弃本身，事实上可以看做是一种不明显的替代性的试验。

尽管替代性的试验构成现代技术的基本部分，但是所有设计和设计知识最终必须在运营中加以检验。正如第七章中所讨论的那样，这一直接的试验可以依靠一个完整装置的验证性试验来提供。它也可以来自于日常的使用，这是任何一个装置的最终目的。如先前所说明的那样，在替代性试验或验证性试验中似乎令人满意的装置或构思，在日常使用的时候也可能失败或者其他方面证明是不适用的。

在对特定的设计和通用的设计知识两者的直接试验和替代性试验当中，保留某一变异的选择标准就是，它工作吗？或者更准确地说，它对设计能工作的东西有帮助吗？这一问题，也许没有明确说出来，但存在于每一位致力于增加工程知识的人的心中，即使在工程研究的最抽象的领域也是如此。

我一直推迟到现在才考虑变异盲目性的长期变化，主要是基于如下理由：完整的变异—选择过程——变异和选择在一起——充满着不确定性，而且有人可能问，这个整体不确定性的水平是如何随着时间而变化的？一种助长不确定性的因素来自于变异中的盲的程度。第二个是来自于选择过程中的"不确信"（unsureness）（由于没有更好的术语，我暂且把它称之为"unsureness"）。盲目性和不确信情况的变化，以及它们对整体不确定性的影响，放在一起讨论可能是有利的。 [249]

在给定技术中知识增长的不确定性（即该技术知识增长所依靠的完整变异—

选择过程中的不确定性），在某种意义上说，必定是随着技术的成熟而减少。今天的飞机设计工程师显然比 20 世纪初期的法国设计师们更加稳当地操作；当今的研发工程师，比 20 世纪 40 年代在国家航空咨询委员会的我及同事，在空气动力学知识的探究上更有把握。这种不确定性的减少到底是由什么引起的呢？而且为何这种减少看起来是这么明显呢？

存在着把不确定性减少部分地归因于在必需的变异中的盲目性的减少这样的诱惑。当一个技术成熟时新颖性的增加通常就会变得小一些，从而（人们可以假定）包含在探索工作中的盲目程度也变得小一些。可是与此相反，事实却是进步更加难于得到，而且更加复杂化，这样一来，盲的程度可能增加。由于盲目性是一种难于测量的主观性状，这一点是不可能解决的。诱使人们去考察某一种纯粹的减少，或许是出自于某一种幻觉。一项技术的最原初的问题（例如，飞机的构型或基本的机翼形状）必需及早得到解决，而随后的子问题看来并不那么紧迫和那么惹人注目。这一问题也移进到嵌套式层级结构的较低的层级上，在此处，对于外行来说这些问题几乎是看不到的。这样一来，就很难说变异中的盲目性是不是在真正减少。那些致力于发展某一种好像航空学那样成熟技术的有才干的工程师多半都不是这样想的。

选择过程中不确信的影响必定始终存在着，而且是比较容易评估的。产生于嵌套式的层级结构之内的替代性的试验手段（例如，航空学中的风洞），一般与变异平行发展，它们通常用于选择这些变异，因此，在某一给定的时间，它们常常几乎没有完全确实的把握。[15] 即使是对复杂装置的直接试验，也会遭遇到不确信的情况，这种复杂性使得它难于充分地知道装置中的令人感兴趣的某一部件事实上是如何工作的。可是，对于替代性和直接性的试验两者来说，长期的趋势是清晰可见的。例如，风洞方法已变得愈来愈精确，并且能够处理多种多样的问题，给了工程师们确实有把握地作出选择的能力。在所有工程领域中的理论工具同样也增强了工程师的能力，能够更精确地把握比较大范围的一系列问题（近年来，部分地由于电子计算机的应用，情况更是如此）。随着复杂系统的仪器改进和知识的增进，直接试验的有效性类似地

也得到增加。毋庸置疑，选择过程中的不确信程度是持续地和逐渐地趋向于减
少的。　　　　　　　　　　　　　　　　　　　　　　　　　　　　　　　[250]

最后，令我想起的是，在一项技术的知识增长中不确定性的减少，主要是由于
替代性的选择手段的范围扩大和精确度的提高（即不确信程度的减少）。正如我
们所看到的，范围的扩展势必拓宽可以公开探索的选择领域，而且，范围的扩大和
精确度的提高，这两者也强化了人们的能力，去淘汰那些在现实环境中不能工作的
变异。据此，变异中的盲目性也可能会增加——工程师们由于其选择变异的手段
变得更加可靠，他们在测试变异当中有自由做主权，结果是愈益盲目。例如，每一
个人都可看到，今天的工程师们，运用计算机模型，在其范围远比10年以前他们可
以从中作出选择的范围广阔得多的可能领域中进行探索。

就其实质而言，那就是变异—选择模型。模型的特征渗透在我们的五个案例
研究当中。我将简要地指出一些更加明显的例子。读者，只要愿意，都能够详细地
重新审查它们，而且还能发现其他东西。

戴维斯机翼（第二章）。设计中的变异—选择模型过程明显地表现在联合飞
机公司飞行器的工作中。在寻找可用于他们的远程飞机的机翼过程中，该公司的
工程师公开考察了大量的变异（而且，无疑更多的依然是想象）。选择是依靠把分
析研究同风洞试验结合起来的替代性试验。这些变异具有很大的盲目性，而风洞
方法当时一点也不可靠，这一结合的不确定性水平相当高。用 B－24 轰炸机进行
直接的试验，就它的分析筛选戴维斯机翼性能的能力来说，是完全没有把握的，在
环境中的选择，最终在这一方面也无确定性的结果。

蒙克、戴维斯和雅各布斯寻求有关机翼如何设计定形的知识所依赖的变异—
选择过程，被嵌套在航空工业机翼设计的变异—选择过程之中。后面两个人的详
细情况已在第二章中考察过。雅各布斯的层流翼型，最初是以风洞的替代性试验
为基础而被选择保留下来的。可是，当这种机翼放到日常的使用中直接检验被证
明是无效的时候，对它们原定用途的应用很快就停止了。至于制造的不规则，这一
替代性的选择过程一直没有意识到且完全无确实的把握。

在第二章讨论的"不确定性"同本章一直谈论的基本上是一样的,尽管所用的词有点区别。在第二章,我是在涉及构成联合飞机公司航空器各种各样的公开设计(变异)基础的论据和知识,以及公司要采用的试验方法(选择)这两方面时使用"不确定性"。而在本章中,我在变异中讲"盲",在选择中讲"不确信",以便在一般的讨论中同在整个过程中发生的"不确定性"区别开来。这些词所指称的概念在两处是相同的。

[251]

飞行品质规范(第三章)。这一案例提供了丰富的处于嵌套式层级结构各种各样的层级上的例子。飞行品质是可能而且应当详细规定的概念,当沃纳提出来时这是一个具有相当大盲目性的新颖观念,在飞机设计中根据直接的飞行试验而被选择保留下来。由于飞行员的主观的反应是至关重要的,替代性的选择是不可能的。在吉尔鲁思的报告中,实现这一概念的要求,是从大量的变异中选择出来的,这些变异是指由沃纳、苏莱、汤姆森和吉尔鲁思所做出的,其中一些在最初是相当盲目的。由于驾驶技术和仪器设备的改善,随着时间的推移,选择方法的可靠程度也随之增加。

嵌套在整体观念中的许多变异—选择过程本身一点也不简单。例如,作为飞机机动性标准的每 g 驾驶杆力,是从好几年来提出的众多标准中选择出来的结果,一部分是由于经验和日益精密的物理与理论上的推论,也有一部分是出自于在这样的分析框架内参数的盲目变异。在正稳定性方面的一致意见,由于判断是由航空共同体根据直接试验,主要是根据日常的使用作出的,因此是一种方式不同的非正规的变异—选择过程的结果;这些变异体现在飞机自身当中,而这些飞机最初显然是在稳定性方面相当盲目无知的情况下被设计出来的。

控制体积分析(第四章)。普朗特和麻省理工学院的教授们,在系统阐述控制体积分析方法当中,审慎地扩大了人们依靠理论的手段进行替代性的公开试验的能力。与此同时,他们提供一种认知架构去帮助工程师想象哪一些流体流动装置的变异可以证明这样的试验是正确的。为了得到最有用的控制体积方法的形式体系,他们不得不去寻求一种为他们所独有的变异—选择过程。在普朗特的连贯的形式体系中一些这样的过程是公开的,但是更多这样的过程却在他的头脑中进行着。由于这一工作基本上是对现存知识的重新系统的表达,因此其新颖的程度,以及盲目性都是比较小的。虽然如此,要对什么是必需的和可能的作出判断,重要的洞察力和经验仍然是必需的。

螺旋桨数据(第五章)。杜兰德和莱斯利对参数变化的研究明显是一个变异—选择过程。正像雅各布斯和其他人对翼型的研究一样,它们也被按照层级的 [252] 结构嵌套在更大的飞机设计过程之中。他们接受来自于经验的指导,因为螺旋桨工作的重要参数是已知的。这些参数在当前的重要范围,以及该装置的合乎需要的几何形状也可能被看做或多或少是规定好的。可是,由于在这两个问题上依然存在着疑问,以致这些变异依然部分地是盲的——在开始,不得不任意地作出几何形状选择,对参数的范围的探索同样也不得不带有任意性。不过,在这两方面的盲目性会随着试验的进行而减少(参数变化的优点之一就是,在盲目性占优势的情况下,允许对变异范围进行有效的、系统的探索)。选择是通过在风洞中进行缩小比例尺(reduced scale)的替代性试验来实现的,并伴随着由通常的尺度效应所带来的不可靠性。研究者们试图通过直接飞行中的全尺寸比较试验来减少这种不可靠性。可是,NACA 最终认为有必要为替代性的全尺寸试验(vicarious full – scale trial)建造一个特别的风洞。这样一来,替代性试验的装置(风洞)发生的变异—选择的进化,被嵌套在被试的装置(螺旋桨)变异—选择过程之内。

埋头铆接(第六章)。不同的飞机制造公司(例如道格拉斯、柯蒂斯 – 莱特以及贝尔等公司)最初对几何形状和铆接方法的选择,具有大量的盲目的公开的变异。不管对于什么东西才有可能工作的问题先前在头脑中有过多少勾画和在内心中做过多少扬弃,在很大程度上已作出规定的革新中,盲目性是不可避免的。嵌套的变异—选择过程要求解决次一级的问题,例如,如何去塑造用于预压窝的压窝模?以及如何在强度日益提高的合金上进行加热压窝?无论替代性试验如何重要,几何形状和方法的最终选择必定是通过在生产和日常使用中直接试验来作出的。结果证明,对于不同的结构布局以及与之相关的铆钉和板件的尺寸,选择的结果是不同的。依靠铆钉自身来压窝的道格拉斯方法,它最初(并且盲目地)看起来是如此合理,可是当由它做出来的接头在应用中被发现缺少紧密性时,就不得不被抛弃了。选择,它以多种方式而不是一种方式表明,就是最适者继续生存。

任何一个人,只要尊重证据,都可以在所有五个案例当中看到盲目的变异和有选择的保留这些方面。显然,历史材料支持着理论的模型。的确,模型的发展部分是来自对实例研究的反思。我发现,模型转过来又帮助人们理解历史进程的意义。我认为我现在更好地理解到,在各种各样的事情中,是什么在心智中曾经发生过,以及它们承载有多少共同的东西,虽然它们看上去似乎有着巨大的差别。例如,它使我注意到,在结构上有多少相同的东西,虽然在细节上确有差别,却是构成如戴维斯机翼、飞行品质规范以及埋头铆接那样的变异—选择过程的基础(可以比较上面所做的概括)。不管工程问题和历史环境如何显著的不同,这种共同性还是存在着的。尤其是,它告诉我,在设计、研究和生产之间的差别,从认识论上来说,并不如我以前所想的那样根本。在控制体积、戴维斯机翼以及螺旋桨数据案例中,模型也显示出同样的替代性的作用,即理论工具和风洞试验在认识论图式中所起到的作用。虽然没有任何一个知识增长模型可以使每一个人都满意,但是,此处的这一个模型,对于某些人来说,也许还是有用的。

[253]

我想,本章概略描述的模型对于工程知识具有普遍的意义:它刻画了所有工程分支的特征,可应用于第七章所描述的各类知识,并且整体地或部分地出现在产生这样的知识的各种活动中。某些读者可能会觉得变异的盲目性的概念,尽管它对比较初步的哪一类知识来说或许是不可缺少的,但对于如现代工程那样的似乎是预见以及自我评价的那类知识来说是难于接受的。我发现,它对我自己来说是一个极具启发的、有用的——甚至是必不可少的——观念。可是,变异—选择方法的有效性,并不是立足于这一概念或用于其上的名称之上的。也许能发现另外一些更加精致的方法,可表现出工程知识任何扩展中不可避免产生的无知成分。证明任何这样的模型的有用范围,应留待后人评定。认知增长的模型也应当经历某一(带有显著的盲目性成分的!)变异—选择过程。

还需要补充一些混杂的思想。模型和例子显示，在工程变异—选择过程的进化中，选择过程（特别是那些替代性的试验过程）的扩展，与改善可达到有希望的变异的机制相比，要容易一些。前者较为深思熟虑，并且能够整理出来的，比较少依靠个人的创造性。这一情况反映在工程学院的课程当中：理论和实验的工具，它们也许是这样的复杂，但还是比较易于组织和教授的，而要能设想出似乎合适的变异机制却并非如此，因此现代工程学院比较热心接纳前者。[16]把公开选择过程同盲目变异的机制作出区分，也许是变异—选择模型的一个优势。如上述这样的区别这时可以比较容易地显示出来。

目前，将我们的工程模型同科学的相应的模型进行比较并不切合实际。坎贝尔已经指出，需要"详细地阐明"科学知识的增长如何反映一个变异—选择过程，并且在那个方面做过一些观察，[17]可是就我所知，这一任务仍有待完成。撇开细节不谈，不同于工程的主要区别必定是在选择的标准上面。与早先讨论的相一致，在工程中保留一个选择的最终评价标准必定是，它对设计出某种在解决实际问题当中能工作的东西有帮助吗？（假如我们希望评价标准能覆盖工程的全部方面，我们还必须在句中"设计"处加上"生产"和"运营"。）无论我们作如何表述，科学知识的评价标准必定是不同的，虽然它的陈述提出了科学哲学中的基本的和可争论的问题。我将借用一个由亚历山大·凯勒（Alexander Keller）在描述科学家生活兴趣时所使用的词组，试着把科学知识评价标准大致表述如下：它对理解"宇宙某些奇异的特性"有帮助吗？[18]（"解释"可以相当合适地用在"理解"放的位置上。）虽然要详细说明这两个评价标准，不可避免会碰到一些困难，其他作者可以用不同的词来表达许多相同的事物。例如，劳丹在写科学和技术知识的结构时，她观察到，"不一致的理论使我们不肯定应该相信什么，相类似的是，不综合成整体的技术则不能工作"。[19]这一评价标准也与西蒙的区分（在第七章已提到）相一致，他认为，科学同设计两者之间的区别是，科学涉及的问题是事物是怎么样的，而设计（包括工程设计）涉及的问题是事物应该是怎么样的。无论用什么词语，本质上的区别是智力理解同实际效用两者之间的区别。[20]

[254]

请注意这两个评价标准本质上的不对称。在两种情况下，变异都被断定为通向终点（科学中的理解和工程中的解决某一个实际问题）的一种手段。可是，在科学中，该手段对该结果是直接地起作用的；在工程中，它要通过"某种东西"作为中介来起作用，这种东西通常是某一物质人工制品，它是当前设计（或者生产，或运营）的客观对象。在与图 7-1 的对知识及其产生的活动的图解相联系所作出的关于在科学和工程中知识的应用的陈述中表明，这基本上是同样的不对称性。正如实例研究所表明的，工程评价标准的鲜明特性就是它一直暗含着工程知识的形式和内容两个方面。

[255]

这两个评价标准当然不是相互排斥的。同一知识元素既能为工程师提供理解，也能为工程师设计某种东西提供帮助。这种共通性构成了用图 7-1 所描绘的许多复杂情况的基础。例如，正如我们在光谱学数据方面所看到的，某些知识项既可能是科学上有启发性的又可能是技术上有用的，而且完全相同地出现在该图的两个方框内。被用于控制体积分析的热力学知识也服务于两个目的，虽然为了工程师们有效地工作而不得不将它重新加以系统阐述，因此它稍微有点差别地出现在两个方框内。还可以找到许多同为两类的例子。

评价标准能够部分地或完全地独立操作。物理学中的严格的理论，用波兰尼的话来说，这是"用如同纯科学那样的同一的方式被培育出来的"理论，其存在，主要是因为为工程师们工作，它们也许可能也许不可能在该图的两个方框中找到一个位置。唯象理论，对于工程的实用目的来说是平常的东西，它几乎没有真正科学感兴趣的东西，而工程中某些有用的理论工具甚至都被认识到是错误的——它们什么都没有说明。这些东西被保留在工程的方框内，因为它们对设计有帮助，但是却没有任何相类似的东西会出现在被科学家运用的知识的方框内。这些评价标准，无论是相关还是相互独立的，都体现出一种区别，这一区别不仅具有认识论的意义，而且具有存在性的意义。

正如由工程评价标准的陈述所指出的，无论如何，某种东西"工作"只有在关系到某一特定的问题或目标时才有意义。这种问题或许是一个纯粹技术上的问题——就飞机来说就是飞行,就翼型来说就是要在尽可能小的阻力下提供升力,或者就铆钉来说就是要把两块金属固接在一起。这种问题也可能是情境的,即来源于技术之外。过去,这方面的考虑一直主要局限在与经济和军事相关的问题上。后者在本书中体现在联合飞机公司的 B – 24 轰炸机的航程要求当中,而前者则体现在道格拉斯 DC – 4E 运输机的性能规范上。在我作为一位工程师的生涯中,我已经看到工程问题的范围日益扩展到包括社会和环境问题。雅克·埃吕尔(Jacques Ellul)、尤金 ·弗格森、刘易斯·芒福德(Lewis Mumford)以及其他西方技术文化两难处境的分析者们认为,工程问题必须进一步增大到包括诸如道德和人类尊严那样的文化规范。施陶登迈尔从他对这些人的思想的考察中看到,这些作者正在呼唤着一种"使设计的特征与非技术层面的文化环境融为一体"的宽泛方法。[21]面对所发生的情况,工程师们与社会,将不得不以不同于他们今天所做的那样方式去定义工程问题,并且以此定义"工作"的含义。[22]正如这些评论所指出的,关于什么构成一个工程问题的观念会随着时间(并且大概也随着地点)而发生重要的变化,这本身就是技术史的一个主题。工程评价标准的内容也暗含变异—选择过程的其他方面。正像工程问题变化的含义一样,变异的种类以及它们遭遇的盲目性的范围,也是工程师们必须要考虑的。[23]

[256]

　　在方法论方面,许多现代工程的发展可以被看做是为增强变异—选择过程的能力的一个巨大工程。如我们所见,这种增强是通过改善对装置和知识中可能的变异的洞察能力,以及通过扩大替代性地运用分析和实验手段从这些变异中做出选择的能力而进行的。我说"现代工程"是因为在过去两个或三个世纪以前,选择都不得不主要依靠环境中的直接试验来进行。谈论这个区分是针对某些的学者的相关说法:"什么是关于现代技术的'现代'?"[24]在涉及方法论方面,它也许是关键的要素。康斯坦特在他论著中表达了许多相同的观念:"很可能是,大胆的总体系统的猜想和严格的试验的方法(或者说,变异和选择的保留的方法)对于 19 世纪起始的大规模的、复杂的、多层次的系统的应用,创造了一个既区别于严格意义上的科学又区别于工艺技术这两者的、基本上是新颖的知识和知识过程的范畴。"[25]

第七章对知识的剖析明显地是根据对现代特别是对 20 世纪的工程设计的考虑而产生出来的。在本章中使用的基本的变异—选择观念,假如它完全适用,就要在所有时期内都这样,就是说,不仅对于工艺技术和现代工程,而且对于处于两者之间的过渡阶段也同样适用。正如本章所详细描述的,这一模型纵使有点抽象,还是说到了在所有时间内的变异和选择过程的属性是如何变化的。因此,它暗示过渡阶段也放在里面。在这一意义上说,这一模型比前面各章所论述的具有更大的普遍性。

在第五章的最后的一节中,我也提出了这是否有助于寻找类似于但又不同于科学方法的"工程方法"的问题,这一问题富有建设性而备受科学史关注。此处所概述的变异—选择过程,它具有独特特征,体现在选择评价标准以及用于简化直接试验的替代性方法之中,它有可能是要寻找的那种方法吗?㉑无论答案如何,处在它的工艺和现代这两种形式之中的复杂的变异—选择过程,是人类在一整个时期内曾经必须要学习的东西,到了它自身所有的某种更高层次的变异—选择过程之时,大概仍然如此。这种基本的方法论的发展是如何发生的,这对于技术史来说是一个贯穿一切的元问题。

[257]   本章和第七章一直试图以普遍的方式绘制出工程的认识论版图。从这一努力中以及从据此为基础的案例研究中得到的主要印象,就是工程知识及其来源具有异常的、富有挑战性的复杂性。显然,大量的工作必须去做——从历史,从哲学,从社会学角度去做——以便理解这一人类知识的重要王国。

最后,肯定地说,工程知识不可能——而且也不会——同工程实践相分离。工程知识,工程知识产生的过程,以及知识所服务的工程活动,这三者的性质,构成一个不可分离的整体。我们最终需要去理解的就是这一工程行为的整体——"工程师们真正在做"什么。我们也需要知道工程师这样的做在技术进化和变革的全部重要过程中起什么作用。各种理解都会要求去达到这些目标。理解工程师知道什么以及工程师是如何思考和学习的,就是其中的很重要的工作。

注　释

① 这两个基本的论述出自于坎贝尔论述该论题的广泛著作,可参见他的"Blind Variation Retention in Creative Thought as in Other Knowledge Processes", *Psychological Review* 67 (November 1960): 380 – 400; "Evolutionary Epistemology," in *the Philosophy of Karl Popper*, ed. P. A. Schilpp, vol. 14 Ⅰ and 14 Ⅱ of *The Library of Living Philosophers* (La Salle, Ⅲ, 1974), vol. 14 Ⅰ, pp. 413 – 462. 坎贝尔的著作是知识增长的试错法和自然选择模型巨大传统的一部分,一个相关的目录附在后面的论著中。这两方面的论著再版于 G. Radnitzky and W. W. Bartley, Ⅲ, eds., *Evolutionary Epistemology*, *rationality*, *and the Sociology of Knowledge*, La Salle, Ⅲ, 1987, pp. 47 – 114.

② Campbell, "Blind Variation" (n. 1 above), p. 381.

③ T. J. Gamble, "The Natural Selection Model of Knowledge Generation: Campbell's Dictum and Its Critics," *Cognition and Brain Theory* 6(Summer 1983): 353 – 363, 引文参见第 353 页。

④ Campbell, "Blind Variation" (n. 1 above), pp. 380 – 381, 引文参见第 381 页; "*Evolutionary Epistemology*," pp. 421 – 422; Gamble (n. 3 above), pp. 357 – 358.

⑤ 波普尔关于"盲目性"的讨论很值得一读,引文是从中引出来的,可参见他的 "Replies to My Critics," in Schilpp, ed., *Philosophy of Karl Popper* (n. 1 above), vol. 14 Ⅱ, pp. 1061 – 1062, 也可参见由 Radnitzky 和 Bartley 编辑的再版本: *Evolutionary Epistemology* (n. 1 above), pp. 117 – 118.

⑥ F. E. C. Culick, "Aeronautics, 1898 – 1909: Trench – American Connection" (forthcoming). 飞行器与相关事件的复杂的详细资料出现在 C. H. Gibbs – Smith, *The Rebirth of European Aviation*, 1902 – 1908, London, 1974.

⑧ 关于设计过程的进一步的概述参见 G. F. C. Rogers, *The Nature of Engineering*: *A Philosophy of Technology*, London, 1983, p. 65. 关于用图形表现的成功设计的样本,特别是波音 B – 52 轰炸机,参见 J. E. Steiner, "Jet Aviation Development: A Company Perspective," in *The Jet Age*: *Forty Years of Jet Aviation*, ed. W. J. Boyne and D. S. Lopez, Washington, D. C., 1979, pp. 140 – 183, esp. 148.

⑨ Campbell, "Evolutionary Epistemology" (no. 1 above), pp. 419 – 421. 此处所描述的层级结构基本上与来自于第七章第一节描述的各种各样层级结构当中的关于知识产生的层级结构是相同的。

⑩ Ibid. , pp. 423 – 425, 435 – 436.

⑪ Gamble (n. 3 above), p. 359. 坎贝尔的以下陈述也是中肯的:"尽管,当引入有意识地解决问题的考虑时,将解释在探索的随机性中的'强制性'(这种引入是通过把目的同对'早先已建立的''知识'的掌握或者尝试性的信仰结合起来而引入的),但是它并不能排除在表现全部发现过程特征的选择当中的无用的探索。""Selection Theory and the Sociology of Scientific Validity," in *Evolutionary Epistemology: A Multiparadigm Program*, ed. W. Callebaut and R. Pinxten, Dordrecht, 1987, pp. 139 – 158,引文参见第 147 页。

⑫ 关于无意识在创造性工作中特别是数学中的作用的经典讨论,参见 H. Poincaré, *Foundation of Science*, New York, 1929, pp. 383 – 394; J. Hadamard, *An Essay on the Psychology of Invention in the Mathematical Field*, Princeton, 1945. 对当代关于无意识过程对有意识的思想和行动的影响的研究的评论,参见 J. F. Kihlstrom, "The Cognitive Unconscious," *Science*, September 18,1987,pp. 1445 – 1452.

⑬ 增长阶段和衰竭阶段的区分,只能应用在此处我们关心的标准的传统的设计的情境之内。一门技术当中经验的增长,多半都会禁止需要非传统变革的进步的、激进的、新颖的东西,从而最终需要来自于外部的这样的输入。

⑭ H. Petroski, *To Engineer Is Human*, New York, 1985, p. 44. 引文出自其中的文章对迭代设计给出了一个卓越的描述,用图形清晰地表现(虽然没有指明)它是怎么样的变异—选择过程。皮特罗斯基的思想同本书有许多共同点,不过,用非常不同的词语来表达。

⑮ 坎贝尔指出了在科学中相类似的替代性的选择的情况,"Evolutionary Epistemology" (n. 1 above), p. 436.

⑯ 关于组织一门设计课程的逻辑上的和实质上的困难的讨论,参见 H. A. Simon, *The Science of Artificial*, 2nd ed. , Cambridge, Mass. , 1981,chap. 5.

⑰ Campbell, "Evolutionary Epistemology" (n. 1 above), pp. 434 – 437.

⑱ A. Keller, "Has Science Created Technology?" *Minerva* 22 (Summer 1984): 160 –

182，引文参见第 169 页。

⑲ " Cognitive Change in Technology and Science," in *The nature of Technological Knowledge*, *Are Models of Scientific Change Relevant?*, ed. R. Laudan, Dordrecht, 1984, pp. 83 – 104，引文参见第 88 页。

⑳ 关于从不同的参考系得出基本上相同的区分标准的讨论，参见 E. W. Constant, "Communities and Hierarchies: Structure in the Practice of Science and Technology," in Laudan, ed., *Nature of Technological Knowledge* (n. 19 above)，pp. 27 – 46，esp. 35 – 38.

㉑ J. Staudenmaier, *Technology's Storytellers*: *Reweaving the Human Fabric*, Cambridge, Mass. , 1985, pp. 136 – 139，引文参见第 139 页。

㉒ 某些人工智能的专家已经把技术上模仿(被合理地定义)人的理解的某些方面作为一个正当的目标。这样的把理解作为一个实际工程问题的有效的定义，看起来可能引出两种评价标准之间区分的困难。可是，什么可能帮助在设计一个人工制品中去模仿理解，这完全不同于什么有可能会帮助一个人去直接地理解。而且即使同一个知识可能服务于两个目的，其评价标准并不要求在任何情况下必须是专一的。因此，没有什么真正的困难。

㉓ 这一段和前面的四段都得益于同 Robert McGinn 的讨论。

㉔ 如参见由 Robert E. McGinn 对问题提出者 Howard S. Rosen 的一份会议报告所作的概括："Organizational Notes," *Technology and Culture* 16 (July 1975): 431 – 435。

㉕ E. Constant, *The Origins of the Turbojet Revolution*, Baltimore, 1980, p. 21.

㉖ 关于由另外一位工程师提出的完全不同的通向工程方法的途径，参见 B. V. Koen, *Definition of the Engineering Method*, Washington, D. C. , 1987.

附 录

作为设计工具的工程理论的实验评估

沃尔特·G.文森蒂（斯坦福大学） 著

彭纪南（华南理工大学） 译

　　我今天的谈话分为两部分。第一部分说明研究型工程师应如何协同运用实验和理论去发展工程知识,特别是要评价一个理论如何更好地作为在设计中使用的一种工具而起作用。第二部分讨论工程科学的概念,它是一种类型的活动和知识,在第一部分中提供了一个案例。

　　我的题材是对在我之前的演讲者谈过的东西的一种补充。Bucciarelli 教授通过考察工程师在设计中做些什么而开始了我们的会议;我将考察工程师在研究中做些什么。一个工程师的子集,我们可以称其为研究型工程师,他们做的事情相当不同于设计型工程师,而且在学术上受到比较多的关注。在举例说明这些工程师如何评价作为设计的一种工具的理论当中,我们也将做类似于 Peter Kross 所做的工作——通过人工制品的功能(设计)来考察人工制品(工程理论)。例如,航空学的工程师运用理论在纸上设计飞机,在实验方法上都以大致相同的方式利用风洞进行试验。这种方法与科学家如何运用理论去理解物理世界的方法是非常不同的。

要讨论的一个例子来自于我几年前在 MIT 的 Dibner 研究院的一个专题讨论会上的一次讲话。这个讲话详细地描述了一个研究方案，这个方案是我作为国家航空咨询委员会阿玛斯航空实验室（Ames Aeronautical Laboratory of the National Advisory Committee for Aeronautics）的一名研究型工程师当时使用过的，这个实验室位于我们这个早上所在地之北大约 10 英里处（Vincenti，1949）。我在这个实验室于 1946—1948 年期间掌管了国家最初的两个对空气动力学试验来说尺寸足够大的超声速风洞当中的一个。在这一任职期间，我指导和参加了一项超声速飞机性能的研究，这在当时是刚刚开始探究的一个主题。我在 Dibner 的报告中，描述了一族 19 个有关机翼性能的风洞测量结果以及理论分析，今天讲话中我只准备讲其中的两个。假如你对这一论题感兴趣，全部讨论可以在一卷题为《20 世纪的大气飞行》（*Atmospheric Flight in the Twentieth Century*）（Vincenti，2000）当中找到。

工程理论与工程实验

我讲话的第一部分用图 1 作扼要的说明。该图显示，一个具有固定的三角形平面形状和从头到尾水平地变化的截面的机翼受到的最小阻力——即当机翼倾斜角为 0 度时机翼受到的与飞行方向相反的一种力——的测量结果。首先要注意的是底部的那一条曲线，它显示由当时新的超声速飞行机翼理论计算出来的理论上的阻力。它来自 California 理工学院的 Allen Puckett 1946 年 1 月的一篇理论文献（Puckett，1946）。在该文献中，Puckett 使用了被称之为计算超声速飞行机翼性能的线性理论，这在当时是十分令人激动的。这一理论把空气看做是无黏滞性的流体，即视为没有黏滞性因而也没有摩擦的流体，并且假定，由机翼引起的扰动是很小的。这一底部的曲线表明，在飞行马赫数为 1.53 时，计算出来的阻力同对机翼表面的压力分布有关。此处水平方向变量是用翼弦长的百分数表示的翼型最大厚度所在的位置——也就是由机翼从头到尾的菱形截面所形成的脊线的位置。

Puckett 当时得出如下令人振奋的结果：当脊线从机翼后缘向前移动时，它掠

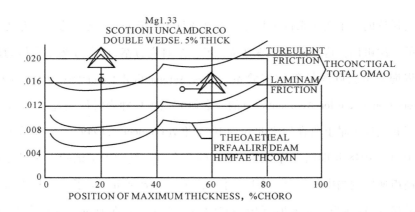

图 1   翼型最大厚度的位置对三角形机翼最小阻力的影响

过的角最初比马赫锥要小,并且阻力稍微减少。(马赫锥定义为处于超声速气流
中的一个质点扰动影响的区域;在图中用机翼前端点上的虚线所显示的就是一个
例子。)当该脊线掠过的角度变成同马赫锥相等时,其阻力表现出在它的向下趋势
中有一个突然的转折;随后,脊线掠过的角度比马赫锥更大,而阻力减低到最小值。
这一行为暗示有可能通过仔细设计机翼从前部到尾部的截面来减少阻力。当
Puckett 著作发表时,我们的试验正处于计划阶段,而且我们想,"让我们放手去试
一试并且看一看这一理论是否可行"。因此我们建造并且试验了两个三角形机
翼,一个具有的脊线处于50%翼弦长的位置,另一个具有的脊线处于20%翼弦长
的位置,如小图所示。第一个掠过角度比马赫锥要小,第二个掠过角度比马赫锥
要大。

令我们感到惊奇的是,测量到的阻力,如图中小圆圈所示,并没有展现出如我
们预言的那样彼此相关。它们两个都在理论上预期的阻力之上,这是由于真实的
机翼另外还有沿平面切线方向并且同压力阻力相互垂直的黏滞阻力。可是,事实
上,脊线向前的机翼具有更高的阻力,与 Puckett 所指出的正好相反。自然会猜想
到,这肯定在某些方面是同黏滞效应有关的。

考虑到这个困难,工程师们求助于"边界层"(boundary layer)概念。这个紧贴
固体表面的边界层——是一个空气薄层,其中黏滞效应起支配的作用——可以归

为两类:(1)层流边界层,在这个边界层中空气平稳地以薄层似的方式流动;(2)湍流边界层,其中气流起漩涡和混乱无序。这相当像在宁静的房间里一个烟灰缸中的一支香烟的烟雾徐徐升起时的情景;它开始平稳地上升到一段距离,然后在某一点突然变成湍流和混沌状态。在机翼之上的边界层也以大致相同的方式,在前缘开始形成层流,然后在某一点上突然转变成为湍流。这一转捩点的位置是至关紧要的,因为层流边界层施加的摩擦阻力比湍流层的要小。可是,这种转捩依赖许多因素,而且要超前预报它的位置是异常困难的。为了评估这一位置,我们能够去做的最好的事情就是,根据层流和湍流覆盖在整个机翼之上的假定,如图中的中间一条曲线和上边的一条曲线所分别指示的那样,去计算附加的摩擦阻力并进而计算总的阻力。我们发现,正如所能看到,其脊线处于前部位置的机翼具有的阻力测量值稍微高于相对于完全是湍流时的计算值;而另一个其脊线处于翼弦长中点位置的机翼具有的阻力测量值大约落到完全是层流的曲线和完全是湍流的曲线之间的中间位置上。

这就是在当时我们所能掌握到的情况。我非常幸运地在这关节点上,偶然地去到实验室的图书室,浏览新近的出版物,并且碰巧地看到了一个来自英国皇家航空军事组织(the Royal Aircraft Establishment)的报告。在该报告中,W. E. Gray 新近提出了可以在风洞试验中用实验方法确定层流和湍流范围的所谓流体摄像技术(Gray,1946)。他是这样做的,用一种合适的液体涂在处于试验之中的机翼上,然后使风洞运转,使液体开始蒸发。现在,正如一个层流边界层有比较低的外层摩擦力一样,而且它与湍流层相比,也有更低的蒸发率。其结果就是,在边界层是层流的地方,涂有液体的表面变干的速度,比在边界层是湍流的地方要慢一些。因此,一个人开动风洞直到看起来是完全湍流层的地方比较迅速变干时为止,然后注意机翼什么地方是干的以及什么地方依然是湿的。这个仍然是湿的区域表明该处边界层是层流,而干燥的区域表明该处边界层是湍流。

英国发明了并且在低的亚声速飞行研究中使用了这一方法。我们发现,这一方法可以用在我们的超声速风洞中,于是我们立即提出去做,做了比较大的改动。

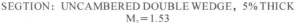

SEGTION：UNCAMBERED DOUBLE WEDGE，5% THICK
$M_2 = 1.53$

MAXIMUM THICKNESS　　　　　MAXIMUM THICKNESS
AT 20% CHORD　　　　　　　　AT 50% CHORD

图 2　三角形机翼在零升（最小阻力）时流体摄像试验的结果

在这一任务上我们花费了大量时间——大约一个月时间。结果，落实到两个模型上，模型喷上一层黑漆，再涂上一种主要成分是甘油的混合液。然后我们将这一涂有液体的机翼模型放到风洞当中并且开动风洞（20 分钟之久），直到看起来是完全湍流边界层地方迅速变干时为止。这时我们将模型从风洞中移出，用滑石粉撒在模型上面，然后试图用风吹走这些滑石粉。若粉末仍然留在机翼上，该处表面就是湿的（是层流边界层），而粉末被吹掉了的地方，该处表面是干的（是湍流边界层）。

对我们的 6 英寸跨度的模型试验的结果如图 2 所示，左边的机翼，其脊线处于翼弦长的 20% 的位置上；右边的机翼，其脊线处于翼弦长的 50% 的位置上。我们看到，脊线位于前部的机翼大约只有其面积的 1/4 具有层流，相反，其脊线处于后部的机翼具有层流的面积却有大约占其总面积的 3/4。这样一来就确证了我们的猜想，即被测量的阻力的结果是同黏滞效应相关的。就是说，由于一个层流层施加到单位面积上的阻力要比一个湍流层施加到单位面积上的阻力小，因此，其脊线处于后部的机翼具有较低的阻力现在看来是合理的。

这一结果也是同人们所知道的有关边界层行为的事实相一致的。多年在亚声速流方面的经验已经表明，层流层往往存在于这样的地方，该处作用到机翼表面上的压力从前缘走到后部逐渐下降，高湍流层则往往存在于压力逐渐上升的地方。用工程专门术语来说，一个有利的（下降的）压力梯度维持边界层层流，一个不利的(上升的)压力梯度则使它转换成湍流。当我们考察理论上的机翼压力分布(即根据 Puckett 理论所得到的压力阻力计算出来的机翼上面的压力分布)时,我们发现,计算出来的有利的和不利的压力梯度的面积,同观察到的层流和湍流的面积之间具有良好的相关性。这就是说,其脊线位于前部的机翼导致了比较低的压力阻力,但是覆盖着这种机翼比较大的后面那一部分面积的上升压力,在同一时间却引起比较大面积的湍流,因而导致了更高的摩擦阻力。由 Puckett 的理论提出来的特别的东西,如在压力阻力方面所要争取的某些东西,实际上在涉及摩擦阻力方面却证明是有害的。这样一来,Puckett 的令人振奋的成果,在现实世界中最终没有得到证实。

在当时,这是工程师如何对用于计算超声速机翼性能的、作为设计工具的理论的可靠性进行评价的一个典型事例。即使一种非零压力阻力存在并且能够计算出来(与亚声速的情况正好相反,该处它的理论值是零),但是摩擦阻力仍然是至关紧要的。设计型工程师需要计算压力阻力,如同在亚声速时那样,然后将在这一过程中得到的知识应用到机翼摩擦阻力上并且设法计算摩擦阻力。正如一个人可以根据某种最初的研究成果作出期望一样,现有成果大体上也可用来确定需要进一步研究的领域。总体上说,我们作为研究型工程师所获得的知识很大程度上要受到设计型工程师实践所需东西的制约。

工程科学

现在让我们来讲有关工程科学的问题(Channell,1989,导言),用前面讲的经历作为例证。如果我们问,我们所看到的是工程或是科学吗,这时工程活动和工程知识就显现出来了。为了有助于对问题的理解,下面试图用形象化术语来表述。我故意地使它简单一些——我希望不过于简单化——但是我相信它基本上是正确的。

在对科学和工程两个方面进行研究当中,接下来就是能够首先将它形象化,如

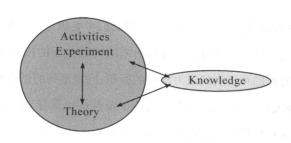

图 3   对科学和工程研究的最初形象化描述

在图 3 中所示那样。在这里我们有活动和知识(基本范畴,用斜体字显示),它们相互作用产生更多的知识。活动有两类,实验的活动和理论上的活动,这两类活动彼此之间相互作用,并且每类活动同知识之间也相互作用。在给定的情况下,或者是实验或者是理论可以占支配地位甚至单独地呈现出来。正如在我们的叙述中所说的那样,这两者也能或多或少地同时出现。当全部相互作用发生时,两个方面的相关知识通常都会存在和涌现;而后者通常将逐渐地显现出来。

该图形显示一个东西是如何可以相当近似地对科学的和工程的研究两者作形象化的描述的。可是进一步反思却使我们想到,在涉及工程方面缺少了某些东西。为了理解这一方面,让我们不只是对研究进行考察,而且要考察科学和工程的全部范围。这一情况可以形象地描述如图 4 所示的那样。对于科学来说,没有什么东西需要增加到原先的图形中去,因为科学和科学研究是完全相同的东西,并且知识是它们的目标。不同于图 3 的变化纯粹是视觉上的,即知识这个词用大写字母来显示以此强调知识作为目标这样的地位。可是,对于工程来说,情况就不是这么简单。在这一情况下,虽然知识仍然包含在内,但是作为一个整体的工程其目标存在于工程实践中,无论它是在设计、制造或是运转(这是由 Pitt 教授附带提到的范畴)当中。实践,按照词义它是一种活动——在工程中,它是一个最主要的活动。它使用知识并且有的时候它自身生产知识。它也能以各种方式同实验和理论相互作用,而且这种相互作用同样也能生产知识。可是,知识并不是它的第一位目标。因此,实践必须呈现在图 4 当中的工程活动中间,该处实践(而不是知识)用大写字

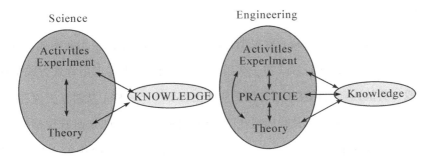

图 4 科学和工程的全部范围的形象化描述

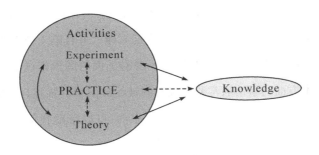

图 5 工程科学研究的形象描述

母来显示以便反映它是基本目标。在这一图形中,正如在实际中一样,工程比科学更加复杂。对工程的哲学研究,必须反映这一现实。

目前,我们可能要问,怎样才能把我们一直从事的那种研究显示成前面所讲的形象化图形?它是——或者它过去是——工程或科学吗?这种研究是以科学研究大致相同的方式进行的,但是从工程实践中得到灵感,并且在工程实践中有它的目标;当我们说它和它所代表的东西为"工程科学"的时候,我们承认了这一点。怎样才能用图解法来描绘这一类东西呢?

图 5 提供了一种可能的解答。这个图形几乎是图 4 中工程那一半的再现,不过,实践被弄得暗淡一些,而且它的相互作用的箭头用虚线而不是用实线来描绘。在我们的机翼研究当中,实践没有直接出现,这一工作可以近似地看做是科学;就是说,假如在图 5 中的实践和箭头被想象成好像看不见似的那样暗淡,我们就将它

复原成在图 4 中科学那一半的样子。事实上,实践肯定在那里,像幽灵一样,激励和训练我们行动——阿玛斯实验室把它的真实存在归功于航空工业实践上设计的需要。在该图中,实践的目标(再一次用大写字母显示)事实上用背景方式呈现出来,实践与其他元素的相互作用如同图 4 中工程那一半一样。从哲学上说,我们把什么东西叫做工程科学以及我们把在图 5 中的图形所表征的东西看作是什么,同 Michael Polanyi 在他的著作《个人的知识》(*Personal Knowledge*)中称之为"系统的技术学"(systematic technology)的东西是相一致的。Polanyi 说:假如一个发明物或者它所要应用到上面的那类现象由于某种理由不再有用的话,这个东西"可以以纯科学同样的方式耕耘",但是将会"丧失全部兴趣",并且陷入被人遗忘的境地。

用一句警示的话来结束这个讲座:切不要对上面的图形作过于直接的表面的理解。涉及技术方面的事情通常要比现有的被绘成图形的描述(或者可以从中获得灵感的历史事例)混乱和复杂。记住这些东西,可以帮助我保持我的认识论上的真诚思考,而且它们或许也可以为你做同样的事情。

参考文献

[1] Channell, D. F. , *The History of Engineering Science*: *An Annotated Bibliography*, New York: Garland, 1989.

[2] Gray, W. E. , "A Simple Visual Method of Recording Boundary Layer Transition (Liquid Film) ," *Technical Note Aero* 1816, Farnborough: Royal Aircraft Establishment, 1946.

[3] Polanyi, M. , *Personal Knowledge*, Chicago: University of Chicago Press, 1962.

[4] Puckett, A. E. , "Supersonic Wave Drag of Thin Airfoils," *Journal of the Aeronautical Sciences* 13, 1946: 475 – 484.

[5] Vincenti, W. G. , "Comparison Between Theory and Experiment for Wings at Supersonic Speeds," *Second International Aeronautical Conference*, *New York* ,1949, ed. B. H. Jarck , New York: Institute of the Aeronautical Sciences, 1949, pp. 534 – 555.

[6] Vincenti, W. G. , "Engineering Experiment and Engineering Theory: The Aerodynamics of

Wings at Supersonic Speeds, 1946 – 1948," *Atmospheric Flight in the Twentieth Century*, ed. P. Galison and A. Roland, to be published, 2000.

［Walter G. Vincenti, *The Experimental Assessment of Engineering Theory as a Tool for Design*, Techné 5: 3(Spring 2001): 31 – 39. ］

索 引[*]

R [325]

译后记

《工程师知道什么以及他们是如何知道的——基于航空史的分析研究》一书是工程技术哲学领域重要的经典著作。接到该书的翻译工作，大家心下惴惴。书中涉及大量工程技术的专业性知识和术语，特别是航空史的许多历史细节。由于需要大量的相关背景知识，所以翻译起来困难重重。

感谢中国科学院大学李伯聪教授对我们的信任，让我们担任此项翻译工作，并在翻译过程中进行了多番协调和努力，才使本书最终得以出版。感谢中山大学张华夏教授在翻译此书过程中对我们工作的鼓励和支持。特别感谢华南理工大学彭纪南教授，他为此书翻译倾注了大量的心血。彭纪南教授不仅参与了此书章节的翻译，还帮助我们对书中各章进行互校，如果没有他的帮助，恐怕很难完成本书的翻译工作。感谢出版社编辑为译文提出的宝贵意见和所付出的辛勤努力。

本书翻译工作由周燕、闫坤如和彭纪南合作完成。前言、第一章、第五章至第七章由周燕翻译，第二章至第四章由闫坤如翻译，第八章由彭纪南教授翻译。周燕和彭纪南对索引做了统一，并共同做了最后的统校。附录中"作为设计工具的工程理论的实验评估"一文由彭纪南翻译，此文对于深入理解文森蒂的思想大有裨益，故收录于该书中。虽然作者文森蒂在写作时已尽量避免涉及过多专业性的知识，但在翻译过程中，我们发现书中许多章节技术性极强，部分内容晦涩难懂，即使反复斟酌和修改，仍没有太多把握。

由于译者水平有限，即使我们在翻译中尽力把握原文要义，但误解与不当恐在所难免。若有行家不吝指正，深为感谢。

译　者

2014 年 10 月 16 日于华园

图书在版编目(CIP)数据

工程师知道什么以及他们是如何知道的 /（美）文森蒂著；
周燕,闫坤如,彭纪南译. —杭州:浙江大学出版社,2015.1(2024.12 重印)

书名原文：What Engineers Know and How They Know It：
Analytical Studies form Aeronautical History

ISBN 978- 7- 308- 12652- 6

Ⅰ.①工…　Ⅱ.①文…②周…③闫…④彭…　Ⅲ.①工程
技术—基本知识　Ⅳ.①TB

中国版本图书馆 CIP 数据核字(2013)第 304267 号

ⓒ1990The Johns Hopkins University Press

All rights reserved. Published by arrangement with The Johns
Hopkins University Press，Baltimore，Maryland

浙江省版权局著作合同登记图字:11- 2011- 165 号

工程师知道什么以及他们是如何知道的

[美]沃尔特·G. 文森蒂　著

周　燕　闫坤如　彭纪南　译

责任编辑	葛玉丹　陈佩钰	
封面设计	项梦怡	
出版发行	浙江大学出版社	
	（杭州市天目山路 148 号　邮政编码 310007）	
	（网址：http://www.zjupress.com）	
排　版	浙江时代出版印务有限公司	
印　刷	浙江新华数码印务有限公司	
开　本	710mm×1000mm　1/16	
印　张	23.25	
字　数	335 千	
版印次	2015 年 1 月第 1 版　2024 年 12 月第 3 次印刷	
书　号	ISBN 978- 7- 308- 12652- 6	
定　价	56.00 元	